U0206682

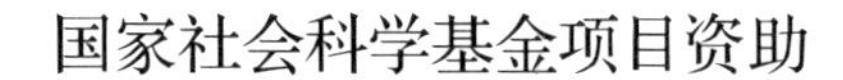

国家社会科学基金项目资助

“绿水青山”价值转化理论与实践

王倩 著

中国社会科学出版社

图书在版编目（CIP）数据

“绿水青山”价值转化理论与实践／王倩著．—北京：中国社会科学出版社，2023．12

ISBN 978－7－5227－2419－5

Ⅰ．①绿…　Ⅱ．①王…　Ⅲ．①生态环境建设—理论研究—中国　Ⅳ．①X321．2

中国国家版本馆CIP数据核字(2023)第153005号

出 版 人　赵剑英
选题策划　宋燕鹏
责任编辑　金　燕　石志杭
责任校对　李　硕
责任印制　李寡寡

出　　版　中国社会科学出版社
社　　址　北京鼓楼西大街甲158号
邮　　编　100720
网　　址　http://www.csspw.cn
发 行 部　010－84083685
门 市 部　010－84029450
经　　销　新华书店及其他书店

印　　刷　北京明恒达印务有限公司
装　　订　廊坊市广阳区广增装订厂
版　　次　2023年12月第1版
印　　次　2023年12月第1次印刷

开　　本　710×1000　1/16
印　　张　20.5
插　　页　2
字　　数　336千字
定　　价　108.00元

序　　言

王倩这部书稿我读了三遍，让我十分惊讶，又十分感动。惊讶之一是，她只花了两年时间就高水平地完成了这样一个具有较大难度的研究课题，并形成书稿即将出版，可见她的勤奋与努力，更重要的是这成绩背后蕴藏着什么样的学术思想和创新闪光点深深吸引着我，这也是我反复阅读书稿的原因之一。惊讶之二是，她从“能力”的视角来研究“两山”转化，创造性地构建了“两山”转化能力体系与理论框架，提出了“两山”转化能力问题诊断的方法和提升策略，从一个全新的视角探讨“两山”转化问题，给人一种“耳目一新”的感觉，似乎给实践中长期困扰“两山”转化的某些难题找到了一个更切实际的解决路径，着实让人有些兴奋。尽管这些研究还不是很成熟，但是已经从“能力”的角度给“两山”转化和生态文明研究提供了新思路、探索了新方法，做出了大胆创新的好榜样，可喜可贺！

王倩是我的学生，从2002年起跟随老师从事长江上游生态屏障建设和可持续发展研究，作为主研参加了若干国家、省部级项目，学术积累丰实。这次是她自己主持的国家社科基金项目成果形成的专著，而在这个项目和专著中，她不仅继承了老师的一些思想和方法，而且完成了团队多年想做而未做成的一些事情，令我十分感动。党的十八大提出要“将生态文明建设放在突出位置，融入经济建设、政治建设、文化建设、社会建设的各方面和全过程”。我们团队一直致力于“融入”研究，尤其是融入的方法和路径研究，2012年在《我国生态文明发展战略及其区域实现研究》（07&ZD019）中借鉴结构化系统分析思想，提出了“结构化系统融入范式”，并将此范式概括为“层层分解、步步求精、综合归并、系统集成”，指出只有在要素层面的融合才是最深刻、最有效的。2016年团队在《城市生态文明协同创新体系研究》（13AZD076）中又提出推进绿色发展、创新发展和经济系统在要素、结构、功能和运行机制层面深度融合、协同创新，建设中国特色绿色创新经济。而要实现要素层面的深度融合，就必须要做绿色发展、创新发展和经济系统的系统分解，这是深度融入的关键和难点，但是我们在实践中一直没有找到很好的路径和方法去提取要素，研究进展缓慢。王倩在她的著作中，很好地运用了结构化系统分析的思想和方法来研究“两山”转化问题，以及构建“两山”转化的理论框架和方法论体系。最让我感到欣慰的是，她按照系统分解和重构的思路，从上百个国内外“两山”转化案例中提取转化能力要素，形成“两山”转化能力要素集，又引入 OSPD 模型作为结构依据，对能力要素进行聚类分析和综合归并，最后形成“两山”转化能力体系，这些工作弥补了我们先前研究的不足。由于她用案例进行要素提取的大胆尝试，一定程度上攻破了要素分解这一难点，从而把整个团队关于生态文明建设结构化系统融入范式的研究，推进了一大步。作为她的导师，既高兴又感动，谢谢王倩的贡献！

显然，这部著作是王倩学术生涯中的一项重要成果，也是她新的学术起点，希望她在未来的学术道路上继续努力，将论文写在祖国大地上，不断进步，取得更大成就。

四川大学教授、博士生导师

“长江上游生态文明建设”川大学派创始人之一

邓　玲

2022 年 10 月 20 日

目　录

上篇　理论篇

下篇 实践篇

绪　论

一　研究背景与主要目标

（一）研究背景

践行“绿水青山就是金山银山”理念，将“绿水青山”转化为“金山银山”（以下简称“两山”转化），是推进中国式现代化与人类文明新形态的伟大创举。这一创举，表明了我国坚决实施可持续发展、捍卫全球生态安全的决心，也表达了我国统筹发展与保护、推进人与自然和谐共生的宏伟战略意图，还体现了我国寻求绿色发展新动力、创新绿色发展新模式的使命担当。要实现这一使命，亟须加强“两山”转化能力建设，形成“两山”转化能力理论、方法与建设体系，并直面大国区域差异，探索“两山”转化能力的区域建设路径。

2020 年，我们承担了国家社会科学基金一般项目《四川彝区“绿水青山”转化为“金山银山”的能力研究》（20BMZ108），已于 2022 年 8 月以“良好”结题。在研究过程中，我们形成了若干论文、研究报告与政策建议等阶段性成果，并积极投身于地方生态产品价值实现与“两山”转化实践，参与四川大学邓玲教授主导的“公民义务授课与知识更新”制度试点、“培训培训者工程”实施等能力建设实验项目。这些理论研究和实践探索，极大地提高了我们对“绿水青山”价值转化理论与实践的认识，我们在此基础上不断深化研究，将对具体区域的研究上升为整体层面，从而形成了本书。

（二）研究目标

1. 对有限目标的选择

（1）基于“两山”转化能力的应然基础与基本要素，构建“两山”转化能力框架体系，解决能力具象化问题。

（2）提出“两山”转化能力问题诊断方法、提升策略与实现路径，解决能力建设方法论问题。

（3）解构具体区域“两山”转化能力要素缺失、结构锁定与功能困境，重构“两山”转化基础能力、推进能力、实施能力与驱动能力，明晰能力需求、赋能手段与增能措施，解决能力建设操作化问题。

2. 对基本问题的考量

（1）着眼于长期能力框架以系统性方案应对需求。实施“两山”转化是一项复杂的系统工程，需要开展具备更多资源、更具协调性和互补性的能力发展活动。本书旨在为“两山”转化相关主体在各个层次的能力发展提供系统性、连贯性、协同性方案，以促进采用协调一致的方法和举措来满足“两山”转化的能力需求，同时补充但不完全是重复“两山”转化理论、路径、方式、机制等。因此，本书着眼于“两山”转化能力的长期框架，寻求能力发展的共识并主张将持续的能力发展贯穿于整个“两山”转化过程。

（2）关注能力构成要素、结构与影响因素。“两山”转化能力具有多维表征，考虑到国内已经形成比如GEP、“两山”指数等“两山”转化结果评价体系，以及能力难以量化的特征，我们在“两山”转化能力研究中，将研究重点转向能力本身应包含的要素、结构、功能以及影响能力的关键因素，从而在“两山”转化能力建设中，以基础能力、推进能力、实施能力与驱动能力为切入点，强化制度供给、市场激励、要素支撑与知识技能提升。

（3）关于能力体系划分与交叉重叠的问题。能力体系无论如何划分，都会有交叉和重叠，且不存在绝对孤立的能力，能力之间需要相互协同、支撑和配合，在不同领域发挥各自且相互交叠的作用。所以，没有完美的能力体系构架。但我们认为，构建能力体系依然非常有必要，原因在于它能提供了一张相对清晰、可操作、可对照的能力清单和路线图。本书所构建的能力体系，从对象—主体、活动—功能、要素—赋能等不同路径，从基础能力、推进能力、实施能力、驱动能力等不同维度，展现“两山”转化能力的多重呈现以及多元提升路径。

（4）关于能力要素分解、提升与重构问题。我们主张在要素层面进行诊断与提升是最深刻、最有效的。为此，我们分四个步骤展开：一是综合国内外“两山”转化理论成果与实践案例，对能力要素进行层层分解；二是对具体区域能力要素存在的问题进行诊断，形成问题清单；三是针对要素层面的问题进行赋能（新要素植入与融合）、改造与提升（原有要素的生态化提升）；四是集成新的能力发展系统。其中，能力诊断是关键，要素赋能、改造与提升是重点，协同创新是根本。

（5）关于能力协同共建与迭代升级的问题。“两山”转化是系统工程，能力建设是共建体系，需要通过协同创新来实现。包括转化过程与能力建设的协同、能力之间的协同、主体协同、要素协同、行为协同、功能协同、政策协同等。本书强调要用系统思维与协同方法来推进能力建设。而且，能力建设是一个渐进积累、动态迭代的过程，也有可能会出现断点式突变，如数字技术可能会带来巨大的能力飞跃，因此不仅要系统谋划能力建设路径，也要高度重视新的赋能因素。

（6）关于能力共同要素与区域差异的问题。从理论逻辑出发，能力建设具有普遍性的应然基础和构成要素。但到具体区域和群体，基于不同发展阶段，其能力的基础、起点和赋能资源差异很大，这决定了应采取因地制宜的能力建设路径和更具区域特色的积累机制。如本书提出在凉山州安宁河谷地区，应突出优势领跑、绿色创新融合与开放合作。而乡村振兴重点帮扶区域，应点上突破（特色化乡村）、面上开花（多功能多业态多渠道）和久久为功（基础能力建设与社会能力发育）。

（7）关于外部赋能与内生动能结合的问题。对于很多欠发达地区而言，“两山”转化能力面临的最大的挑战是自我积累严重不足，持续的外部赋能，无论是作为脱贫攻坚衔接乡村振兴的重要内容，还是促进各民族共同繁荣与共同富裕的必要手段，依然是不可或缺的。但还不够，必须找到激发内部动力，形成能力自我积累的切入点、方法和手段。基于此，本书强调“赋能—融合—内生”一体化的能力建设模式。

（8）关于“两山”双向转化与统一的问题。我们所追求的可持续的“两山”转化必然是双向可逆、和谐统一的转化。本书侧重于研究“绿水青山”价值转化，即“绿水青山”转化为“金山银山”的能力。实际上，我们将生态系统服务能力作为“两山”转化的基础能力，在一定程度上已经内含了金山银山对绿水青山的转化与反哺。

二　研究内容与创新观点

（一）主要内容

全书分为理论篇与实践篇两篇，理论篇包括四章，侧重于对“两山”转化能力理论、方法的阐释；实践篇包括八章，是针对具体区域“两山”转化能力建设的探索。主要研究内容包括：

1. 提出研究问题并对核心概念、基本范畴进行阐释（绪论与第一章）。形成“‘两山’概念—‘两山’理论—‘两山’转化—‘两山’转化能力”的概念链、逻辑链。

2. 对“两山”转化能力进行理论和方法建构（第二、三章）。这一章是本书的理论奠基与方法探索，构建了“四维四力”能力框架，提出并运用了“四力”“四因”“四圈”“三层”诊断方法。

3. 总结“两山”转化能力的基本认识与提升策略（第四章）。凝练对“两山”转化及其能力建设的十条基本认识，形成能力提升的三项宏观策略与三项具体策略。

4. 明确四川凉山州“两山”转化的现实需求与能力挑战（第五、六章）。从“两山”视角审视其独特的区域特征、资源禀赋、发展基础与外部环境，研判“两山”转化所处阶段、进展成效与能力瓶颈并指出，“两山”转化多重困境聚焦于能力因素，转化不足根本上是能力不足。

5. 深刻剖析四川凉山州“两山”转化四大能力建设（第七、八、九、十章）。具体研究“生态系统—环境系统—碳系统”三个相关联对象的基础能力、“政府—市场—农牧民—社会”四类主体的推进能力、“保护—生产—交易—服务—补偿”五型转化活动的实施能力、“政策—文化—数字—创新—品牌—开放”六种驱动能力，并提出具体举措。

6. 基于研究过程中的调研、学习与思考，形成针对凉山州“两山”转化能力的三十二条对策建议（第十一章）。

7. 以凉山州甘洛县格布村为案例，形成“两山”转化的调研报告（第十二章）。

（二）核心观点

1. 提出“两山”转化是价值创造及传导。“两山”转化是物质与能量流动，更是价值创造，存在多种形式的价值传导机制，如生态承载力对

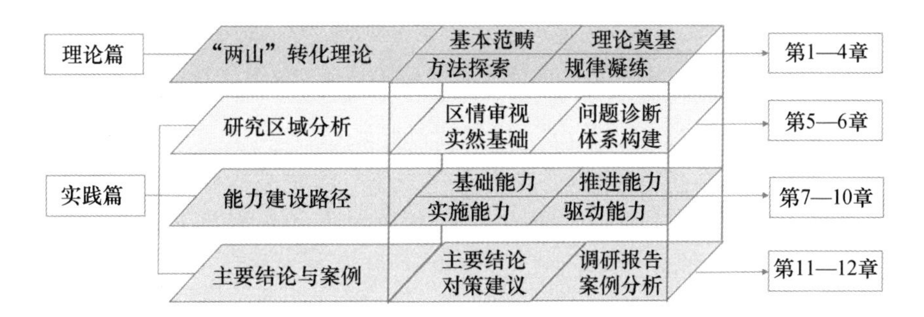

图0-1　本书内容框架

区域经济增长的传导，生态资源→生态资产→生态资本→生态产业，良好生态环境→地方品质→资源集聚→产业发展，良好生态环境→产业生态化收益，保护生态环境→获取生态补偿，自然资源与环境权益→市场化交易→经济价值等，从而形成“两山”转化的多元化路径。但应该注意，转化是生态系统服务流量和增量的转化，依赖于自然与社会两种力量，存在权衡、取舍与协同，要在范围、程度、规模、方式和结果上有所限定，有所为有所不为。

2. 提出“两山”转化能力的概念与功能。“两山”转化能力，是基于良好生态环境以及自然生产力，个人、组织和社会在保护基础上以可持续方式增值自然资本并创造经济效益和社会效益所需的环境条件和要素集合、各类转化活动和行为的功能性体现，以及外部驱动与内部变革的良性互动。“两山”转化能力是“两山”转化的重要资源、功能体现、核心路径以及出发点、着力点和落脚点。

3. 提出凉山“两山”转化能力三重困境。四川凉山州长期担当维护国家西部生态安全、建设长江上游生态屏障的重任，但保护任务重与发展基础弱的矛盾长期难以调和，发展现状与生态贡献不匹配；生态资源富集与价值转化能力不足的问题长期难以解决，产业基础与世界级资源不匹配；自生能力发展与民族文化双向调适的困扰长期难以消解，社会能力亟待提高。

4. 构建凉山“两山”转化能力理论框架。“两山”转化能力立足于自然力，厚植绿水青山是基础；推进主体多元，增强协同推进能力是重点；体现于一系列转化活动，在转化中提升是路径；需要借力赋能，激活动能要素是关键。基于此，本书在生态系统服务、转化推进主体、转化活动过程、关键赋能要素四个维度，构建了包含基础能力、推进能力、实施能力与驱动能力在内的“两山”转化能力框架。

5. 提出“两山”转化能力四条提升路径。针对基础能力提出“生态强本底—环境提质量—双碳见成效”三管齐下的实现路径。针对推进能力提出“政府—市场—农牧民—公众”四类主体合力共建的实现路径。针对实施能力提出“保护—生产—交易—服务—补偿”五型转化活动协同推进的实现路径。针对驱动能力提出“赋能—连接—增能”的实现路径。四条路径相互协同、相互促进，共同推进“两山”转化能力提升。

6. 提出四川凉山能力提升的长期艰巨性。凉山是四川最后脱贫的地区，也是规模性返贫的高风险区，能力依然呈现多重脆弱性。针对特殊区域与群体问题，如识字率低、普通话能力缺乏、不重视教育、卫生习惯尚未养成、自发搬迁、毒品艾滋病、传统文化与现代文明脱节等，形成原因复杂，不是一朝一夕可以改变的，又面临“政策减弱就反弹”困境，既需要建立健全长期性政策，更需要在潜移默化的教育以及现代化发展中，逐步改变，并生发新的能力。

（三）方法创新

1. 能力建构方法。借鉴吸收“对象—主体—过程”模型并增加赋能维度，引入变革理论及杠杆工具，统筹“两山”转化的理论应然以及基于我国特殊国情的现实需求，构建“两山”转化能力“四维四力”模型，“四维”是指“两山”转化对象、主体、过程与驱动四个维度，“四力”是指基础能力、推进能力、实施能力与驱动能力。

2. 问题诊断方法。提出“基础能力—推进能力—实施能力—驱动能力”四力诊断方法、“景观—行为—制度—价值”四圈诊断方法、“制度—激励—资源—知识”四因诊断方法、“个体—组织—社会”三层诊断方法。问题诊断方法的核心是能力要素的逐层分解，从要素层面统筹“两山”转化与能力建设，才是最深刻、最有效的。

3. 策略研究方法。提出基于四大能力提升的主体策略、基于 SWOT 分析的宏观策略，以及针对不同区域类型的差异化策略、针对不同发展阶段的渐进式策略、针对区域特殊困境的非常规策略、针对基础能力提升的破冰式策略等具体实施策略。

本书提出的能力体系构建方法、问题诊断方法与策略研究方法，以及多主体、多层面、多路径协同创新方法，可以为能力建设融入“两山”转化全过程与各环节提供方法论，拓展、深化、应用空间较大。

三　研究不足与拓展空间

（一）本书尚存在的不足和欠缺

1. 受统计指标缺失及其数据获取所限，也由于简单的线性因果关系难以解释能力发展的投入与结果，本书尝试制定“两山”转化能力成果分层结构与评估体系来计量能力发展的努力没有成功。虽然我们尝试通过脱钩指数来弥补这一定量研究的不足，但仍然是不够的。

2. 本书提到的一些能力提升举措，尚需要更多的探索求证。

（二）尚需进一步深入研究的问题

1. “两山”转化是一个持续创新的过程，本书的完成过程正值国内生态产品价值实现体制机制起步探索时期，虽然我们力图反映这些变革，并在实践探索中寻求创新的亮点和重点，但因为改革有一个逐步推进的过程，本书止步于限定时间，下一步研究还需与时俱进，深化拓展。

2. 我国“双碳”目标的提出无疑给绿水青山优势区域带来了重大的发展机遇，对“两山”转化也提出了新的方向，同时也意味着新的研究课题，如碳汇资源如何转化为碳汇价值，清洁能源消纳与产业转型升级如何同步互嵌，都需要继续深入研究。

3. 本书提出的能力发展体系、问题诊断方法与提升策略等，尚需更深入的理论求证和更多的实践验证，以不断修正与完善。

上　篇

理论篇

第一章

基本范畴："两山"转化能力相关概念链与逻辑链梳理

研究"两山"转化能力，是将"两山"理论运用到"两山"转化实践，再从实践中发现能力问题，开展理论和应用研究的过程。理清"'两山'内涵—'两山'理论—'两山'转化—'两山'转化能力"的概念链、逻辑链，是展开后续研究的前提和基础。

第一节 "两山"理论相关概念与范畴

"两山"相关概念包括绿水青山、金山银山、绿水青山就是金山银山、绿水青山转化为金山银山等。

一 绿水青山

与"自然资本"是一个经济学上的比喻类似[①]，"绿水青山"是一个内涵更为丰富的比喻，既包括传统意义上的自然资源、自然景观、自然环境、生态系统等；也包括作为新生产要素的自然万物以及依托自然形成的文化风情等，如阳光、风、水是能源发展的生产要素，小桥流水、田园牧歌、萤火虫等都可以作为生态文旅发展的生产要素；还包括自然资源资产权益，如总量配额、开发配额、排污权、碳排放权、取水权、用能权等；在实际应用语境中，还可指生态系统服务、功能与价值，以及自然资产、

① 按照 TEEB（2010）的定义，自然资本是一个经济学上的比喻，指地球上发展的物理和生物资源的有限储量，以及生态系统提供生态系统服务的有限能力。

自然资本、生态产品等。总体而言，“绿水青山”的形态既包括有形可见的生态产品，也包括无形的生态服务；既可指某一单项资源要素，也可指整体生态系统或自然共同体。

“绿水青山”，也被理解为“生态产品”的“孕育者”和“生产者”，类似于“地球母亲”这一称谓。在这层意义上，“两山”转化包括生态产品价值实现，也包括生态环境价值实现与生态服务价值实现。“绿水青山”的概念化还需要一个过程，其提供的生态系统服务货币化、商品化、金融化已经在进程中。本书将“绿水青山”理解为一个更具包容性、可延展的、兼具抽象与实体意蕴的概念。

二 金山银山

从“金山银山”代表的经济资本存量角度来看，包括基础设施、固定资产、技术进步、生产能力和各类资金等。在实际应用语境中，也可指GDP、物质财富、经济产出等。从“金山银山”更为丰富的内涵来看，也包括了获得感、幸福感、包容性财富、生活品质、公共服务等，内涵丰富且多元。

从“金山银山”代表的发展内涵来看，可以将“金山银山”划分为三个发展层级。第一层级是要素层面的金山银山，包括物质、精神、服务等财富形式，且精神和服务财富快速增长并日益占据主导地位，知识、信息、数字等现代财富对传统财富的替代不断加强，对自然生态财富的保护性开发成为财富创造的重要内容。第二层级是结构层面的金山银山，代表发展动能以及资源配置效率。第三层级是系统层面的金山银山，代表发展的全面转型和质量提升。

三 绿水青山就是金山银山

“绿水青山”就是“金山银山”，是指二者相互促进、相互转化、融合共生。也可更宽泛地指代：GDP 与 GEP 双增长双转化、保护与发展相互促进、人与自然和谐共生、可持续发展、绿色发展、生态文明等。另外，“绿水青山”就是“金山银山”更侧重于发展的结果，即“绿水青山”变成了“金山银山”。

同时，“绿水青山就是金山银山”作为一个科学论断和理论范畴，更指代一整套科学立场、观点、方法，需要全面转化为发展的战略、思路、路径与举措。

四　绿水青山转化为金山银山

“绿水青山”转化为“金山银山”，是从“绿水青山就是金山银山”延伸出来的一个实践命题，代表的是生态资源资本化、生态产业化、生态价值转化与生态产品价值实现等。在实际应用语境中，也指生态优势转化为经济优势等。如果说“绿水青山就是金山银山”是指一种结果状态，那么“绿水青山”转化为“金山银山”则更多强调过程、途径、方法与机制。

“两山”转化，是在“绿水青山”可持续资源与“金山银山”财富之间，通过引入绿色发展理念、内容与方式，在资源、资产、资本等层面“重配”及新理念、新技术、新模式、新制度等方面“重组”，在总量不减少的前提下实现增量结构性的系统转换。在这一模式中，可持续资源的保护增值是前提，绿色发展理念、内容、方式是核心。

从人类发展史看，“两山”转化并不是一个新的命题，人类一直在进行“两山”转化，如植物资源转化为农产品以及工业、旅游等衍生品，森林资源转化为燃料、木材以及众多林产品等。人类生计和福祉，正是由这些“绿水青山”及其提供的生态系统服务源源不断地转化而来的。根据 IPBES 全球评估报告，自 1970 年以来，自然提供的物质类产品数量趋于上升，而大多数调节类和非物质类产品数量下降，反过来又影响人类福利。新的时代背景下的“两山”转化，更多是强调以可持续的方式进行“两山”的协同增效，既能保护自然，又能创造经济效益和社会效益。

需要说明的是，在本书中，生态产品是“绿水青山”的具象化形式之一，生态产品价值实现是“两山”转化的重要形式，在当前应用中更为普遍，本书对这两个概念不作严格区分。

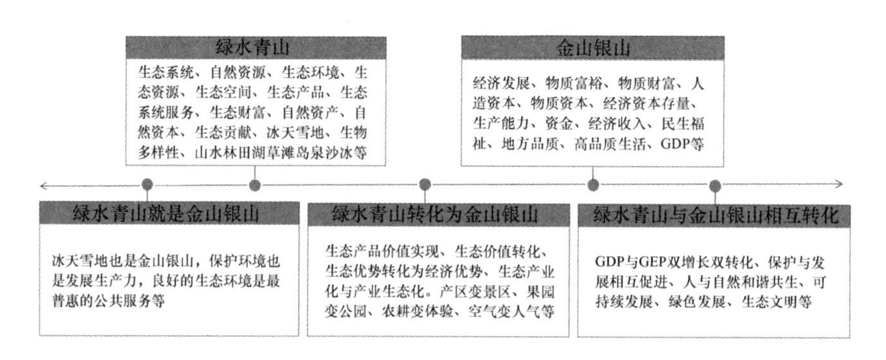

图1－1 “两山”不同表达方式及具象化

第二节 “两山”理论：内涵与遵循

“两山”理论源于2005年习近平主政浙江时提出的重要论断，发展于习近平关于“两山”辩证关系的系列重要讲话，升华于2015年之后，作为生态文明建设的重要理念进入中央文件，并成为习近平生态文明思想的重要组成部分，全面融入国家顶层设计并在各个层面贯彻落实。党的二十大报告强调“必须牢固树立和践行绿水青山就是金山银山的理念，站在人与自然和谐共生的高度谋划发展”①。

一 “两山”理论的重要意义

（一）“两山”理论代表了绿色发展理念的价值取向

“两山”理论是源泉论、目的论、阶段论、系统论、民生论、发展论、制度论和综合治理论的有机统一（沈满洪，2015；郭占恒，2015；陈建成等，2018）②，蕴含绿色发展观、绿色幸福观、绿色财富观、新时代观、新矛盾观等（黎祖交，2016；张修玉，2017）③，是绿色发展理念

---

① 习近平：《高举中国特色社会主义伟大旗帜 为全面建设社会主义现代化国家而团结奋斗——在中国共产党第二十次全国代表大会上的报告》，人民出版社2022年版。

② 沈满洪：《“两山”重要思想在浙江的实践研究》，《观察与思考》2016年第12期；郭占恒：《积极构建适应经济发展新常态的再平衡》，《浙江经济》2015年第16期；陈建成等：《推进绿色发展实现全面小康——绿水青山就是金山银山理论研究与实践探索》，中国林业出版社2018年版。

③ 黎祖交：《“两山理论”蕴涵的绿色新观念》，《绿色中国》2016年第5期；张修玉：《“两山理论”将引领生态文明建设走入新时代》，《中国生态文明》2017年第5期。

的更形象、更通俗表达，代表了新发展理念的价值方位和基本取向。

（二）“两山”理论提供了保护与发展共赢的方法论

“两山”理论是关于生态环境与经济发展关系的代表性、扼要性概括论述，深刻揭示了生态与民生、保护与发展共生互促的辩证统一关系，内含着生态优势转化为经济优势、生态资本转化为发展资本的经济过程，是物质资本与自然资本双增长、生态贡献与经济收入相匹配的可持续路径与模式。

（三）“两山”理论深化拓展了马克思主义相关理论

“两山”理论继承于马克思主义生态观，融合了中国传统文化与西方可持续发展思想，并深化拓展了马克思主义的生产力理论、劳动价值理论、财富分配理论等（潘家华，2020）[①]，反映了中国共产党的生态治理理念，开辟了马克思主义人与自然和谐共生理论的新境界。

二　“两山”理论的丰富内涵

（一）“两山”理论包含三个命题

“两山”理论包含“既要绿水青山，也要金山银山；宁要绿水青山，不要金山银山；绿水青山就是金山银山”三个重要命题。

第一个命题：“既要绿水青山，也要金山银山”。明确“两山”都是发展的必需和共同追求，在二者可以兼顾的情况下是需要兼顾的。这是对单纯追求经济增长或是极端保护环境两种发展思想的纠偏。

第二个命题：“宁要绿水青山，不要金山银山”。当发展与保护在特定区域、特定时间内出现冲突而不能兼顾的时候，坚决不能追求损害绿水青山的经济增长。在这个时候，绿水青山是发展的优先选项。

第三个命题：“绿水青山就是金山银山”。“两山”可以浑然一体、和谐统一，也就是说，在处理“两山”关系上存在最优解，也存在最高境界。绿水青山能变成金山银山，也能带来金山银山，绿水青山本身就是金山银山。

（二）“两山”理论包含三个关系

保护与发展的关系。“两山”理论揭示了自然生态系统可以释放强大的生产力，包括自身的修复力、可持续产出以及对要素生产力的提升，是价

---

① 潘家华：《构建生态文明范式下的新经济学》，《民生周刊》2020 年第 18 期。

值的来源和价值创造的载体，极大丰富和发展了马克思主义生产力理论。

生态与财富的关系。绿水青山既是自然财富、生态财富，又是社会财富、经济财富，不仅要进入财富的测度，还需要进入财富的分配。这是对马克思主义劳动价值论、财富测度理论和社会主义按劳分配理论的深化和拓展。

环境与民生的关系。生态环境是民生福祉不可或缺的重要组成部分，反映了人民群众对良好生态环境的热切期盼，因而也是党执政为民宗旨的体现。

（三）“两山”理论的唯物辩证法

“两山”相互依存。“两山”是推进经济社会全面发展的两个重要因素，是社会经济财富的两种重要形式，相互依存、相互促进、关系密切，二者都很重要，是发展的双重目标，也体现了二者的互补性与可兼顾性。

“两山”相互转化。“两山”是发展与保护、工业文明与生态文明、人与自然关系的辩证统一。“两山”转化既是生态优势转化为经济胜势、生态资源转化为发展资本的经济过程，也是物质资本与自然资本双增长、生态贡献与经济收入相匹配的可持续路径与模式。同时，也要避免“两山”负向转化，即“先发展（污染）后治理”等。

“两山”矛盾冲突。一方面，维护“绿水青山”在短期和局部区域，也会存在经济不合算以及经济利益损失，发展“金山银山”也可能会与保护“绿水青山”存在空间、资源、财力等的竞争。另一方面，“两山”在区域间并不均衡。遍布“绿水青山”的区域也可能是“捧着金饭碗没饭吃”的经济欠发达地区；而到处是“金山银山”的发达区域也可能面临“绿水青山”的稀缺，如大城市生产生活空间挤占生态空间。

“两山”冲突化解。人是生产力中最活跃、最根本的要素，解放人的思想观念、提高人的内生动力和综合能力，发挥人的积极作用，是“两山”转化的重中之重。

（四）多元维度理解“两山”理论

我们认为，可以从不同角度理解“两山”关系和演化过程。从价值角度，“两山”三个阶段包括：从穷山恶水到绿水青山（生态恢复），从绿水青山到金山银山（生态价值转化），绿水青山就是金山银山（持续增值）；从关系角度，“两山”三个阶段包括：牺牲绿水青山换取金山银山

（金山银山占据主导地位），绿水青山和金山银山兼顾（“两山”兼顾且绿水青山优先），绿水青山就是金山银山（相互转化和谐统一）。

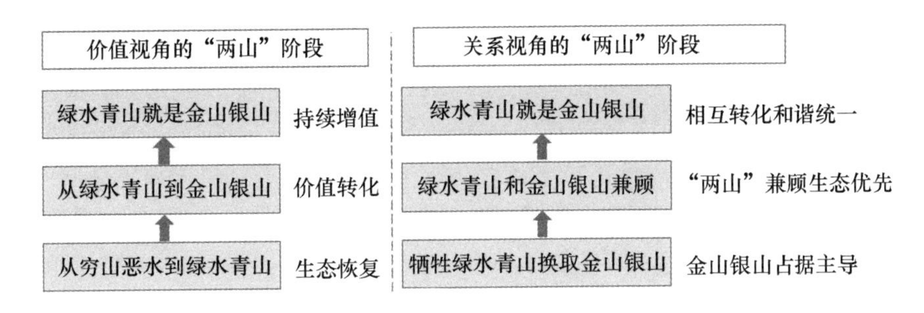

图1-2　不同视角的“两山”演化阶段

三　“两山”理论的重要启示

“两山”理论是本书的理论基石和根本遵循，至少在以下几个方面为本书奠定了重要基础：

（一）“两山”转化目标与方式的系统性

“两山”理论的提出肯定了自然是有价值的，自然为人类提供多重惠益，并参与价值创造，是财富的来源和构成。给我们的启示在于，我们所追求的可持续的“两山”转化方式是系统整体、丰富多元的、双向可逆的转化。如果将财富目标和衡量标准依然单纯定义为收入，尤其是利润的现期贴现值，那么“两山”转化将是单向和片面的转化，有可能是不可持续的转化。

（二）“两山”转化主体包括自然与人类

“两山”理论明确自然是生产力的组成部分，并参与价值分配。“自然是生产力组成部分”的启示在于，“两山”转化的主体不局限于人类，还应该包括自然本身。提高自然生产力、恢复力和适应力，是“两山”转化能力的必然构成内容。在“两山”转化中，存在四种路径，一是自然化自然的路径，即自然通过生态系统循环提供生态系统服务，为人类提供多重惠益；二是自然化人的路径，即自然通过教化、警示以及为人类提供精神价值来使人类以更可持续的方式实施“两山”转化；三是人化自然，即人类劳动参与生态系统循环，利用生态系统为人类提供的惠益为人与自然创造更多福祉；四是人化人，即通过制度、教育等手段使人类更可持续利用自然。自然参与价值分配的启示在于，绿水青山不仅要转化为金山银山，金山银山也要反哺、转化为绿水青山。

（三）欠发达地区更需加强“两山”转化

“两山”理论源于欠发达地区，欠发达地区更需要“两山”转化，但往往面临“不会转化”“不敢转化”“盲目转化”等困境，更迫切需要提升转化能力。“两山”理论对指导“捧着绿水青山金饭碗讨饭吃”的欠发达区域具有重要指导意义，关键在于提高“两山”转化的意识、思路和能力。

第三节 “两山”转化：内涵与要求

“两山”转化是从“两山”理论延伸而来的重要实践命题，既具有丰富内涵与多样化形态，又具有限定条件与特定门槛。从理论逻辑上厘清“为什么需要转化、为什么可以转化、如何转化”等问题，是进一步分析转化能力的重要基础。

一 “两山”转化内涵与条件

（一）绿水青山转化为金山银山中的“转化”

1. “两山”转化是指生态流量和增量的转化

在理解“转化”之前，我们认为有必要引入自然资源“存量”与“流量”的概念，存量是指各种自然资源，如耕地、草地、森林、河湖、海洋等；流量是指自然生态系统提供的产品和服务，包括资源供给、气候调节、文化体验等。而“两山”转化，是指流量的转化，而非存量的转化。“两山”转化的目标是形成利益共生体，做加法和乘法，分享增量，而非分割存量。因而，我们认为，“两山”转化仍然是强调自然资本不可减少的强可持续发展的范畴，而非强调一切资本都可以相互替代的弱可持续发展。对于自然资本丰裕的欠发达地区，可以在保持可再生自然资本最优水平的前提下，用自然资本流量发展物质资本和人力资本，即资源供给获得经济收益，环境调节获得经济补偿，生态体验创造经济收入，从而实现“两山”转化。

2. “两山”转化依赖于自然与社会两种力量

“两山”转化依赖于自然与社会两种力量共同作用，如农产品既来源于土壤形成、营养循环等生态系统过程，也源于农业劳动、技术、资本品、运输等社会经济活动。因此，“两山”转化内含了对自然生态环境的保护，这是“绿水青山”价值转化的前提和基础。但我们也要清醒地认识到，“绿水青山”价值转化具有门槛，取决于与之相适应的物质资本、人力资本和社会资本。

3. “两山”转化要趋利避害以及权衡与协同

自然对人类活动的影响具有两面性，可能是有利影响，也可能是不利影响，如湿地具有净水作用，但也是病媒传播疾病的来源，需要在利用中趋利避害。另外，利用自然改善生活品质与人工替代方式存在成本收益的权衡，如利用植被土壤滤水还是建成设施进行水处理，取决于其成本和收益。同时，自然对人类贡献具有一定的排斥性，可能需要对转化的结果进行权衡，比如农业生产可能会导致生态变化而影响自然的其他惠益，但也存在协同增效的情况，比如可持续的土地利用方式，既可以增强土壤固碳等生态系统功能，也可以提高土地经济产出。

（二）“两山”转化的范围、程度与方式限定

1. “两山”转化的范围限定

“两山”转化并不是所有的“绿水青山”都可以任意转化。一方面，是将生态系统服务的“生态盈余”和“流量增量”转化为经济财富和社会福利，也就是说，“两山”转化局限于绿水青山的增量；另一方面，与主体功能区相匹配，不违背生态红线，不影响生态系统功能发挥的“绿水青山”才能转化，也就是说，“两山”转化局限于一定空间和特定领域。限定“两山”转化的范围也是预防避免生态退化减值，同时鼓励通过生态修复或环境治理释放出新的环境容量。

对一个区域而言，要识别“两山”转化的对象范围。一方面是基于国土空间分区确定“两山”转化的对象范围，针对不同国土空间分区以及控制线内外，采取差异化的转化方式和路径；另一方面是根据生态系统类型特征分类施策，探索不同的转化模式和路径，明确对应的政府责任和管制范围。

2. “两山”转化的程度限定

“两山”转化并不是转化的“金山银山”越多越好。我国环境容量有限，生态系统脆弱，不能单纯追求“绿水青山”变现，也不是转出的

"金山银山"越多越好。要彻底摒弃以牺牲生态环境为代价谋取暂时经济增长的做法,"两山"转化不是涸泽而渔,不能急功近利,不能对当地生态环境造成威胁,不能影响区域长远可持续发展。自然的过度资本化带来毁灭性生态后果,也是造成生态失衡的重要原因。需遵循自然规律、生态规律与经济规律,既要维护生态系统承载能力,更要考虑代际均衡和长期可持续性。

3. "两山"转化的方式限定

"两山"转化需要具备一定条件也具有一定的门槛。一方面,转化需要具备技术、设备、市场、人才等一系列必要的条件,只能在生态资产盈余且条件成熟的领域开展;另一方面,"两山"转化是一个复杂的系统工程,应通过生态产品的组织化生产、市场化经营、资产化管理,使其成为新经济体系中的重要生产要素,纳入社会生产全过程。同时,生态资源资产深度融入现代经济体系、参与经济体系循环,既需要有明确权属、定价、交易等步骤,也需要一系列的规划、方法和手段。

4. "两山"转化的结果限定

"两山"转化并不意味着所有的转化结果都是好的。现实中应该避免一些转化风险,包括:(1)过度规模化、产业化、资本化,带来大量土地的"非农化""非粮化"以及"去小农化"。(2)过度商业化与低俗化。对生态资源、文化资源低俗化利用带来的短暂的"网红效应"是不可持续的。(3)碎片化。生态资源具有空间整体性和不可分性,缺乏整体统筹,碎片化、选择性转化,是非常危险的。(4)不均衡。只关注基础条件较好区域的示范或点位效应,而不顾及均衡发展。(5)冒进式转化。单纯为转化而转化,不考虑市场,也不遵循经济规律。(6)缺乏差异化。千篇一律、低端同质化必然不被市场所接受。(7)不可持续性。违背自然经济规律,伤害农牧民和集体、国家利益,带来生态破坏。

二 "两山"转化的理论逻辑

(一)绿水青山转化为金山银山为何必要

1. 重要意义在于显化绿水青山多元价值并促进价值实现

绿水青山具有生态、环境、经济、文化、政治、社会、美学等多重价值,而这些价值之前并没有得到足够的重视,更没有参与价值分配,这也是造成绿水青山资源日益稀缺、环境质量下降与生态功能退化的重要原因。促进“两山”转化是为了进一步将其价值显现化，并参与价值分配，使保护者获取收益、使用者支付费用、破坏者得到惩罚。“两山”转化的过程，也是绿色价值创造的过程，可以产生投资促进、产业优化、创新集聚等效应。绿色价值创造是“两山”转化的重要目标，也是检验“两山”转化成效的重要标准。

2. 根本目的是更好地保护“绿水青山”实现其保值增值

“两山”转化的根本目的不在于转化，而在于保护。或者说是在保护的前提下转化，转化是为了更好地保护。“两山”转化的初衷是保护生态环境，增加民生福祉，不能以破坏或者牺牲绿水青山为代价。当“绿水青山”严重不足时，同样需要“金山银山”力所能及地高效转化为“绿水青山”。

3. “两山”转化的实质是兼顾保护与发展的可持续发展

归根结底，“两山”转化的实质是保护与发展的统筹兼顾、良性互动、相互促进。既要发挥生态环境保护对经济发展的承载、净化与提升功能，也要在经济高质量发展过程中不断提高生态环境质量，增强生态系统服务功能。

（二）绿水青山转化为金山银山何以可能

1. 绿水青山是生产要素与生产力的组成部分

自然资源长期以来都是生产要素，而自然生态环境不断被发现的价值也日益成为更具有战略意义的新生产要素，如自然资源产权、环境容量、环境权益等。生态要素与传统要素融合、聚变，释放出巨大生产力。如生态资源与资本相结合，形成生态资产；生态要素与技术相结合，形成生态技术，可以充分挖掘生态要素的潜在价值。在由基础设施与制度规则建构的底层结构的支撑下，掌握这些要素就拥有了发展的主动权和竞争力。

2. 绿水青山与金山银山由生态系统服务连接

“绿水青山”与“金山银山”之间的联系通常用生态系统服务来描述（MA，2005；TEEB，2008）。根据《千年生态系统评估》，生态系统具有供给、调节、支持与文化等多种服务功能，这些服务功能为人类提供经济价值、安全、健康、自由与良好社会关系等多重惠益与福祉，服务所在即效益所在。但长期以来，生态系统服务价值并未从经济上得到充分体现。

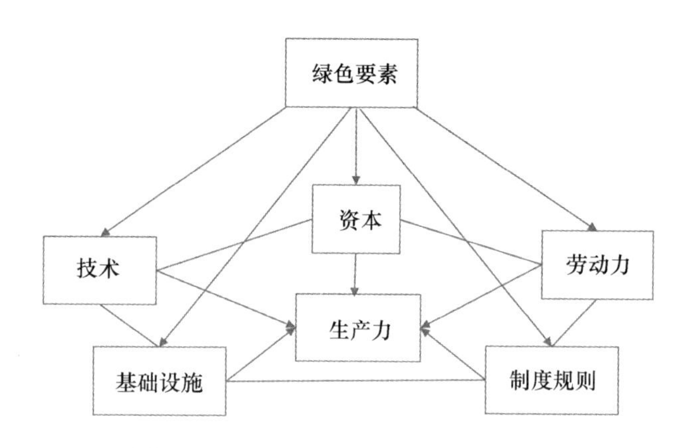

图1－3 生态要素与其他生产要素组合

重构这种联系的根本是重新认识绿水青山的多重价值，并借由生态系统服务功能建立生态系统循环与人类社会循环的有机互动。

（三）绿水青山转化为金山银山如何进行

“两山”转化是在经济系统内部发生的一系列绿色价值创造过程，内在机理是对“绿水青山”多重价值的重新定义，同时，中高端绿色消费、创新引领、数字经济、人力资本提升等新动能驱动价值创造过程，改变了原有经济系统的要素配置、功能结构和运行机制，推进了绿色供给质量和资源效率变革，创造了新价值，释放出多重生态红利。在观察、探究“两山”转化先行区域的路径与机制中可以发现，多样化的实践路径源自对生态价值转化逻辑的认识差异，涉及要素层面、结构层面、功能层面与系统层面，并呈现逐层递进的特征。

1. 要素层面的“两山”转化：资源转化逻辑

要素层面的“两山”转化，既遵循“生态资源→生态资产→生态资本→生态产品”的物质变换规律，也遵循“存在价值→使用价值→要素价值→交换价值”的梯度呈现规律，同时配合生态资源资产化、资本化、金融化、价值化、商品化、货币化等过程。

2. 结构层面的“两山”转化：资源配置规律

结构层面的“两山”转化，是将绿色供给、绿色消费、节能减排、循环经济、生态治理价值转化为环境容量与高质量发展优势，释放的依然是生态价值。这需要在供需协同、技术升级、产业融合、空间管治、治理结构等结构的调整中实现，遵循资源配置规律。

3. 功能层面的“两山”转化：功能提升逻辑

功能层面的“两山”转化，是将“绿水青山”的价值转化为绿色发展新动能和整套环发矛盾解决方案，需要依靠创新驱动与绿色发展融合实现。功能提升，一方面是提供绿色新供给和创造新需求，另一方面是提升自然资源的利用效率及传统部门的绿色转型效率。

4. 系统层面的“两山”转化：系统优化逻辑

系统层面的“两山”转化，是将“绿水青山”的价值转化为社会系统创新价值，包括全域的美丽国土空间、绿色循环低碳的全产业体系、全要素优化的生态环境、全社会的生态文化、全领域的生态治理体系等。

5. 运行层面的“两山”转化：机制创新逻辑

运行机制层面的“两山”转化，是指通过建立健全核算机制、监测评价机制、经营开发机制、补偿机制、考核机制、信用机制等，将“绿水青山”的价值转化为生态治理效能。

6. “两山”转化的核心是价值创造

“两山”转化是各类生产要素相互组合、作用及交换转化的过程和结果，本书尝试从价值增值层面阐释这一复杂过程，增值的方式与转化途径如下表所示：

表 1－1　“两山”转化价值增值方式与途径

增值方式	“两山”转化途径
资源转化增值	土地资源、水资源、矿产资源、动植物资源等，经过开发、加工和利用之后，可以转化为物质财富，从而实现“两山”转化
劳动创造价值	在“两山”转化中，人类劳动对实现价值聚合或转换起到重要作用，是价值创造的源泉之一
资本深化增值	资本作为投资，与人类劳动、技术、知识等相结合，创造价值
流通交换增值	在流通与交换环节，由于包装、冷藏、运输、服务、营销等的加入，会产生附加价值，从而实现价值增值
知识创造增值	人类的思想观念、发明创造、技术革新、制度创新等，都可以在生产实践中实现价值增值

续表

增值方式	“两山”转化途径
社会财富转化	社会资源与公共服务，会以不同形式再次汇入生产劳动和财富形成过程，从而实现价值增值
虚拟价值增值	通过权益交易，也可以将附着于产品或服务中的权益转化为现实价值
制度性增值	通过政府设定责任指标，也能将生态文明建设的任务转化为现实可交易的产品或服务，从而实现价值增值

三 “两山”转化的相关研究

（一）相关理论研究

“两山”转化理论探索聚焦生态价值实现，主要有以下议题：（1）理论内涵：“绿水青山”代表优质生态环境、自然资本、生态系统服务、环境承载条件等，“金山银山”代表生产力、物质财富、经济产出、民生福祉等，“两山”转化是经济过程，也是制度过程（卢宁，2016；黎祖交，2018，欧阳志云，2018；吴舜泽，2019）①；（2）驱动因素：包括绿水青山需求驱动、绿色发展政策导向、资源非消耗性利用技术进步、生态产品服务市场化等（王会等，2017）②；（3）转化机理：包括生态资源资产化、资本化、价值化、产品化、产业化、市场化、金融化等（胡咏君等，2015；崔莉等，2019；孙要良，2019）③；（4）机制路径：包括价值核算、产权交易、委托品、考核、生态服务受益者付费、生态补偿、生态产品认证、生态信用及绿色产业等（沈满洪，2015；王金南等，2016；黄祖辉，2017，张林波，2021）④；（5）能力研究。从资源利用、绿色发展、“两

---

① 参见卢宁《从“两山理论”到绿色发展：马克思主义生产力理论的创新成果》，《浙江社会科学》2016 年第 1 期；黎祖交《关于树立和践行“两山”理念的十个观点》，《中国生态文明》2018 年第 5 期；等等。

② 王会等：《绿水青山与金山银山关系的经济理论解析》，《中国农村经济》2017 年第 4 期。

③ 崔莉、厉新建、程哲：《自然资源资本化实现机制研究——以南平市“生态银行”为例》，《管理世界》2019 年第 9 期；胡咏君、谷树忠：《“绿水青山就是金山银山”：生态资产的价值化与市场化》，《湖州师范学院学报》2015 年第 11 期；等等。

④ 沈满洪：《以制度创新推进绿色发展》，《浙江经济》2015 年第 12 期；王金南、苏洁琼、万军：《“绿水青山就是金山银山”的理论内涵及其实现机制创新》，《环境保护》2017 年第 11 期；等等。

山”认知、环境保护等四个层面进行相应的能力架构(赵奥,2021)[①]。

（二）相关实践研究

“两山”转化实践研究聚焦先行区域,以路径探讨为主:(1)“绿水青山就是金山银山”实践创新基地与国家生态文明示范区典型模式。如绿色银行型、腾笼换鸟型、山歌水经型、生态延伸型、生态市场型、生态补偿型、生态惠益型等(刘煜杰,2019;黄润秋,2021)[②];(2)先行区典型经验。一是围绕浙江、江西、福建、贵州、四川、山东等地从省、市、县、村四个层面研究“两山”转化的实践、举措与效果(夏宝龙等,2015;单锦炎,2015;尹怀斌,2017;中国丽水两山学院,2019)[③];二是聚焦绿色金融、生态修复、碳汇交易、生态产业等先行领域的典型经验。(3)城市生态价值转化。如四川成都聚焦公园城市生态价值“人城境业”综合实现以及绿道、林盘等特色转化模式(吴承照,2019;范颖等,2019)[④];(4)乡村生态价值实现。包括多功能农业、乡村旅游、产权改革、第六产业、“三级市场”等(刘世锦、张永生,2015;温铁军等,2018)[⑤]。

（三）特殊地区研究

围绕民族及贫困地区“两山”转化主要有以下议题:(1)“两山”困境:苦守绿水青山无缘金山银山,既无绿水青山也无金山银山,有了金山银山丢了绿水青山(于开红等,2018)[⑥];(2)绿色减贫:“两山”理

---

① 赵奥:《实现“两山”跨域式发展的必要性与能力架构研究——辽宁民族地区为例》,《边疆经济与文化》2021年第10期。

② 刘煜杰:《深入理解“两山”管理规程 积极推进“两山”基地建设》,《中国生态文明》2019年第5期;黄润秋:《坚持“绿水青山就是金山银山”理念 促进经济社会发展全面绿色转型》,《学习时报》2021年1月15日。

③ 夏宝龙等:《以“四个全面”引领破解现实问题》,《人民日报》2015年3月17日;单锦炎:《把绿水青山的生态优势转化为金山银山的发展优势》,《政策瞭望》2015年第10期;尹怀斌:《从“余村现象”看“两山”重要思想及其实践》,《自然辩证法研究》2017年第7期;等等。

④ 吴承照、吴志强、张尚武等:《公园城市的公园形态类型与规划特征》,《城乡规划》2019第1期;范颖等:《基于文化空间生产的民族地区乡村文化振兴路径》,《规划师》2019年第13期。

⑤ 刘世锦、张永生:《关于贫困地区利用后发优势加快绿色发展的若干建议》,《中国经济时报》2015年3月4日;温铁军、罗士轩、董筱丹等:《乡村振兴背景下生态资源价值实现形式的创新》,《中国软科学》2018年第12期。

⑥ 于开红、付宗平、李鑫:《深度贫困地区的“两山困境”与乡村振兴》,《农村经济》2018年第9期。

论为生态扶贫、绿色减贫提供理论方法（古瑞华，2017）[①]，建立健全“两山”转化的造血机制、绿色发展机制、溢价机制（雷明，2015；郑新业、张阳阳，2019；史志乐、张琦，2018）[②]；（3）生态产品：提供生态产品是这类区域发展的重要内涵，涉及生态产业、特许经营、品牌化等（王兴华等，2015；蒋海航、苏扬，2017）[③]；（4）制度建议：设立“两山”理论试验区、国家公园等，开展生态产品价值核算试点、生态产品中央政府购买、横向补偿、生态权证交易等（陈建成，2017；铁铮等，2017；杨伟民，2018）[④]。

第四节 “两山”转化能力及其功能

本节尝试对“两山”转化能力进行定义、内涵与特征剖析，回答“两山”转化能力是什么的问题，并初步探讨其评价角度与衡量原则。然后从“两山”转化与能力发展之间的关系入手，阐释“能力”在“两山”转化中的功能作用。

一 “两山”转化能力的概念

（一）“两山”转化能力的定义

我们沿着两条线索对“两山”转化能力进行定义，一是从“能力”的定义出发，分析“两山”转化能力的结构性特征；二是从“两山”转化出发，分析“两山”转化能力包含的主要内容。

1. 从“能力”定义到“两山”转化能力

“能力”并没有统一的定义，是一个比较泛化的概念。本书借用

---

① 古瑞华：《“两山论”下民族地区生态扶贫的法治保障》，《贵州民族研究》2017年第3期。

② 雷明：《两山理论与绿色减贫》，《经济研究参考》2015年第64期；郑新业、张阳阳：《“两山”理论与绿色减贫——基于革命老区新县的研究》，《环境与可持续发展》2019年第5期；史志乐、张琦：《少数民族深度贫困地区脱贫的绿色减贫新构思和新路径》，《西北民族大学学报》2018年第3期。

③ 王兴华等：《为城市发展留住“生态资产”》，《长江日报》2015年9月28日；蒋海航、苏杨：《绿水青山转化为金山银山的技术路线研究》（上），《中国经济时报》2017年7月31日。

④ 陈建成：《让“两山”理论永放光芒》，《管理观察》2017年第32期；铁铮等：《专家建议在生态脆弱区建“两山”理论试验区》，《中国科学报》2017年3月1日；等等。

OECD（2006）、FAO（2015）、UNDAF（2017）、UNEP（2019）等普遍采用的能力概念，即“个人、组织和社会成功管理事务的能力”。这一定义关注于个人、组织、社会三个相互关联的层次，通常表达为制度环境、组织和个人三个层次，其中制度以组织为载体、以人力为源泉；组织以制度为基础，以人力为动力；人力以制度为激励，以组织为依托。个人、组织、社会体现了人类能力的三种结构性特征，也是能力提升的三个载体。由此，我们认为“两山”转化能力是在个人、组织、社会三个相互关联层面上以可持续方式达成“两山”转化目的的能力，三个层次相互依存、相辅相成，存在于各种尺度的空间之中。

（1）个体层面的“两山”转化能力

个体层面的“两山”转化能力，包括与“两山”转化相适配的生态意识、态度、价值观，以及相应的知识、技能、经验和胜任能力等。个体层面的“两山”转化能力形成个体人力资本，所有权属于个体所有，会随着人的流动而流动。

（2）组织层面的“两山”转化能力

组织层面的“两山”转化能力，包括内部结构、流程、管理、激励、平台、网络以及其他要素的生态化。组织层面的“两山”转化能力形成组织结构资本，所有权属于组织所有。一旦将生态化的理念和技术规范融入组织流程或岗位职能之中，那么形成的组织结构资本，即便是发生人员变动，新的人员也会很快适应岗位和流程，而不是随着人员流动而流失。

（3）社会层面的“两山”转化能力

社会层面的“两山”转化能力包括使组织和个人层面生态行为有效运行所需的广泛治理系统和环境条件，包括治理、政策、法律、文化、社会规范及它们的应用方式，还包括变革的政治意愿、愿景、资源与关系。社会层面的“两山”转化能力形成社会资本，所有权属于全社会共同所有。整个社会广泛普及并牢固树立生态意识、价值观，将之内化为社会制度与社会规范，那么形成的是可以推动整个经济社会绿色转型的内生动力，这种能力为整个社会所有。

表1－2 “两山”转化能力发展的三个层面

层面	内涵	重点	策略
个体层面	所需具备的生态意识、价值观、态度、知识、技能、经验、素养等	个体人力资本积累提升	学习教育培训驱动
组织层面	企业、部门、机构推进与实施“两山”转化的行为、功能与能力要素	组织结构资本积累提升	价值、体系、流程、结构、要素转型驱动
社会层面	广泛治理系统以及环境条件，包含正式制度与非正式制度	社会资本与社会能力提升	体制机制改革创新驱动

2. 从“两山”转化到“两山”转化能力

（1）基于自然生产力的转化能力

从自然生产力的角度看，“绿水青山”具有自转化能力，在生态循环中表现为各种类型的生态系统服务。同时，生态循环也可以参与到经济社会循环之中，或是经济社会循环利用生态循环，将“绿水青山”转化为“金山银山”。基于自然生产力的“两山”转化能力，是最根本、最基础、最本源的能力。

（2）基于人类生产力的转化能力

从人的角度看，“两山”转化是践行“两山”理论的一系列实践活动，通过这一综合实践达到发展与保护相互促进、人与自然和谐共生的最终目标。“两山”转化能力则是指能够将各种因素应用于这一实践活动，并在实践活动中不断创造、发展出来的功能体现，包括“两山”转化的理念、理论、方式、路径、手段、工具、资源、制度安排等，以及不同主体获取、运用这些要素作用于相应转化活动所表现出来的功能。对“两山”转化参与主体而言，能力是对其用“两山”理念、方法理解和应对需求，并发挥主要作用、解决问题和达到目标的一种综合表达。对“两山”转化过程而言，能力是对生态输入、生态与经济过程、经济输出的综合评判。

表1-3　　“两山”转化能力的内容

	功能	表征
“两山”转化能力	理念	可持续发展理念、“绿水青山就是金山银山”理念、环境生产力理念、环境民生理念、生命共同体理念等
	理论	“两山”论、生态文明理论、价值理论、生产力理论、财富理论等
	方式	生态产品生产与权益交易等直接方式以及地方品质改善等间接方式
	路径	生态产业化与产业生态化、生态权益交易、生态补偿、飞地经济
	手段	强制性手段、激励性手段、合作类手段、信息类手段，基于自然的解决方案，EOD等
	制度安排	产权制度、财政制度、国土空间保护制度、生态产业政策、能源政策、绿色金融等
	运行机制	自然资源资产化、资本化、货币化、金融化

3. 我们对“两山”转化能力的初步定义

综上，我们认为，“两山”转化能力，是基于良好生态环境以及自然生产力，个人、组织和社会在保护基础上以可持续方式增值自然资本并创造经济效益和社会效益所需的环境条件和要素集合、各类转化活动和行为的功能性体现，以及外部驱动与内部变革的良性互动。“两山”转化能力与生态系统服务、转化推进主体、转化活动过程、关键赋能要素密切相关，并体现在个体、组织和社会三个微观、中观和宏观层面。

（二）“两山”转化能力的内涵

按照“两山”转化的要求，“两山”转化能力基本内涵包括以下四个方面：

1. “两山”转化能力基于自然生产力，厚植绿水青山是基础

人类的生存和良好生活质量依赖于自然生产力。一方面，即便没有人类活动的干预，自然本身也在进行“两山”自转化，孕育生命，哺育万物；另一方面，自然不仅为经济活动提供原料，还直接参与价值创造，为人类提供惠益，如75%以上的粮食作物生产依靠动物传粉。提高生态系统服务能力，一方面是对其直接驱动因素（如土地用途改变、气候变化、

污染以及外来物种入侵等）实施系列行动，另一方面是促进间接驱动因素（如不可持续生产生活方式，各种技术、经济和社会因素）进行全系统的根本性变革。

2. “两山”转化能力推进主体多元化，增强主体能力是核心

“两山”转化能力主体涉及政府、市场与社会等利益相关者。从作为“两山”转化主体应该具备什么样的能力，如何发挥各自作用，如何建立紧密配合、内生发展的长效机制出发，本书认为，实现“两山”转化所需要的能力，包括政府推进生态价值转化的主导能力、市场实现生态产品价值的运营能力以及全社会推动“两山”转化的系统能力。

3. “两山”转化能力体现于转化过程，在转化中提升是路径

能力与行动相关，且需要通过行为体现，活动是行为的载体。“两山”转化能力也需要在一系列转化活动中体现，这些活动主要包括保护型转化、生产型转化、交易型转化、服务型转化、补偿型转化等，这些转化活动既是“两山”转化能力的载体，也是“两山”转化的路径。因此，在转化中提升能力，在提升能力中促进转化，是相辅相成的。

4. “两山”转化能力依赖于内外因素，协同赋能增能是关键

“两山”转化能力的形成绝不是一蹴而就的，充分的自我发育也需要借力借势，注入发展新动能。政策、文化、数字、创新、品牌、开放、运营等，都是不可或缺的赋能要素和驱动力量。

（三）“两山”转化能力的分类

能力类型可以从不同维度进行分类，如具体到某个特定部门或主题领域的“技术能力”和具有普遍性的所有部门和领域都需要的“职能能力”，也可以分为有形、可见的硬能力和无形、不可见但同样重要的软能力，还可以分为满足基本需求的基本能力和胜任高端任务的高级能力，抑或是具有根植性的内生能力与外部赋能。“两山”转化能力也具有不同类型，是一个动态迭代的过程。

表1－4　“两山”转化能力的分类

	按照领域分类		按照形态分类		按照性质分类		按照内外分类	
	技术能力	职能能力	硬能力	软能力	基本能力	高级能力	内生能力	外部赋能
制度环境层次	生态补偿制度、主体功能区制度等	生态文明规划、战略、监测和评价	社会经济制度、法律与政策	有效治理领导力	基本的生态保护和绿色发展制度规范	生态文明领域的领导力、话语权	文化、习俗、传统法以及在地化制度创新等	上级政策扶持、制度借鉴等
组织层次	有效管理生态资源并履行生态职能	调动和管理资源，参与、组织和激励	组织结构	组织文化	开发、经营、销售生态产品的一般能力	生态信用、社会责任与生态品牌价值	通过自身组织结构优化、流程升级、业务转型等提高竞争力	在合作网络更大生态中实现价值共创能力
个人层次	生态文明价值观、专业领域知识与技能	学习以适应、变革和自我更新的能力	知识、技能、方法、工具	价值观、态度、学习与适应	识字能力、数字设备基本操作能力	编程等高端生态化数字技能与素养	通过自身态度转变、动力激发、努力等获取	通过知识分享、知识溢出等获取

参考资料：CBD，Draft Long-term Strategic Framework for Capacity Development to Support Implementation of the Post-2020 Global Biodiversity Framework. CBD/SBI/3/7/Add. 1. 18 August 2020。

二　“两山”转化能力的评价

（一）基于结果视角的“两山”转化能力评价

1. “两山”（综合）指数

从结果层面看，“两山”转化能力提升的表现为绿水青山品质提升、“两山”转化效益提升与绿色发展长效机制的建立。2019 年生态环境部印发《“绿水青山就是金山银山”实践创新基地建设管理规程（试行）》，提出包括构筑绿水青山、推动“两山”转化、建立长效机制三个目标共

20 项指标的“两山指数”（LLEI），量化反映“两山”实践创新基地建设水平，在一定意义上比较全面地反映了“两山”转化能力在结果层面的主要表现。

2. “两山”转化单一指标

根据生态环境部环境规划院 2020 年 12 月发布的《经济生态生产总值（GEEP）核算技术指南（试用）》，也可以通过绿金指数（GGI）和生态产品初级转化率（PTR）两个指标对区域“绿水青山”和“金山银山”转化关系进行分析。绿金指数通过生态系统生产总值与绿色 GDP 的比值，反映“绿水青山”和“金山银山”的关系。生态产品初级转化率通过产品供给与文化旅游之和占 GEP 的比重，反映“绿水青山”向“金山银山”的转化水平。

（二）基于过程视角的“两山”转化能力评价

提高能力是一个动态迭接的过程，因此，国内外普遍采用“能力发展”这一用语，强调能力发展是在现有基础上释放、加强、创造、适应和维持能力的过程。从过程来看，“两山”转化的能力既是“两山”转化体系设计与构建的能力，也是解决体系化推进“两山”转化过程中遇到的各种问题和困难的能力。

以“两山”转化推进主体为例，“两山”转化能力提升表现为两个方面：一是制约政府、市场、社会推进“两山”转化能力的关键因素得到改善；二是政府、市场、农牧民、全社会更好地发挥作用，并建立紧密配合、内生发展的长效机制。

（三）难以量化“两山”转化能力的衡量原则

能力作为一种非显性资源，总是和活动相联系并表现在活动中，且能力与外部环境存在动态交换和相互影响，又与内部拥有的资源相辅相成，其发展程度难以量化。另外，能力往往表现为突变式、跳跃式、非线性发展，也很难以简单的线性因果关系来解释能力发展的投入与结果问题。

虽然能力很难衡量，但我们还是可以列举出一些好的转化能力的衡量原则。这些原则基于适用于大多数领域的“通用”原则，如完备的政策法规、机构设置，明确的职责、领导力和政治承诺，有效的市场激励、技术创新等；也包括适用于资源环境领域的“绿色”原则，如自然资本主流化、协同规划和管理、生态管治、绿色金融、绿色税收、可持续消费、生态文化、绿色创新、生态补偿等。需要将二者结合起来，以加强“两山”转化能力。

三　“两山”转化与能力的关系

（一）能力是“两山”转化的重要资源

能力是一种非常重要的非显现资源，与外部环境存在着动态交换与相互促进的关系。如在四川凉山州，提高妇女的识字能力、在幼儿园推广“普通话”以及卫生习惯的养成，这是让他们更好地融入现代化的重要基础，这种基础能力的开发与提升，能够与新的理念、发展内容与方式产生互促，从而成为“两山”转化的重要资源和条件。

（二）能力是“两山”转化的功能体现

“两山”转化能力是将基本资源转化为有价值的功能性活动的能力。如政府将拥有的法治资源转化为实际监督市场主体对生态环境损害赔偿的能力，市场主体将拥有的市场运营资源转化为生态产品品牌溢价的能力，个体将拥有的闲暇时间和知识资源转化为创造绿色价值的能力与践行绿色生活的能力等。“两山”转化是复杂的系统工程，能力是相互联系的有机整体，能力发展能够从整体上提高“两山”转化的可持续性。相反，能力不足是制约“两山”转化目标实现的根本原因。

（三）能力是出发点、着力点与落脚点

强调能力导向可以更好地理解转化的出发点。强调能力导向有利于将“两山”转化的驱动模式转向区域内生能力建设和自身可持续发展。只有以自身为主体，才能建立起与外部资源、外部赋能有机整合的良性循环模式。

强调能力建设可以更好地理解转化的着力点。强调能力建设有利于将“两山”转化的着力点转向自身的制度创新、文化重塑、组织强化、人力资源开发以及相应的资源整合。如果能够构建起适合能力发展的结构和机制，那么就会形成能力的进化，不断适应变化的环境。

强调能力提升可以更好地理解转化的落脚点。强调能力提升有利于将“两山”转化的落脚点聚焦于可持续发展。能力发展是一个全面的、长期

的持续过程，这与系统的、可持续的“两山”转化目标是一致的，更有利于人与自然和谐共生。能力的获取不仅是实现目标的核心保障，同时构成衡量“两山”转化的重要目标。

四 “两山”转化能力与价值创造

我们认为，“两山”转化能力服务于“两山”转化系统，是贯穿“两山”转化始终的核心路径，赋能“两山”转化系统价值发现、创造、传递与实现全过程。

（一）“两山”价值主张

在“两山”理论指导下，根据区域发展的新形势、新趋势和新要求，形成区域发展战略及其衍生的“两山”价值主张，如打造践行“两山”理念先行示范区、实践样板等，其价值主张包括：保护优先，社会包容、内生增长等。

（二）“两山”价值获取

面向“两山”转化的区域创新转型，也是获取“两山”价值的过程。对于要素层面的价值获取主要是针对资源变资产、变资本、变产品、变资金等，也包括要素层面权利的实现与交易。结构层面的价值获取主要是指伴随结构变革而形成的新模式、新方式、新动能、新价值。功能层面的价值获取主要是指系统功能的优化、创新与重构。运行层面的价值获取主要是指机制创新释放新价值。系统层面的价值获取主要是指社会系统的整体创新。

（三）“两山”价值创造

打造“两山”转化能力是“两山”转化的核心路径，也是价值创造与传递的重要支撑。包括与生态系统服务相关的能力、与转化推进主体相关的能力、与转化活动过程相关的能力以及与关键赋能要素相关的能力。

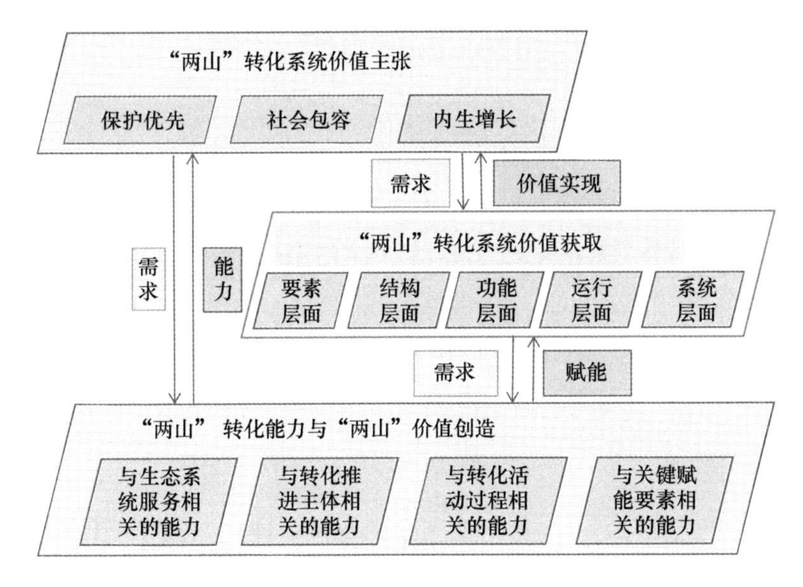

图1-4　“两山”转化能力与“两山”价值创造

第二章

理论基础:“两山”转化能力体系与理论框架构建

构建“两山”转化的能力体系是具有挑战性的开创性工作。党的十八大以来，全国上下掀起了践行“绿水青山就是金山银山”的探索热潮，自然资源部、生态环境部、国家发改委发布生态产品价值实现案例与“两山”实践创新案例，浙江、山东、四川等地陆续发布典型案例，这些生动案例与鲜活实践为本书提供了非常重要的启发，也奠定了宝贵的基础。

第一节 “两山”转化能力的体系化

“两山”理论提出之后，政府、企业、民众与社会各界积极探索，取得了较大的成绩。同时，也存在对其系统性认识不足、建设路径不全面、推进机制不健全、建设合力不足等诸多问题，构建“两山”转化能力体系，对于系统推进我国“两山”转化至关重要。

一 “两山”转化能力体系化的必要性

（一）我国“两山”转化能力取得的积极进展

1. 政府绿色治理能力不断提升

随着我国生态文明建设的深入推进，政府执政理念向绿色治理转变，绿色转型制度体系不断完善，治理能力不断提升。“绿水青山就是金山银山”作为重要执政理念被写入党章，生态文明建设作为硬性要求被写入宪法。制定长江保护法、土壤污染防治法等，修订环境保护法、大气污染防治法、水污染防治法等，生态文明法律进一步健全。建立健全生态文明建设目标评价考核和责任追究制度、生态补偿制度、河湖长制、林长制、环境保护“党政同责”和“一岗双责”等制度。中央生态环境保护督察成为推动各地区各部门落实生态环境保护责任的重大创新型举措。

2. 企业积极推进商业模式转型

企业是推进“两山”转化的“排头兵”，绿色低碳为主的社会责任意识进一步强化，如伊利股份发布《2021 可持续发展报告》《2021 生物多样性保护报告》《零碳未来报告》。更多企业积极开展面向更加绿色和低碳的商业模式转型。一方面，企业价值创造不再单独依靠物质扩张，更多转向包括服务、知识、体验、个性、文化、环境等在内的无形价值，以更少的资源投入产生更高的价值；另一方面，企业作为社会资本积极参与生态修复，创新 EOD 模式，在绿色投资中获得经济效益，助推生态产品价值实现与“两山”转化。

3. 全民绿色理念行动不断深化

根据“RIEco-Tencent 数字生态文明实验基地”2021 年大数据的调查显示，民众更倾向于选择环境友好型的产品，更认可环境友好型的企业，更热衷绿色低碳生活方式，优良生态环境成为美好生活的重要因素。更多民众依靠碳普惠平台、碳账户、蚂蚁森林等平台，积极践行绿色生活方式，用实际行动推进“两山”转化。

4. 学术交流对话日益丰富化

通过搭建“两山”理论学术对话平台，汇聚官、产、学、媒、民及社会各界广泛开展学术交流、项目推介与技术合作，大力推动了“两山”理论与实践，并成为社会各界交流各方经验和信息、总结各类实践和典型案例、展示“两山”转化成果的重要窗口。

表 2－1　“绿水青山就是金山银山”相关主题论坛

召开时间	会议名称	主办方	地点
2020 年 8 月 15 日	“绿水青山就是金山银山”理念提出 15 周年理论研讨会	浙江省委、省政府	浙江安吉

续表

召开时间	会议名称	主办方	地点
2020年9月13日	“绿水青山就是金山银山”理念与实践会议	浙江大学、生态环境部环境规划院	浙江安吉
2021年7月12日	生态文明贵阳国际论坛“绿水青山就是金山银山”理论创新与实践探索主题论坛	生态环境部、贵州省人民政府	贵州贵阳
2021年10月14日	2020年联合国生物多样性大会生态文明论坛“绿水青山就是金山银山：从理念到实践”分论坛	联合国生物多样性大会秘书处、生态环境部、云南省人民政府	云南昆明
2022年8月15日	中国绿色低碳创新大会“绿水青山就是金山银山”理念研究湖州论坛	中国科学技术协会、浙江省人民政府	浙江湖州
2022年11月19日	中国生态文明论坛南昌年会“绿水青山就是金山银山”双向转化路径与实现机制论坛	中国生态文明研究与促进会、南昌市人民政府、江西省生态环境厅	江西南昌

5. 国际广泛认可走向世界

2016年5月26日，联合国环境规划署发布《绿水青山就是金山银山：中国生态文明战略与行动》报告，标志着这一理念在联合国层面得到肯定，并由联合国向全世界推广中国绿色发展。2017年9月11日，联合国环境规划署发布《中国库布其生态财富评估报告》，并授予亿利集团联合国“地球卫士奖”。2021年在昆明召开的2020年联合国生物多样性大会以“生态文明：共建地球生命共同体”为主题，发布《绿水青山就是金山银山实践模式与典型案例》，“绿水青山就是金山银山”走向世界。

（二）我国“两山”转化能力存在的问题不足

1. “两山”转化能力系统性认识不足

相对于“两山”转化显化的路径、方式而言，能力具有综合性、系统性和隐藏性。各地在推进“两山”转化中，关注于本地资源优势，以及产业化、生态修复、生态补偿等显化形式，而对可持续的“两山”转化缺乏系统认识，表现在系统知识不足、手段欠缺、路径不明，更存在盲目转化、碎片转化、过度转化等风险，在制度、文化建设上还存在明显短板。另外，正如前文所述，“两山”转化存在权衡，一种利用方式与另一种方式可能存在互斥、互促、无不干扰等关系，需要统筹协调、科学转化。

2. “两山”转化能力建设路径不全面

在实施路径上，各地进行了较多探索，也形成了一些成功的模式和经验。我们在调研中发现，这些成功的模式和经验依然很难被复制到欠发达地区。比如发展生态旅游，很多地方受制于基础设施配套、客源局限、管理水平等因素，难以形成旅游特色和吸引力。在一定意义上，一些成功区域的经验更多是综合性的经验，很难单纯说是“两山”转化的经验。在生态产业发展上，生态优势转化为产品品质、品牌，需要技术、资金、人才等多方面的协同，多数区域难以跨过生态产业化的门槛。事实上，多数区域依然难以找到规模化、可持续转化的路径，打通转化路径亟待破题。

3. “两山”转化能力推进机制不健全

在推进机制上，“两山”转化主要是以政府主导，市场主体参与不足，社会与民众参与潜力仍然没有被充分激发。比如，在自然保护的生态价值流动和收益分配上，地方政府、企业、社区往往是割裂的。政府承担保护职能往往力不从心，企业参与开发的收益又很难惠及当地居民。社区无论在保护上，还是在发展上，抑或是分配上，都尚未成为主体。对于很多欠发达地区而言，普遍存在畏难与信心不足的问题。

以上问题，反映出我国“两山”转化能力建设的严重滞后，亟须系统化加强“两山”转化能力建设，形成“两山”转化的持续生产力。

（三）我国“两山”转化能力亟须体系化建设

1. 体系化推进“两山”转化能力建设有利于形成综合对策

“两山”转化能力的体系化，旨在形成系统的建设框架、问题清单、建设任务与实施路径，本质上是综合的对策体系和建设方法，从而克服在推进“两山”转化中不会转化的能力欠缺。在一定意义上，“两山”转化能力体系，就是推进“两山”转化的设计图和施工图。

2. 体系化推进“两山”转化能力建设有利于形成长期框架

“两山”转化能力建设只有起点，没有终点。构建“两山”转化能力体系，有利于形成能力发展的长期框架，锚定人与自然和谐共生的中国式现代化目标，形成路线图和时间表。同时，“两山”转化能力涉及的能力类型多样，有些是可以短期内形成的，有些是需要长期培育与发展。构建“两山”转化能力体系，有利于识别短期与长期目标和任务，更有利于精准配置能力建设资源，更加高效地促进能力发展。

3. 体系化推进“两山”转化能力建设有利于激活内生动力

只有体系化推进“两山”转化能力建设，才能系统地审视在地化的资源要素，激活本地政府、企业和民众的内生动力，有效联合本地生态、文化，并创新有市场竞争力的商业模式，形成可持续转化能力。而不是简单跟风一些网红项目、盲目引进大资本，任何架空本地居民、脱离本土文化、单纯追求经济效益的转化都是不可持续的。

二 “两山”转化能力体系的构建思路

（一）放眼世界体现国家战略需求

“两山”转化代表着一种新的生产力与生产关系，是全世界可持续发展的共同追求，是应对气候变化、生物多样性等全球挑战，促进全球经济绿色发展的共同选择。相对于生态系统服务，我国“两山”转化有着更为宏大的战略意图，不仅基于广大人民群众日益增长的美好生活需要，更加强调统筹发展与保护的关系，更多通过市场机制解决环发矛盾，让提升生态产品的绿水青山之地也能与提供农产品、工业品、服务产品的地区同步实现现代化，获得大体相当的生活水平和基本公共服务。构建“两山”转化能力体系，需要着眼于、服务于国家这一重大战略需求。

（二）立足已有理论成果与新探索

“两山”转化虽然是一个极具中国特色的用语，但其内涵的多样化自然价值实现思想是国际前沿科学问题。目前，国际学术界在生态系统服务、环境价值核算与生态补偿等研究领域已经取得丰硕成果。构建“两山”转化体系要充分吸收借鉴已有研究成果，并基于我们对“两山”转化理论的新探索，以期更加科学地呈现。

（三）综合国内外实践与具体区情

“两山”转化极具实践性，不仅有联合国推动和各国积极实践的可持续发展路径，也有我国国家部委、地方政府、企业及民众广泛开展的生动实践，我们收集了上百个区域的实践模式和典型案例，为构建“两山”转化能力体系积累了丰富的要素集。另外，我们认为，每个区域的“两山”转化能力体系需要立足本地区情、体现本地特色，需要对这些要素进行增减、改造与提升。

三　“两山”转化能力体系的构建方法

“系统分解—重构”思想为我们奠定了认识论和方法论基础。在具体方法上，“两山”转化能力体系的构建，可以分为系统要素解析和系统构建与选择两个大的步骤，详细的内容将分别在本章第二节展开。

（一）要素分解

要素分解是在相关理论和实践基础上，按照系统要求进行分解，形成不同要素集合，为系统重构提供要素支撑。要素来源有二：一是我国“两山”转化相关政策文件；二是公开发布的生态产品价值实现案例与“两山”实践创新案例。本书借鉴扎根理论的编码方法，将案例中涉及的能力建设要素进行分解、条目化和编码，剔除重复或个性化因素，从而获得“两山”转化能力的要素集合。

表2－2　“两山”转化能力要素主要来源

来源	具体内容
政策文件	中共中央办公厅、国务院办公厅《关于建立健全生态产品价值实现机制的意见》（2021年4月26日发布）
	国务院办公厅《关于健全生态保护补偿机制的意见》（国办发〔2016〕31号） 公开发布的各地建立健全生态产品价值实现机制实施方案
	公开发布的各个“绿水青山就是金山银山”实践创新基地实施方案
	公开发布的各地国家生态文明建设示范区建设规划
典型案例	生态环境部18个“绿水青山就是金山银山”实践创新基地典型案例；生态环境部微信公众号关于国家生态文明建设示范区与“绿水青山就是金山银山”实践创新基地推介
	自然资源部已经推出三批共32个生态产品价值实现典型案例
	国家发改委陆续推出13个生态产品价值实现典型案例，涉及公共品牌、生态农业、生态旅游、生态权益交易、生态修复和生态金融等

续表

来源	具体内容
典型案例	丽水生态产品价值实现44个案例
	山东省自然资源厅发布2021年度自然资源领域22个生态产品价值实现典型案例
	四川省第一批22个“绿水青山就是金山银山”实践模式与典型案例
	国内公开的“绿水青山就是金山银山”实践创新基地实施方案涉及的案例等

（二）系统重构

系统重构是以系统要素为基础，遵从新的系统目标和系统环境约束重构出结构体系不同的系统。系统重构的方法有很多，本书主要涉及以下两个方法：

一是选择结构依据进行综合归并从而形成新的系统。在要素分解的基础上，根据需求采取新的结构进行要素重组、综合归并，从而形成具有新功能的系统结构。系统重组的结构依据本质上是系统运行的环境，既支撑系统又形成制约，不同的系统重构依据会产生不同的体系结构。本章第三节因为不针对具体区域，主要采取这一方法进行系统构建。

二是根据问题诊断进行改造提升从而形成新的系统。在要素层面进行能力问题诊断，在问题诊断基础上，再对能力要素进行赋能、改造、提升，最后经过聚类、集成之后形成新的能力系统。其路径可以归纳为：要素分解—改造提升—系统集成。本书下篇针对具体区域的“两山”转化能力体系构建则在第一种方法的基础上从第二种方法上继续深化。

第二节 “两山”转化能力体系构建

我们按照系统分解和重构的思想，从国内外“两山”转化案例中收集要素，引入“OSPD”模型作为结构依据，通过对能力要素聚类分析与综合归并，形成“两山”转化体系。

一 要素分解：依据“两山”案例开展能力要素的系统分解

我们基于公开途径收集到的“两山”转化相关文件、国内外“两山”转化案例，根据能力建设要求，对这些案例涉及的内容进行系统分解和条目化，从中合并提取1000余条初始概念，形成220余项“两山”转化要素集合。我们将在下篇中展示整理后的具体要素条目。

二　构建方案：选择“两山”转化能力体系构建的结构依据

本书引入“对象—主体—过程”模型（Object-Subject-Process Model，即OSP模型），并增加“驱动维”，形成“对象—主体—过程—驱动”四维能力建构模型，来分析“两山”转化能力的不同维度。本书认为，“两山”转化能力发展应该涵盖“两山”转化的对象、主体、过程和驱动因素。在对象维度，绿水青山流量或增量是“两山”转化的基础，与之相关的能力包括生态系统服务能力；在主体维度，自然和人类都是“两山”转化的主体，人类对“两山”转化的推进依赖于自然力，并由政府、市场、社会协同推进；在过程维度，“两山”转化是由各类相互关联的活动来组织实施的，通过实践所掌握的知识而获得，这些实践活动包括保护类、生产类、服务类、交易类、补偿类等转化活动；在驱动维度，政策、数字、文化、科创、人才、开放等都是“两山”转化的驱动因素，也是赋能“两山”转化能力的关键因素。

图2-1　“两山”转化能力分析维度

三 综合归并："两山"转化能力要素聚类分析与综合归并

我们根据上述能力结构方案，对能力要素进行聚类分析与综合归并，过程如下表。需要说明的是，本书借用了扎根理论的编码方式但并不是根据扎根理论提出问题，本质上仍然是结构化系统分析方法，其基本步骤是：系统分解、综合归并、系统集成。

表2-3 从初始概念归并到要素提取

要素提取	初始概念归并（从条目中提取关键词并概念化）
A1 主体功能区	主体功能区，三生空间
A2 国土空间格局优化	生态保护格局、国土空间开发格局、生态廊道体系、生态安全格局
A3 国土空间用途管治	三区三线、三线一单、双评价
A4 自然保护地保护	自然保护区、国家公园、自然保护地体系等
A5 自然生态要素保护	森林、草原、河流、湿地、农田、沙地、海滨
A6 系统性生态修复	生命共同体系统治理
A7 生物多样性保护普查	生物多样性普查、调查
A8 生物多样性规划计划	生物多样性规划、行动计划
A9 生物多样性能力建设	落实生物多样性公约
A10 多样化农业生产系统	种质资源
A11 生物多样性传统知识	文化传统、生产方式、生活方式、医疗、环境治理等
A12 生态产品普查	生态产品监测、普查、数据库
A13 生态产品收储	生态产品资源库、项目库、优质项目包
A14 重大地质灾害防控	干旱、洪水
A15 森林草原灾害防控	火灾、病虫害
A16 地震灾害风险防控	水电站等潜在地震风险，地震及次生灾害
A17 牧业超载风险防范	草畜失衡、草原退化、生物灾害风险
A18 生物多样性风险	外来物种
A19 大气污染	污染源、污染端、污染环节、协同减排
A20 水污染	污染源、"三水"统筹
A21 土壤污染	农田重金属及投入品污染、矿山土壤污染、尾矿库

续表

要素提取	初始概念归并（从条目中提取关键词并概念化）
A22 固废污染	污染源、资源化、监管制度
A23 其他污染	面源污染、噪声污染、核辐射等
A24 环境治理	源头治理、综合治理、全过程治理
A25 环境监管	监测（大数据、智能）、应急、长效机制
A26 人居环境提升	城市、农村人居环境
A27 供给端发展清洁能源	水电、风电、太阳能、生物质能源等
A28 消费端降低高碳能源	清洁能源替代、电能替代
A29 重点行业节能减碳	电力、工业、建筑、交通等
A30 新型储能与共享能源	新型储能、共享能源、分布式能源、智能微电网
A31 碳捕获	收集、分类、封存、产品与地质固碳
A32 碳循环	资源化应用场景
A33 生态系统固碳增汇	森林、草原、绿地、湖泊、湿地、海洋等生态固碳
A34 碳中和示范基地	碳中和乡村，碳中和企业，碳中和园区等
A35 减污降碳任务协同	源头减少浪费、过程节能降耗、末端综合利用
A36 减污降碳制度协同	目标衔接、环评能评衔接、协同激励、协同约束
A37 政府生态理性	思想觉悟、政治站位、民生意识
A38 政府生态职能	党委政府生态职责、部门生态职责
A39 生态领导力	生态领导者形象、对标先进、探路精神
A40 “两山” 战略管理	区域定位、系统设计、体系构建、主流化
A41 制度供给	基础性制度、主体性制度、保障性制度、引导性制度
A42 政策工具	命令控制工具、经济激励工具、信息引导工具、资源参与工具
A43 综合协调	资源调配、利益协调、危机应对
A44 政府生态产品采购	重点区域生态赎买、生态产品政府采购
A45 政府生态补偿	纵向补偿财政转移支付、横向补偿中的上级财政投入
A46 政府土地配置	土地出让锚定、强制性损害补偿、附带生态产品提供
A47 政策管控创造需求	权益指标交易、责任指标交易
A48 基础设施保障能力	传统基础设施、新型基础设施、环境基础设施、产业配套基础设施
A49 公共服务保障能力	公园、绿道等公共生态产品提供、基本公共服务保障

续表

要素提取	初始概念归并（从条目中提取关键词并概念化）
A50 市场监管服务能力	打造公共品牌、标准化、生态认证，监管服务、市场秩序、市场规则、市场环境
A51 生态产品开发经营市场主体	企业、集体组织、创业者等传统生态产业开发主体，“两山”公司、“两山”银行等新兴生态产品市场运营主体
A52 社会资本参与转化	社会资本参与矿山生态修复等
A53 金融机构参与转化	传统银行机构、政府金融工作局、融资租赁公司、环境权益交易平台、绿色企业、投资集团、科技平台公司等
A54 相关技术主体	“两山”转化各个环节涉及的专业技术团队、机构
A55 综合服务主体	环境治理市场主体、生态环境大数据综合服务商等
A56 企业绿色领导力	绿色领导力管理思想、服务国家战略、增强企业绿色社会责任
A57 企业环保信用	信用等级评价、信用档案、正负面清单、守信激励、失信惩戒
A58 责任关怀中强化价值	树立责任关怀理念，生产全流程绿色化改造优化、绿色价值创造
A59 环境公益中强化价值	捐赠、绿色公益采购、购买碳汇产品、绿色志愿者、团建等参与环境公益，践行社会责任并创造价值
A60 解决社会问题中获益	面向国家需求，在解决社会问题中获取商业价值
A61 增值关键环节	价值发现、产品创新
A62 溢价决定因素	品牌、载体、周边土地增值
A63 创新实现价值最大化	技术模式、商业模式、运营模式
A64 激发主体性	明确农牧民主体地位作用、激活主体意识与能动性、考虑可持续性生计、培养新型农牧民典型代表
A65 创新参与方式	经营、收租、入股、劳务等
A66 创新组织模式	公司 + 合作社 + 农户、集体企业、社会企业
A67 创新利益链接	订单合作、保底收购、土地流转、优先选聘、股份合作、服务协作、利润返还、村企合作、产业化联合，由供销关系向产权、股份合作拓展，由与生产企业合作向多种主体拓展
A68 绿色就业	生态管护类岗位
A69 多样化就业	多样化技能、多样化业态和就业岗位
A70 创新创业	生态型创新、电商环节创业、新兴就业

续表

要素提取	初始概念归并（从条目中提取关键词并概念化）
A71 可持续生计	社区共管、社区协议保护
A72 绿色生产生活	生产方式、生活方式、绿色交往、绿色活动空间
A73 党建引领	党委联动妇联、共青团、民兵等群团
A74 社会合作	对社会惬意、社会组织、专家团队开放“两山”转化场景
A75 特殊群体赋能	城归群体、女性群体
A76 新型农牧民能力提升	专业生产型、技能服务型、经营管理型、创新创业型等
A77 地域特色文化	非遗等特色地域文化培育及其生态内涵挖掘
A78 “两山”社会氛围	公众意识、行为、习俗、活动
A79 “两山”宣传教育	宣传及载体等，各级各类教育及培训
A80 生态文化设施品牌	非遗展示馆、图书馆、美术馆、自然博物馆等
A81 激发人的绿色需求	贯穿生理、安全、社交、尊重与自我实现需求
A82 加强绿色需求引导	政策引导、行为引导
A83 与特殊社会治理结合	移风易俗等
A84 开放社会实践场景	乡村建设团队、艺术创作团队等
A85 智库、委员会等	吸纳专家智库、组建公众评议委员会、强化社会监督
A86 多样化社会参与	生态修复 + 社区矫正、碳普惠、社会认种认养
A87 素质培育与知识更新	生态环境类科学素养、数字应用技能、创新教育
A88 依托生态工程发展特色产业	退耕还林（草）、长护林、天保工程等
A89 生态修复类产品供给	矿山、湿地、水、草原、森林、沙化地、荒漠化生态修复产品
A90 生态修复经济效益	产权捆绑、补充耕地与建设用地指标可交易
A91 生态保护修复 + 模式	土地综合整治 +，矿山生态修复 +
A92 基于自然解决方案	自然、乡村、城市、流域等应用
A93 环保促发展	大气、水、土壤污染防治中的经济效益与生态产品
A94 环境倒逼转型	环境标准倒逼产业结构升级，总量减排增加承载空间
A95 环境价值转化	人居环境综合整治效益
A96 城市生态空间新业态	绿道经济、林盘经济、消费场景
A97 乡村生态价值释放	乡村休闲、居住、创新创业功能
A98 生态载体溢价	土地溢价、景区门票、民宿经济
A99 综合开发增值	TOD、站城一体

续表

要素提取	初始概念归并（从条目中提取关键词并概念化）
A100 特殊地理标志效应	地理标志品牌、影视基地品牌、传说故事等
A101 遗传资源惠益共享	畜禽、作物等
A102 传统知识惠益共享	古法、传统智慧、传统理念
A103 生态农业	种植养殖、林下经济、渔业、生物质利用
A104 文旅康养	生态文旅、乡村旅游、大康养产业
A105 生态工业	环境敏感型工业、战略性新兴产业、低碳产业、清洁能源产业
A106 特殊资源产业	再生资源、岸线资源、传统村落、畲族绿曲酒等
A107 农业绿色发展增值	立体、循环，全品类、全产业链，多功能、多业态
A108 工业绿色转型	结构高端化、空间集约化、能源消费低碳化、资源利用循环化、生产清洁化、产品绿色化、数字化
A109 产业融合跨界	全产业融合，第一、二、三产业融合，自然生态要素融合，生态产品形态功能融合，依托平台跨界，产业价值链穿透重组
A110 耕地产权流转	地票
A111 林地产权流转	林票、碳票
A112 生态修复产权流转	用地指标流转、增减挂钩
A113 水权交易	区域水权、取水权、灌溉用水户水权
A114 用能权交易	用能权有偿使用和交易
A115 节能权交易	节能量交易、节能项目投融资交易和合同能源管理项目收益权交易
A116 绿电（证）交易	绿色电力交易、绿电证书交易
A117 排污权交易	电力企业
A118 碳排放权交易	重点碳排放单位
A119 放牧配额交易	放牧配额
A120 生态容量交易	生态容量占用许可付费、生态容量产品券（币）
A121 责任指标交易	绿化增量、清水增量
A122 资源权益指标	森林覆盖率
A123GEP 核算结果溢价	基于 GEP 的生态产品采购，生态环境溢价
A124 林草碳汇	CDM、CCER、VCS、PHCER、FFCER、BCER
A125 农业碳汇	生物炭、气候智慧型农业、履约抵消
A126 海洋碳汇	蓝碳交易、红树林生态修复产生的海洋碳汇交易

续表

要素提取	初始概念归并（从条目中提取关键词并概念化）
A127 研学教育	自然教育、红色教育、劳动教育、遗产教育、生命教育
A128 生态文创	新文创、新设计、新传播、新营销
A129 生态会展	生态博览会、节庆活动
A130 生态旅居	民宿、农（藏、彝等）家乐
A131 绿色信贷	生态贷、“两山”贷、能效贷款、渔民转产贷
A132 绿色债券	银行业绿色债券、企业绿色债券、绿色集合债
A133 绿色保险	环境、安全、产业等保险整合，地方特色险种
A134 环境权益融资	生态价值金融化、资本融资、权益质押
A135 绿色产品认证服务	统一的绿色产品标准、认证、标识体系
A136 生态标志认证服务	生态原产地、国家地理标志、CFCC
A137 生态品牌综合服务	品牌孵化、策划、推广、服务
A138 碳汇交易服务	核证、交易、基金、平台等行业
A139 碳标签等服务	企业碳标签、产品碳标签
A140 碳普惠服务	技术服务、应用场景服务
A141 电力辅助服务	调峰、备用等
A142 综合能源服务	生产、转换、传输、存储、管理、交易、平台等服务
A143 专项生态补偿	重点生态功能区转移支付、横向流域生态补偿、生态要素补偿
A144 综合性生态补偿	统筹资金、整合类型、拓展渠道、提高效率
A145 生态补偿政策效益	补偿标准、补偿方式、绩效考核
A146 发展生态惠民产业	入股、合作，发展新业态
A147 生态公益性岗位	管护员、巡林员、保洁员等
A148 生态项目与就业联动	促进本地就业扶持、经济补偿、技术援助
A149 生态惠贫机制	集中安置区后续产业发展、资源资产折价入股
A150 地市州内飞地	生态功能区与城市化地区
A151 省内飞地	发达地区与欠发达地区
A152 跨省飞地	毗邻地区、流域地区
A153 生态环境损害赔偿	环境法庭、环境公益诉讼
A154 生态环境收益补偿	支付生态环境溢价
A155 减少生态破坏补偿	禁捕补偿、退出补偿
A156 中央部委特殊政策	领导视察指示首提等、部委对口支援

续表

要素提取	初始概念归并（从条目中提取关键词并概念化）
A157 国家战略部署惠及	六大区域战略、老少边穷等特殊区域
A158 国家级平台	试点示范区
A159 国家级改革试点	改革创新先行区、非遗整体保护区
A160 国家级品牌	绿色矿山、A 级旅游景区、城市品牌、农业品牌、乡村品牌
A161 上级区域政策	省级对市、县的政策
A162 同级区域帮扶	援藏援彝等政策
A163 生态文明体制改革	法律法规以及国土、产权、规划、环境等政策破冰
A164 双碳相关政策	1＋N 政策体系
A165 各地相关制度经验	4 个国家生态文明试验区、364 个国家生态文明示范区、136 “两山”实践创新基地等
A166 解决本地特殊问题的政策	生态特区、试点示范、特殊扶持政策、增加政策力度
A167 地方特色文化	民族文化、传统文化、乡土文化、宗教文化
A168 传统生态文化	神山神树、自然母亲、把牛羊当家人等
A169 文旅 IP 赋能产业	二十四节气 IP、动漫网文影视 IP、网红打卡
A170 生态文化附加值	夜游博物馆、冬奥特许商品、植物迷宫
A171 艺培研学	艺术教育、自然教育、劳动教育、手工技艺传承、精神传承、娱乐休闲、亲子互动
A172 创意餐饮	萤火虫餐厅、非遗食品、地标食品、美食＋体验、水席
A173 演艺娱乐	非遗、剧场、演艺、游戏与旅游业融合发展
A174 数字文创	数字音乐、数字传媒、电竞游戏、VR/AR、原创动漫、网络文学
A175 数字基础设施	新型基建
A176 数字应用技能与数字素养	数字获取、交流、消费、安全、健康等技能以及相应的素质与能力
A177 “两山”数字技术	5G、大数据、云计算、物联网、人工智能、数字孪生、区块链
A178 数字技术应用	生态产品数据监测、价值核算、情景预测、溯源、生产、流通、交易、销售、补偿等
A179 “两山”数字经济产业	大数据储存、信息技术产业、卫星互联网等

续表

要素提取	初始概念归并（从条目中提取关键词并概念化）
A180 数字经济与生态经济融合业态	生态产品电子商务，短视频等与生态农业、文旅康养融合
A181 基于数字经济的“两山”转化服务业	数字普惠金融、互联网灵活就业
A182 生态产品数字化场景	生态产品数字身份证、生态资源普查
A183 生态产业数字化场景	生态工业、工业、文旅数字化场景
A184 绿色金融数字化场景	茶商 E 贷、碳惠天府、“两山绿币”
A185“双碳”数字化场景	新能源云区块链碳存证场景
A186 生态信用数字化场景	企业环境信用、个人生态信用场景
A187 生态治理数字化场景	立体化环境监测、智慧环保指挥、“两山”生态云
A188 拓展创新内涵与类型	熊彼特创新与全面创新、逆向创新与垂直创新
A189 创新适配策略	前沿创新、规模创新、普惠创新
A190 绿色科技能力	创新主体、创新平台、创新合作
A191 科技赋能生态产业	赋能农业、工业、旅游
A192 科技赋能生态环保	生态修复技术、环境治理技术、绿化技术、防灾技术
A193“两山”转化人才引进	引进高层次人才、专业技术人才，飞地引才聚才、人才交流合作
A194“两山”转化人才培养	特色教育、产教融合、学习培训
A195 全民科学素养	环境素养、数字素养
A196 全民创新意识	创新氛围、创新教育
A197 生态文化品牌	文化遗产、自然遗产、非物质文化遗产、文明城市、生态文明建设示范区、森林城市、生态旅游示范区等
A198 区域公用品牌	丽水山耕、天赋河套
A199 生态产业品牌	生态农业品牌、生态文化产业品牌、生态旅游产业品牌、产业集群品牌、清洁能源产业品牌
A200 生态企业品牌	知名企业、龙头企业、独角兽、瞪羚、哪吒、小巨人等
A201 生态产品品牌	生态原产地产品、道地原生态产品、中国地标食品、中国美食地标产品、中国文旅地标产品、中国康养地标产品、中国地标食材产品、中国文体地标产品等品牌
A202 绿色标准	团体标准、地方标准、企业标准
A203 绿色认证	地标认证、绿色制造认证、绿色供应链认证、绿色产品认证

续表

要素提取	初始概念归并（从条目中提取关键词并概念化）
A204 绿色标识	绿色产品、有机产品、能效标识
A205 生态产品溯源	全链条溯源、生态产品信息库、质量监管平台
A206 生态品牌推广	电商平台、新媒体推广、直播带货、展销推广、云交易
A207 品牌场景打造	地标类研学场景、“文化 + 体验” 场景、“大健康” 场景
A208 树立开放意识	解放思想、统筹两种资源两个市场、人才培养
A209 交通互联互通	“一带一路” 交通互联互通、四向拓展
A210 开放平台	开发区、园区、自贸区、合作园区、跨境电商综合试验区
A211 全方位开放	空间拓展、内容拓展、主体拓展
A212 多元化开放	引进来走出去，合作交流
A213 重点区域开放	“一带一路” 沿线国家等
A214 生态产品双循环	技术交流合作、应对气候变化共同行动、人类命运共同体、供应链合作
A215 跨省区域合作	融入国家重要战略区域、毗邻合作、飞地、对口支援
A216 行政区内合作	经济区、城市群、功能区合作
A217 生态共建	水源地保护、联合巡河、共同打捞整个区域水生植物
A218 环境共保	大气联防联控、跨界水体治理、一图治水
A219 一体化示范	一体化标准体系、一体化平台
A220 筑牢安全防线	突发环境事件应急联动、重大风险防范

表 2－4　　从一级编码归并到二级编码提取

提取二级编码	一级编码归并
B1 厚植绿色本底	A1 主体功能区 A2 国土空间格局优化 A3 国土空间用途管制 A4 自然保护地保护 A5 自然生态要素保护 A6 系统性生态修复
B2 生物多样性保护能力	A7 生物多样性保护普查 A8 生物多样性规划计划 A9 生物多样性能力建设 A10 多样化农业生产系统 A11 生物多样性传统知识

续表

提取二级编码	一级编码归并
B3 生态产品普查收储	A12 生态产品普查 A13 生态产品收储
B4 统筹发展与生态安全	A14 重大地质灾害防控 A15 森林草原灾害防控 A16 地震灾害风险防控 A17 牧业超载风险防范 A18 生物多样性风险
B5 源头减污	A19 大气污染 A20 水污染 A21 土壤污染 A22 固废污染 A23 其他污染
B6 综合治理	A24 环境治理
B7 环境监管	A25 环境监管 A26 人居环境提升
B8 碳减排	A27 供给端发展清洁能源 A28 消费端降低高碳能源 A29 重点行业节能减碳 A30 新型储能与共享能源
B9 碳吸收	A31 碳捕获 A32 碳循环 A33 生态系统固碳增汇 A34 碳中和示范基地
B10 协同减污降碳	A35 减污降碳任务协同 A36 减污降碳制度协同
B11 生态战略管理能力	A37 政府生态理性 A38 政府生态职能 A39 生态领导力 A40 “两山” 战略管理

续表

提取二级编码	一级编码归并
B12 制度供给能力	A41 制度供给 A42 政策工具 A43 综合协调
B13 主导实现能力	A44 政府生态产品采购 A45 政府生态补偿 A46 政府土地配置 A47 政策管控创造需求
B14 管理服务能力	A48 基础设施保障能力 A49 公共服务保障能力 A50 市场监管服务能力
B15 培引市场主体	A51 生态产品开发经营市场主体 A52 社会资本参与转化 A53 金融机构参与转化 A54 相关技术主体 A55 综合服务主体
B16 激发市场动机	A56 企业绿色领导力 A57 企业环保信用 A58 责任关怀中强化价值 A59 环境公益中强化价值 A60 解决社会问题中获益
B17 增强运营能力	A61 增值关键环节 A62 溢价决定因素 A63 创新实现价值最大化
B18 主体激励	A64 激发主体性 A65 创新参与方式
B19 赋予机会与能力	A66 创新组织模式 A67 创新利益链接
B20 就业与增收能力	A68 绿色就业 A69 多样化就业 A70 创新创业

续表

提取二级编码	一级编码归并
B21 可持续生计能力	A71 可持续生计 A72 绿色生产生活
B22 赋权与自我发展	A73 党建引领 A74 社会合作 A75 特殊群体赋能 A76 新型农牧民能力提升
B23 培育生态文化	A77 地域特色文化 A78 “两山” 社会氛围 A79 “两山” 宣传教育 A80 生态文化设施品牌
B24 内化人本需求	A81 激发人的绿色需求 A82 加强绿色需求引导 A83 与特殊社会治理结合
B25 畅通公众参与	A84 开放社会实践场景 A85 智库、委员会等 A86 多样化社会参与 A87 素质培育与知识更新
B26 生态修复中转化	A88 依托生态工程发展特色产业 A89 生态修复类产品供给 A90 生态修复经济效益 A91 生态保护修复 + 模式 A92 基于自然解决方案
B27 环境治理中转化	A93 环保促发展 A94 环境倒逼转型 A95 环境价值转化
B28 绿色空间中转化	A96 城市生态空间新业态 A97 乡村生态价值释放 A98 生态载体溢价 A99 综合开发增值 A100 特殊地理标志效应

续表

提取二级编码	一级编码归并
B29 惠益分享促转化	A101 遗传资源惠益共享 A102 传统知识惠益共享
B30 生态产业化实现	A103 生态农业 A104 文旅康养 A105 生态工业 A106 特殊资源产业
B31 产业生态化实现	A107 农业绿色发展增值 A108 工业绿色转型 A109 产业融合跨界
B32 融合跨界增值	A110 耕地产权流转 A111 林地产权流转 A112 生态修复产权流转
B33 自然资源资产产权流转交易	A113 水权交易 A114 用能权交易 A115 节能权交易 A116 绿电（证）交易
B34 自然资源权益交易	A117 排污权交易 A118 碳排放权交易 A119 放牧配额交易 A120 生态容量交易
B35 环境权益交易	A121 责任指标交易 A122 资源权益指标 A123GEP 核算结果溢价
B36 指标限额交易	A124 林草碳汇 A125 农业碳汇 A126 海洋碳汇
B37 减排量交易	A127 研学教育 A128 生态文创 A129 生态会展 A130 生态旅居

续表

提取二级编码	一级编码归并
B38 生产服务产业	A131 绿色信贷 A132 绿色债券 A133 绿色保险 A134 环境权益融资
A39 绿色金融服务	A135 绿色产品认证服务 A136 生态标志认证服务 A137 生态品牌综合服务
B40 生态认证服务	A138 碳汇交易服务 A139 碳标签等服务 A140 碳普惠服务 A141 电力辅助服务 A142 综合能源服务
B41 双碳相关服务	A143 专项生态补偿 A144 综合性生态补偿 A145 生态补偿政策效益
B42 生态补偿提标扩面	A146 发展生态惠民产业 A147 生态公益性岗位 A148 生态项目与就业联动 A149 生态惠贫机制
B43 能力导向的生态补偿	A150 地市州内飞地 A151 省内飞地 A152 跨省飞地
B44 跨区域飞地补偿	A153 生态环境损害赔偿 A154 生态环境收益补偿 A155 减少生态破坏补偿
B45 赔偿补偿协同	A156 中央部委特殊政策 A157 国家战略部署惠及 A158 国家级平台 A159 国家级改革试点 A160 国家级品牌

续表

提取二级编码	一级编码归并
B46 针对区域的政策	A161 上级区域政策 A162 同级区域帮扶
B47 惠及区域的政策	A163 生态文明体制改革 A164 双碳相关政策 A165 各地相关制度经验
B48 新需求的政策	A166 解决本地特殊问题的政策
B49 文化资源与生态资源协同转化	A167 地方特色文化 A168 传统生态文化
B50 提升生态产品文化附加值	A169 文旅 IP 赋能产业 A170 生态文化附加值
B51 文化赋能形成新业态	A171 艺培研学 A172 创意餐饮 A173 演艺娱乐 A174 数字文创
B52 数字鸿沟缩小	A175 数字基础设施 A176 数字应用技能与数字素养
B53 数字技术应用	A177 “两山” 数字技术 A178 数字技术应用
B54 数字经济渗透	A179 “两山” 数字经济产业 A180 数字经济与生态经济融合业态 A181 基于数字经济的 “两山” 转化服务业
B55 数字化应用场景	A182 生态产品数字化场景 A183 生态产业数字化场景 A184 绿色金融数字化场景 A185 “双碳” 数字化场景 A186 生态信用数字化场景 A187 生态治理数字化场景
B56 理解创新及其策略	A188 拓展创新内涵与类型 A189 创新适配策略
B57 技术创新及赋能	A190 绿色科技能力 A191 科技赋能生态产业 A192 科技赋能生态环保

续表

提取二级编码	一级编码归并
B58 人才引育及赋能	A193 “两山” 转化人才引进 A194 “两山” 转化人才培养
B59 生态品牌体系	A195 全民科学素养 A196 全民创新意识
B60 生态认证体系	A197 生态文化品牌 A198 区域公用品牌 A199 生态产业品牌 A200 生态企业品牌 A201 生态产品品牌
B61 宣传推广体系	A202 绿色标准 A203 绿色认证 A204 绿色标识
B62 开放基础能力	A205 生态产品溯源 A206 生态品牌推广 A207 品牌场景打造
B63 对外开放赋能	A208 树立开放意识 A209 交通互联互通 A210 开放平台 A211 全方位开放 A212 多元化开放 A213 重点区域开放
B64 区域合作赋能	A214 生态产品双循环 A215 跨省区域合作 A216 行政区内合作
B65 生态共建共享	A217 生态共建 A218 环境共保 A219 一体化示范 A220 筑牢安全防线

表 2-5 从二级编码归并到三级编码提取

提取三级编码	二级编码归并
C1 生态系统正向产出能力	B1 厚植绿色本底 B2 提高生物多样性保护能力 B3 开展生态产品普查收储 B4 统筹发展与生态安全
C2 环境系统减污提质能力	B5 源头减污 B6 综合治理 B7 环境监管
C3 碳减排与固碳增汇能力	B8 碳减排 B9 碳吸收 B10 协同减污降碳
C4 政府生态价值管理能力	B11 生态战略管理能力 B12 制度供给能力 B13 主导实现能力 B14 管理服务能力
C5 市场生态价值转化能力	B15 培引市场主体 B16 激发市场动机 B17 增强运营能力 B18 主体激励 B19 赋予机会与能力 B20 就业与增收能力 B21 可持续生计能力 B22 赋权与自我发展
C6 全社会共建的系统能力	B23 培育生态文化 B24 内化人本需求 B25 畅通公众参与
C7 保护型转化活动实施能力	B26 生态修复中转化 B27 环境治理中转化 B28 绿色空间中转化 B29 惠益分享促转化
C8 生产型转化活动实施能力	B30 生态产业化实现 B31 产业生态化实现 B32 融合跨界增值

续表

提取三级编码	二级编码归并
C9 交易型转化活动实施能力	B33 自然资源资产产权流转交易 B34 自然资源权益交易 B35 环境权益交易 B36 指标限额交易 B37 减排量交易
C10 服务型转化活动实施能力	B38 生产服务产业 B39 绿色金融服务 B40 生态认证服务 B41 双碳相关服务
C11 补偿型转化活动实施能力	B42 生态补偿提标扩面 B43 能力导向的生态补偿 B44 跨区域飞地补偿 B45 赔偿补偿协同
C12 政策赋能	B46 针对区域的政策 B47 惠及区域的政策 B48 新需求的政策
C13 文化赋能	B49 文化资源与生态资源协同转化 B50 提升生态产品文化附加值 B51 文化赋能形成新业态
C14 数字赋能	B52 数字鸿沟缩小 B53 数字技术应用 B54 数字经济渗透 B55 数字化应用场景
C15 创新赋能	B56 理解创新及其策略 B57 技术创新及赋能 B58 人才引育及赋能
C16 品牌赋能	B59 生态品牌体系 B60 生态认证体系 B61 宣传推广体系
C17 开放赋能	B62 开放基础能力 B63 对外开放赋能 B64 区域合作赋能 B65 生态共建共享

表 2－6 “两山”转化能力体系构建

	核心范畴	三级编码归并
E“两山”转化能力理论框架	D1 与生态系统服务相关的基础能力	C1 生态系统正向产出能力 C2 环境系统减污提质能力 C3 碳减排与固碳增汇能力
	D2 与转化推进主体相关的推进能力	C4 政府生态价值管理能力 C5 市场生态价值转化能力 C6 全社会共建的系统能力
	D3 与转化活动过程相关的实施能力	C7 保护型转化活动实施能力 C8 生产型转化活动实施能力 C9 交易型转化活动实施能力 C10 服务型转化活动实施能力 C11 补偿型转化活动实施能力
	D4 与关键赋能要素相关的驱动能力	C12 政策赋能 C13 文化赋能 C14 数字赋能 C15 创新赋能 C16 品牌赋能 C17 开放赋能

第三节 “两山”转化能力理论框架

“两山”转化能力涵盖与生态系统服务、转化推进主体、转化活动过程以及关键赋能要素有关的能力。这四个维度也可以称之为基本切入点，是利用多个目标合力加快发展的手段，有助于确定相应的杠杆和行为体。

一 基础能力：与生态系统服务相关的能力

“两山”转化的基础能力与特定转化对象相关，主要是生态系统服务能力。自然生产力先于其他生产力存在并将一直持续，既可以自我转化，即绿水青山就是金山银山；又可以作为生产力要素参与社会生产过程，将绿水青山转化为金山银山。自然生产力是“两山”转化的基础能力、首要能力与先导性能力。从物质流动的视角，“两山”转化，除了具有物质产品提供能力、调节服务能力、文化服务能力等正向产出，同时还会产生污染物排放和碳排放等负向产出。因此，厚植“绿水青山”，不仅要提升生态系统服务能力，构建韧性国土空间，增强生态系统正向产出。还要协同减污降碳，减少生态系统环境负荷与负向产出。也就是说，提升“两山”转化能力要致力于三个基础能力：生态系统正向产出能力、环境系统减污提质能力、碳减排与固碳增汇能力，实现“生态强本底、环境提质量、双碳见成效”。

二　推进能力：与转化推进主体相关的能力

“两山”转化的推进能力与转化推进主体相关，“两山”转化主体包括利益相关者，涉及政府、企业和社会各界，本书从治理角度将其确定为政府、市场与社会公众。实现“两山”转化所需要的能力，包括政府生态价值管理能力、市场生态价值转化能力、全社会共建的系统能力。对于具体区域而言，有些特殊主体需要更加重视，如我们在综合考虑四川凉山州特殊区情，特别增加“农牧民”这一主体，包括以本地居民为主体、从事小规模生产活动的农民、渔民、牧民、猎户、林农、果农等，以突出其主体地位。

1. 政府生态价值管理能力。由于生态环境具有公共物品或准公共物品的属性，市场在生态资源配置中常常会存在失灵的风险，政府必须在生态管理中居于主体地位，发挥主导作用。政府是推进“两山”转化的核心行动者与责任主体，掌握着“两山”转化最多的权力与其他必要资源，其治理的理念、行为、方式及其能力直接决定着“两山”转化效能。政府推动“两山”转化的能力，本质是一种生态价值管理能力，是对“两山”转化的主导和监管能力，具体体现为三个方面：一是生态理性与战略管理能力，二是政府绿色政策制定能力、执行能力、监管能力，三是行动实践能力，包括资源整合能力、危机反应能力、利益协调能力等。

2. 市场生态价值转化能力。企业是“两山”转化最主要的承载体，因此市场主体的“两山”转化能力，实质是企业的绿色行为能力，主要是企业生态价值经营与溢价能力。市场发挥作用推动“两山”转化，既需要企业自身的努力，也需要政府的积极作用，以及社会整体的赋能与激励机制。总体而言，企业“两山”转化能力具体体现为：企业参与生态价值运营的意愿与动力、拥有的绿色社会资本、绿色资源配置能力、商业模式创新能力、绿色技术创新能力、绿色价值链参与能力、绿色平台共享能力、绿色产品市场竞争能力、生态产品溢价能力等。

3. 全社会共建的系统能力。“两山”转化能力的提升，必须依靠公众与社会组织的支持和参与，这是一种整体的社会能力。具体体现为：公众参与能力（包括参与、推动以及推广能力）、公众绿色价值体系、公众绿色文化创新能力、社会氛围与活力等。

三 实施能力：与转化活动过程相关的能力

“两山”转化实施能力与转化实施过程相关，包含保护修复治理、生态产业化、产业生态化、生态权益补偿、权益指标交易、生态产品服务、衍生价值转化等等。这些既是“两山”转化的渠道与路径，也是“两山”转化形成的新经济增长点与经济形态，是一系列经济活动与价值创造过程。由此，“两山”转化的实施能力包括保护型、生产型、交易型、服务型、补偿型五类转化活动的实施能力。

四 驱动能力：与关键赋能要素相关的能力

“两山”转化驱动能力与关键赋能要素有关。新经济条件下，经济活动的新要素，如文化、数字、技术、场景、平台、流量、生态等，成为新动能，参与并驱动“两山”转化经济活动与价值创造过程。具有根植性的民族文化是重要的内生赋能要素，应高度重视，本项目将其置于核心地位。数字等新经济要素，虽然相比一些发达地区，目前看来欠发达地区还有差距，且很难在短时间形成集聚优势。但脱贫攻坚已经奠定了比较良好的基础，应该将其充分利用起来，并发挥最大的效能。从长远来看，缩小数字鸿沟，注重创新赋能，也是“两山”持续转化的关键驱动力量。由此，“两山”转化的驱动能力包括政策、文化、数字、创新、品牌、开放六类关键赋能要素的驱动与增能。

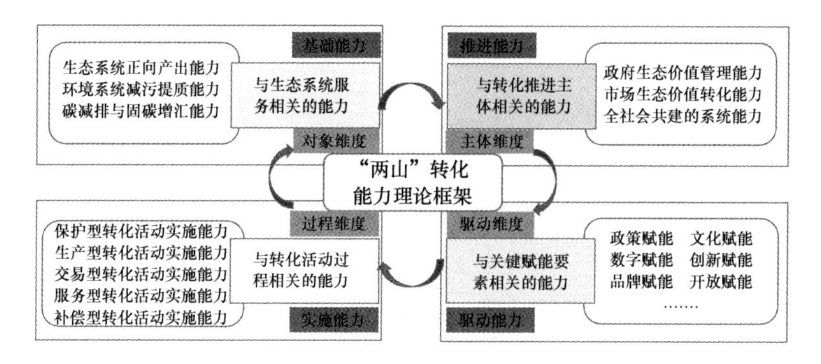

图2－2　"两山"转化能力的基本框架

第四节　"两山"转化能力形成机理

"两山"转化能力的形成是一个多因素协同作用的系统过程，其形成机理以"基础能力—推进能力—实施能力—驱动能力"四个能力为切入点，以"制度环境—激励体系—资源保障—知识技能"为杠杆，在"宏观—中观—微观"三个层面协同推进，并呈现动态迭接、协同演化的过程特征。

一　"两山"转化能力变革杠杆与杠杆点

变革理论中关于杠杆和切入点的论述对本书有所启发。变革理论认为复杂的系统不能以简单的方式来管理，但也不意味着推倒重来，应协作实施以关键干预点（杠杆点）为目标的优先治理干预措施（杠杆），这种战略干预可以引发可持续性变革。我们认为，"两山"转化能力涵盖与生态系统服务、转化推进主体、转化活动过程以及关键赋能要素有关的能力。这四个维度也可以称之为基本切入点，是利用多个目标合力加快发展的手段，有助于确定相应的杠杆和行为体。而变革的杠杆是影响能力的四类关键因素，包括制度环境、激励体系、资源保障和知识技能，并需要在个体、组织、社会三个层面上协同推进。

二　"两山"能力形成与发展的内在机理

（一）构筑支点：四个能力

"基础能力—推进能力—实施能力—驱动能力"四个切入点分别涉及

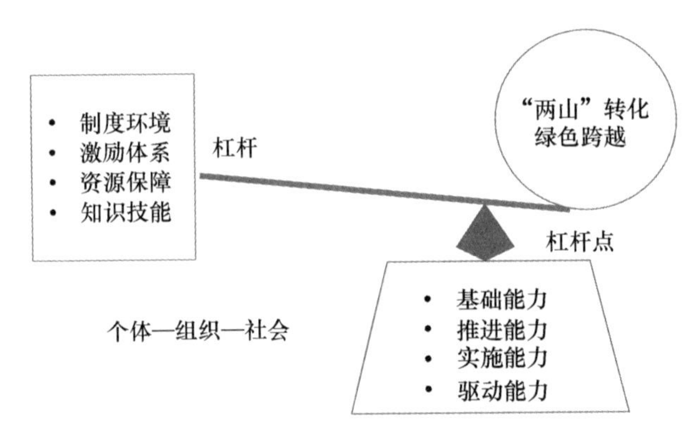

图2-3 "两山"转化能力变革杠杆与杠杆点

"两山"转化对象、主体、过程与关键赋能要素，通过四个能力协同推进，可以基于自然生产力和人类生产力，充分利用系统的变革潜力。确定切入点是实现多重目标动态平衡并发挥其协同效应和乘数效应的重要手段，有助于确定使之实现的杠杆和主体，也便于评估和反馈。

（二）撬动杠杆：四个因素

四个杠杆涉及良好的制度环境、合理的激励体系、适配的资源保障以及个体生态意识和知识技能，是"两山"转化能力形成的关键，每个杠杆本身就是变革的强大推动力，但依然需要来自不同杠杆的创新组合以及相应主体的创新合作。

（三）协同推进：三个层面

在推进"两山"转化中，人是最大的资产，也是能力建设的核心。人力资本投资可以在微观层面形成以个体人力资本为表征的个体能力，在中观层面形成以组织结构资本为表征的组织能力，在宏观层面形成以社会资本为表征的社会能力。三个层面相互促进，协同推进。

（四）动态迭接：协同演化

"两山"转化能力并没有明确的终点，也不是一个简单的线性过程，而是一个持续不断地迭接过程，并产生不断反馈的回路，能够反思、修正、创新，也是"两山"转化能力系统灵活性、适应性和韧性的体现。"两山"转化能力既可以是独立的能力节点，也可以是协同的能力链、能力网络或能力生态，可分解、可组合。随着"两山"转化的需要，能力也在不断发展和演变，在不同维度进行协调优化和互动创新，形成叠加效应、聚合效应和倍增效应。

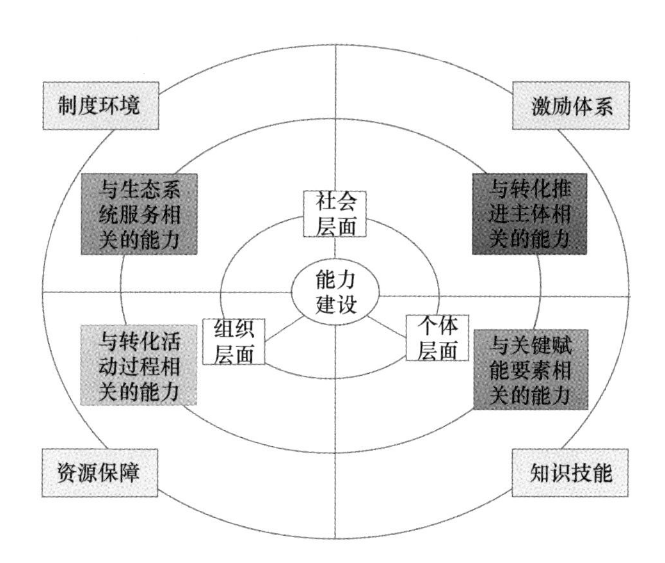

图 2－4　“两山”转化能力形成机理

第三章

方法探索:“两山”转化能力问题诊断与提升方向

基于系统分解—重构思想，本章探讨“两山”转化能力问题诊断的方法。问题诊断的方法，既是能力系统要素分解的方法，又是对要素进行生态化改造、提升、优化、集成的方法，四类诊断侧重点不同，作用不同，相互补充。

第一节 “两山”转化能力诊断思路

我们认为，“两山”转化能力诊断是能力提升的重要环节，采用什么样的方法才能更系统、全面地深入问题本质并探究其背后的原因，至关重要。

一 问题诊断方法的构建思路

对“两山”转化能力不同的解构思路，也就形成了不同的问题诊断方法。基于第二章的分析，我们将“两山”转化能力解构为基础能力、推进能力、实施能力和驱动能力，也就可以根据这四个能力包含的要素，形成相应的问题清单，同时这也为解决这些问题提供了思路和方法。当然，我们也可以从景观层面、制度层面、行为层面和价值观层面由表及里地进行问题诊断。同样，我们之前把“两山”转化能力影响因素解构为制度体系、激励体系、资源保障与个体知识技能，以及个体、组织和社会三层同构，同样可以形成相应的问题诊断方法。由此，我们认为，这可以形成一种从不同维度对“两山”转化能力进行系统诊断的范式，本书主要围绕这四种诊断方法展开。

二　四种诊断方法的相互关系

我们在本节提出四种诊断方法。采用“四力”诊断方法对“两山”转化能力不足的问题表现进行剖析，侧重于要素分析，揭示究竟是哪些能力存在不足；采用“四因”诊断方法对“两山”转化能力的关键影响因素进行剖析，侧重于原因分析，揭示问题背后有哪些深层困境；采用“四圈”诊断方法对能力进行从表及里分析，侧重于景观—行为—制度—价值观的逐层揭示；采用“三层”诊断方法对能力涉及的人本问题进行剖析，侧重于人力资本分析，揭示人力资本投资与能力建设的关系。

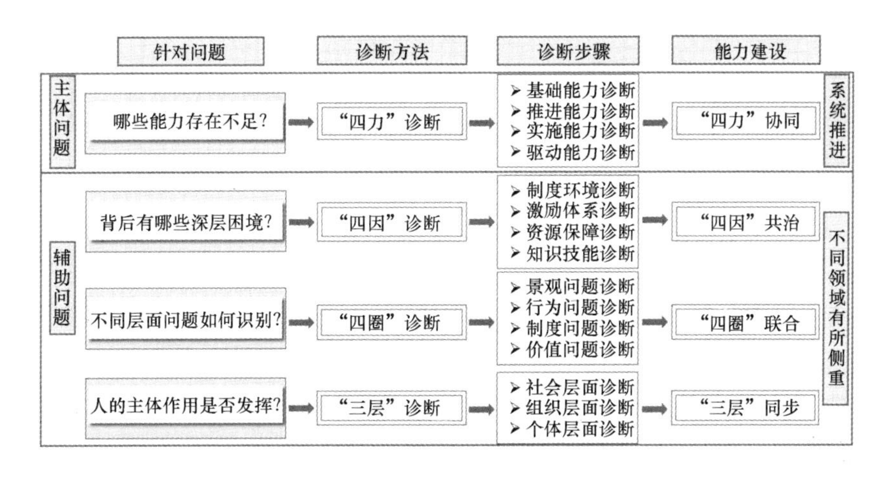

图3-1　四个诊断方法及其相互关系

第二节　“两山”转化能力诊断方法

本节详细介绍四种问题诊断方法的诊断依据和诊断步骤，旨在从不同维度揭示“两山”转化各个层面的问题和困难。

一 "四力"诊断

如前所述，我们将"两山"转化能力看作是由自然生态系统的基础能力、多元主体的推进能力、一系列转化活动中呈现的实施能力、关键赋能因素的驱动能力"四力"构成的复杂系统。因此，对"两山"转化能力问题的诊断，可以从以下四个维度展开，其实质是能力要素的逐层分解。

（一）基础能力诊断

对基础能力的诊断，主要是基于自然生态系统服务展开。从物质能量的流动来看，自然生态系统与社会经济系统之间的互动主要在两个方面，一是自然生态流动为社会经济系统提供正向产出，也就是物质供给、调节服务与文化功能，这是形成"两山"转化能力的根基所在；二是社会经济循环会向自然生态系统产生负向产出，包括污染和碳排放，这是制约"两山"转化能力的关键所在。二者不是非此即彼的关系，而是相互关联的。比如生态系统服务功能也包含了碳吸收，可以在一定程度上起到中和碳排放的作用。生态环境容量的扩大在一定程度上也可以起到对污染的净化作用。因此，对基础能力的诊断，需要全面、系统把握自然生态系统与社会经济系统的物质能量流动关系。

（二）推进能力诊断

对推进能力的诊断，主要基于参与"两山"转化的利益相关方以及多元主体合作治理展开。《中共中央 国务院关于建立健全生态产品价值实现机制的意见》（国务院公报 2021 年第 14 号）强调要"探索政府主导、企业和社会各界参与、市场化运作、可持续的生态产品价值实现路径"，已经明确指出推动"两山"转化的多元主体。政府推进生态价值转化的主导能力，包含了生态管理、制度供给、政策手段以及个体与组织层面的能力。市场实现生态产品价值的运营能力，包含了参与生态价值运营的意愿动力、资源配置、价值创造与实现以及个体与组织层面的能力。全社会推动"两山"转化的系统能力包含了生态文明社会氛围、公众参与等。

（三）实施能力诊断

对实施能力的诊断，是基于一系列转化活动所呈现的功能展开，这是行为与功能层面的问题诊断，包含了“两山”转化形态、路径、模式、机制等。实施能力诊断的结果，是形成可操作的“两山”转化行为分类、实施步骤、路径机制与形态模式的基础。

（四）驱动能力诊断

对驱动能力的诊断，是基于关键赋能要素展开的。“两山”转化能力的形成离不开文化、数字、基础设施、科创、人才、品牌、运营、开放等多方面的赋能，每一种要素所起的作用不同，获取的难易程度不同，发挥作用的机制更是不同。因此，对驱动能力的诊断，不仅仅停留在关注缺失什么，更应该关注其链接方式、赋能方式。

二　“四因”诊断

“四力”诊断方法侧重于从要素层面进行诊断，而影响因素诊断方法侧重从形成这些问题的影响因素层面进行诊断，可以更深层地揭示问题成因，二者相互补充。

（一）诊断依据

本书认为影响“两山”转化主体能力的关键因素，来自制度环境、激励体系、资源保障、知识技能四个维度。良好的制度环境包括：体制环境、政策环境、法治环境等。合理的激励体系包括动机、内部化、赋权赋能等。资源保障是指与责任、行为等相匹配的人力、物力、财力、技术、信息、数据等资源要素保障。知识技能包括对“两山”转化的理解、绿色发展的意识、绿色生活的参与、绿色人生的态度以及与之匹配的知识生成、应用与传播体系等。

（二）诊断步骤（以推进能力为例）

1. 制度环境诊断

影响政府推进生态价值转化能力的制度环境包括：政府绿色立法与决策机制、评价和考核体制、信息收集与管理系统、管理体制机制等。影响企业生态产品运营能力的制度环境包括：重要资源性产品价值改革、资源税费和环境税费政策、企业环境行为规制、营商环境等。影响全社会推动“两山”转化系统能力的制度环境包括：公众参与的法律法规、社会组织发展的政策环境、环境信息公开等。

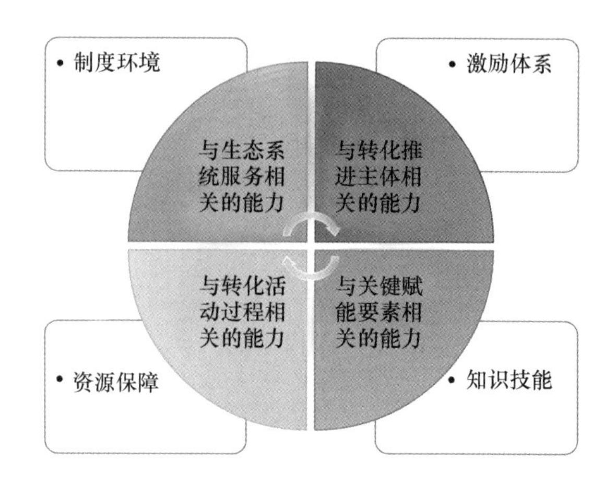

图3-2 “两山”转化能力“四因”诊断方法

2. 激励体系诊断

影响政府推进生态价值转化能力的激励体系包括：政绩激励、晋升激励等。影响企业生态产品运营能力的激励体系包括：政策经济激励、市场盈利、社会资本（声誉影响力等）等。影响全社会推动“两山”转化系统能力的激励体系包括：生态信用、生态积分、生态共富、绿色共享等。

3. 资源保障诊断

影响政府推进生态价值转化能力的资源保障包括：人员、资金、时间等。影响企业生态产品运营能力的资源保障包括：技术、市场信息、人员、交通、冷链、物流、平台等。影响全社会推动“两山”转化系统能力的资源保障包括：社会力量投入、资金保障、民族团结等。

4. 知识技能诊断

影响政府生态价值管理能力的个体包括：领导、管理人员、公职人员。影响企业生态产品运营能力的个体包括：企业家、管理人员、技术人员、员工等。影响全社会推动“两山”转化系统能力的个体包括：青少年、儿童、女性、教育界人士、媒体界人士等。个体层面具有的生态意识、绿色观念、知识获取、技能训练等，对“两山”转化能力具有重要作用。

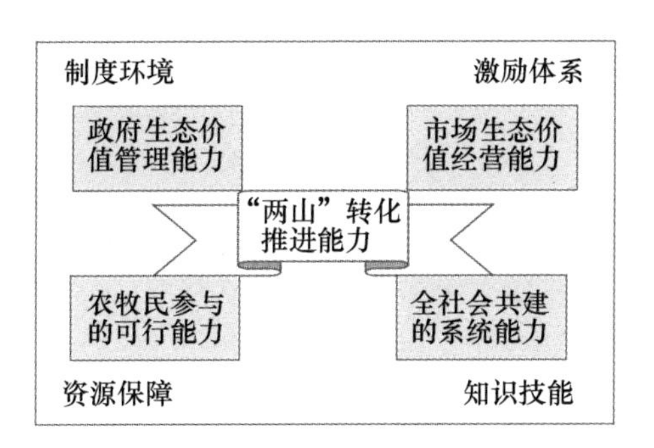

图3－3　影响因素诊断与“四力”诊断相结合

三　“四圈”诊断

（一）诊断依据

我们认为，“两山”转化能力存在四个层面的问题，一是景观层面的问题，如果一个区域在景观层面还停留在穷山恶水，或是生态退化严重、环境污染严重的阶段，那么这个区域很难具备“两山”转化的基础能力。一个区域是否具备“两山”转化能力，或“两山”转化能力提高还是下降，首先可以从景观层面非常直观地进行诊断。二是行为层面的问题，当前的人类行为与活动不具备“两山”转化能力或由于不当的人类行为和活动导致了“两山”过度转化或不可持续，以及景观层面难以逆转的生态后果。三是制度层面的问题，现有制度尚不能对“两山”转化产生激励，或是制度偏差或存在缺陷引致不当行为。四是价值层面的问题，归根结底，产生不当行为或制度缺陷的根本原因还在于人类的价值追求，不同的价值取向决定不同的制度文明、行为文明和景观文明。

根据“两山”转化能力结构的四个层面，我们认为，可以从以上四个层面来诊断一个区域“两山”转化能力，从而形成由外而内、由表及里诊断“两山”转化能力的重要方法。同理，我们在对“两山”转化能力建设进行诊断时，也可以采用同样的方法。比如，如果一个区域只是在景观层面来进行“两山”转化，大量投入，加上维护费用，却很难实现可持续的收益，其能力建设路径也是有偏差的。

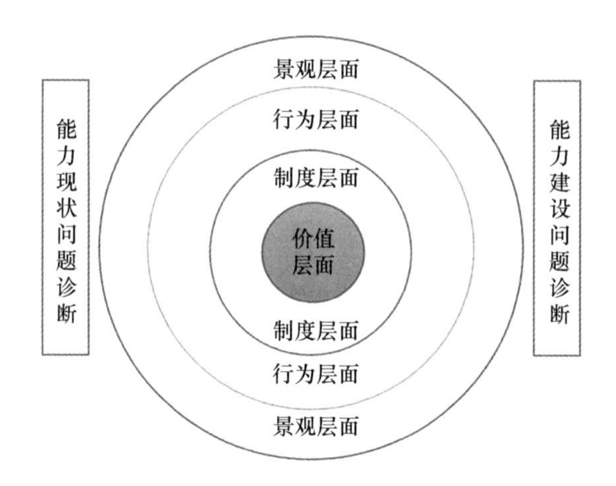

图 3-4 “两山”转化能力“四圈”诊断方法

（二）诊断步骤

1. 景观层面问题诊断

在景观层面分析“两山”转化存在的问题，包括生态状况、资源状况、环境状况、社会经济发展状况以及环境与经济的协调状态。景观层面问题诊断的结果是形成生态、资源、环境、社会经济问题的清单，作为进一步分析的基础和起点。

2. 行为层面问题诊断

“两山”转化能力是通过一系列转化活动、通过在活动中呈现的功能来体现的。在行为层面诊断问题，不仅仅停留在问题的现象层面，而是要深入到现象背后的深层原因中，目的是找出造成景观层面问题的人类行为。这些活动包括生态产品的保护、生产、消费、交易、流通、补偿等。景观层面的问题往往是由行为活动导致的。比如，可能是粗放、无序、盲目的开发行为导致资源过度消耗或低效利用以及生态环境破坏，也可能是因为缺乏科学的发展手段、方法、路径，无法转化、实现“绿水青山”的生态价值。行为诊断的结果是形成不足行为与不当行为清单，作为改变行为的依据。

3. 制度层面问题诊断

在制度层面寻找行为不足或不当的制度因素，是基于人类行为动机更多是受到社会制度的影响的认知，而社会制度常常是固化于经济社会运行体系之中的。如不改变自然资源资产的产权制度与有偿使用制度，那么自然的经济价值就不可见，保护生态环境就很难获取经济收益，而破坏生态环境也不用支付成本，绿水青山不仅难以转化为金山银山，还面临不断受到侵占和破坏的风险。制度诊断要形成制度问题清单以及制度缺失清单，并纳入生态文明建设制度改革。

4. 价值层面问题诊断

价值取向是“两山”转化能力的最根本、最核心的决定因素，也是“两山”转化的核心动力。人与自然和谐相处的生态文明理念以及“绿水青山就是金山银山”的理念，只有内化于心，才能外化于行，实化于效，固化于制。价值层面的诊断要形成当地生态价值取向和文化习俗的问题清单，为形成“两山”转化理念、意识、态度等提供依据，为“两山”转化文化建设提供支撑。

四　“三层”诊断

（一）诊断依据

该方法源于前文提到的能力分层理论和人力资本分类理论。“两山”转化能力在个体、组织和社会三个不同层面具有不同的内涵，与此相对应的发展重点也将有所不同。

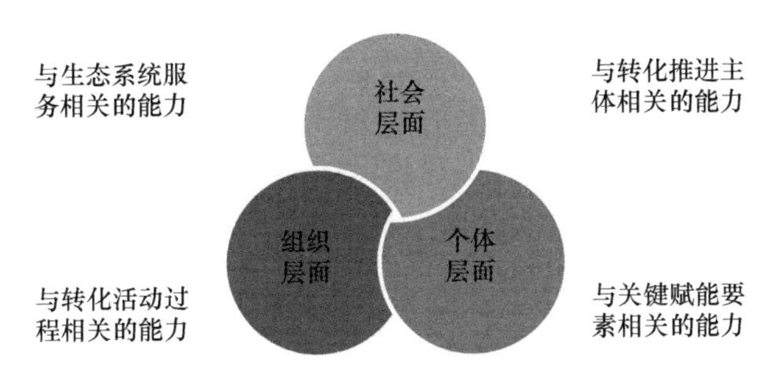

图3－5　“两山”转化能力“四圈”诊断方法

（二）诊断步骤

个体层面能力问题诊断。重点从“两山”转化相关的个体观念、价值、态度、知识、技能、经验、素养、胜任能力等方面进行考察。

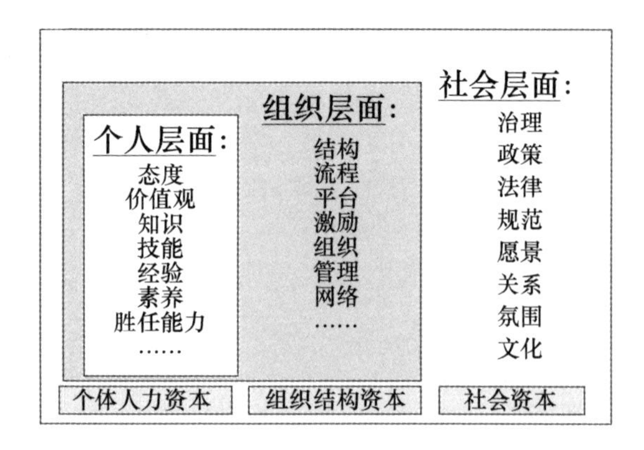

图3－6 “两山”转化能力在三个层面上的关键要素与资本形态

组织层面能力问题诊断。重点从企业、部门、机构推进和实施“两山”转化的行为、功能与能力要素等方面进行考察。

社会层面能力问题诊断。重点从“两山”转化相关的治理系统以及环境条件方面进行考察，包含正式制度与非正式制度层面。

第三节 “两山”转化能力建设方向

对于“两山”转化能力不同维度的诊断会揭示相应的问题，有利于更有针对性地提出能力建设方向与改进方案。

一 基于“四力”的能力要素重构

以四种能力为框架，针对每种能力结构下要素层面存在的缺失、错位、固化等问题，通过开展生态化改造提升、新要素注入、新旧要素融合等，对“两山”转化能力要素进行系统重构。

二 基于“四因”的能力单元建设

（一）能力建设单元的构建

基于上述四类影响因素，我们可以尝试构建“两山”转化能力建设的基本单元，这一方法的显著优势在于可以将每个部分的能力建设单元模块化，针对每一种影响因素制定相应的能力建设方案。

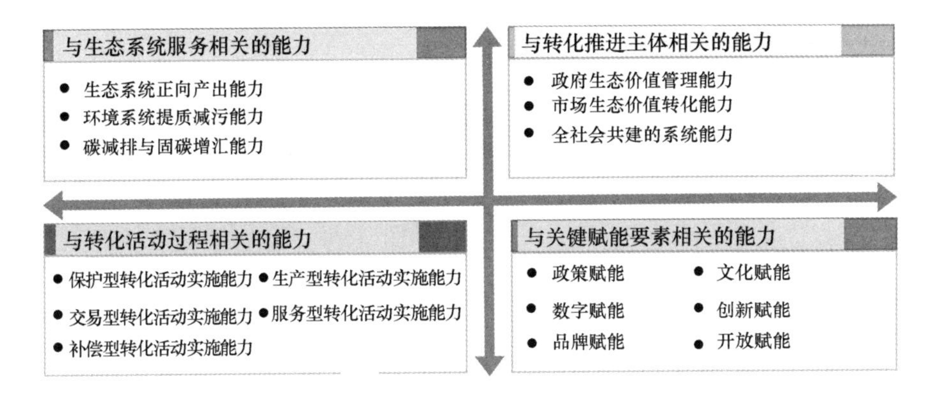

图 3－7　基于“四力”的能力要素重构框架

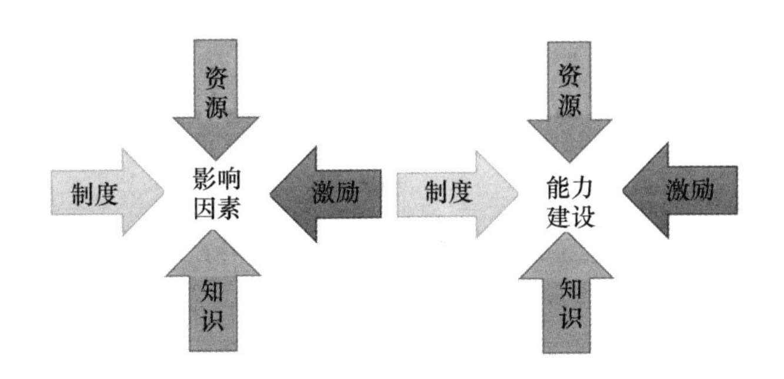

图 3－8　“两山”转化能力建设单元

（二）能力协同演进的方式

基于“两山”转化能力单元模块，可以推演能力演化的路径，即能力单元从能力节点到相互关联的能力链，再到能力相互交织的网络，最后形成协同发展的能力生态圈。

（三）总体能力体系的集成

将“两山”转化能力相关要素、单元、链条、网络、生态圈进行集成，则形成“两山”转化能力体系。

三　基于“四圈”的能力对策体系

在景观层面厚植“绿水青山”本底。要加强生态系统保护修复、优化国土空间开发结构，全域提升生态产品生产能力。同时，协同推进减污降碳，提高环境质量，助力实现“双碳”目标。

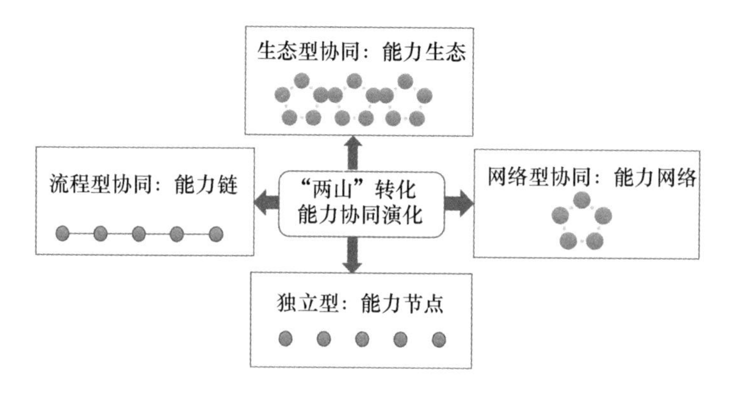

图3-9 “两山”转化能力协同演化

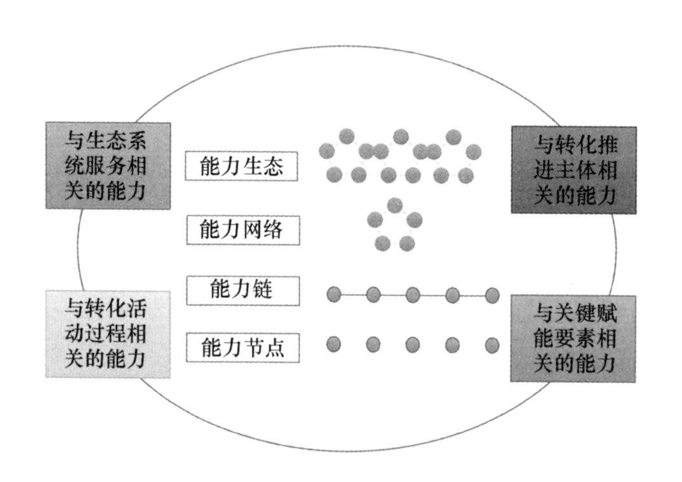

图3-10 “两山”转化能力体系

在行为层面发展各类“两山”转化活动。通过生态产业化，打造生态农林、生态旅游、清洁能源等优势产业，提高生态产品生产能力；促进产业绿色化、低碳化、循环化转型，构建以产业为主线、以产品为单元、以产出为始点、以消费为终点的新型研发模式；依托高景观价值区域，实现好风景孕育发展新动能路径转化；探索生态环境治理、产业开发与特色城镇协同共赢的生态价值转化模式。

在制度层面逐步完善“两山”转化制度供给。加快推进开展国土空间相关规划与生态红线管理。设立“生态产业发展专项资金”，保持财政投入逐年增长等。完善“两山”转化工作推进机制，建立健全领导机制、分工机制、责任机制、考核机制、激励机制及完善各项制度建设。

在价值观层面，要树立以人民为中心的发展理念，做好人力资本提升工作。将“两山”理念、生态价值、生物多样性、数字化理念大众化、普及化，使之深入人心，形成社会共识。在全社会营造生态文明与绿色创新新风尚，增强民众内生发展动力，并形成实现绿色跨越的社会能力。

四　基于“三层”的人力资本开发

个体层面能力建设。通过学习、教育、培育驱动，可以提高个体人力资本。

组织层面能力建设。通过组织价值、体系、流程、结构、要素转型驱动，可以提高组织结构资本。如对企业的绿色发展业务进行数字化、智能化改造，将有力提升企业生态产品生产与运营能力。

社会层面能力建设。通过改革创新，培育绿色创新文化，可以提高社会资本，增强“两山”转化的社会能力。

第四章

规律凝练："两山"转化能力基本认识与提升策略

本章首先对前三章关于“两山”转化以及能力建设的研究进行归纳总结，形成十项基本认识和观点。在此基础上，提出提升“两山”转化能力的三项宏观层面策略、针对不同发展阶段的渐进式策略与针对特殊困境的非常规策略。

第一节 “两山”转化能力基本认识

总结我们对“两山”转化的基本认识，形成十个基本观点。这十个观点奠定了我们构建“两山”转化能力分析的基础。

一 观点1：“两山”转化的根本目的是更好地保护

认识“绿水青山”的多重价值，探索价值转化的多元途径，根本目的在于保护而不是开发利用。打通“两山”转化，可以激励市场主体更愿意选择保护，并寻求基于自然的解决方案与商业模式。通过保护获取政府经济上的补偿或获得产业上的超额收入，或是通过保护者获益、受益者付费、破坏者赔偿的方式使“绿水青山”价值不降低并能不断增值。这就决定了“两山”转化的方式并不是单纯的开发利用，而是在保护前提下更好地实现自然资本增值与人类福祉的增加。

二 观点2：“两山”转化是有一定限定条件的转化

“两山”转化也并不意味着任何“绿水青山”都可以转化，更不是转化得越多越好。“两山”转化是在生态系统服务总量不减少的前提下实现流量和增量结构性的系统转换，而非存量的转化。这种转化局限于绿水青山的增量，限定于一定空间和特定领域，也意味着针对不同国土空间分区应根据生态系统类型探索不同的转化模式和路径。“两山”转化具有门槛条件，要稳定实现并不容易，如生态产业化需要有以保护为基础的产业特色、一定的技术含量、稳定的市场需求和金融支持，并能使大部分民众参与且获益。因此，“两山”转化能力建设至关重要。

三　观点3:“两山”转化依赖自然与社会两种力量

“两山”转化依赖于自然生产力与社会生产力两种力量，是自然生态循环创造的增量价值通过人类劳动链接参与到社会经济循环中，从而转化为更大的社会经济价值，具体表现为自然资本、物质资本、人力资本与社会资本四种资本协同发挥效益。四种资本是构成可持续增长和国民福祉的基础，也是阿玛蒂亚·森（Amartya Sen）提出的“追求人们有理由珍视的那种生活的可行能力”的基础。因此，我们认为，“两山”转化是自然和社会两种力量共同参与的结果，缺一不可。

四　观点4:“两山”转化在不同层级具有不同重点

“两山”转化具有不同的层级:第一层级是要素层面的转化，“绿水青山”作为生产力要素，从生态循环进入经济社会循环创造经济价值;第二层级是结构层面的转化，“绿水青山”作为新资源配置方式和新动能对经济结构及其运行进行改造提升，生成新的经济功能;第三层级是系统层面的转化，保护与发展和谐统一，生成绿色、高效、可持续的经济系统。因此，在生产要素中体现生态价值，实现途径是资源转化;在结构调整中体现生态价值，实现途径是绿色转型;在发展动能中体现生态价值，实现途径是绿色创新;在系统层面体现生态价值，必然指向绿色治理体系的完善。

五　观点5:“两山”转化能力是社会能力追赶跨越

Abramovitz（1986）将“社会能力”（social capability）引入追赶理论，认为技术缺口不是唯一决定后发国生产率提升潜能的因素，社会能力作为内生的社会特质，对国家赶超潜能更具基础性作用。综合 Abramovitz、Andersson、Palacio 等学者以及联合国工业发展组织（UNIDO）等机构的研究可知，社会能力主要包括资源、知识、技能、基础设施、技术能力、机构和知识体系等。“两山”转化能力是社会能力的重要组成内容，提高以“两山”转化能力为核心和抓手的社会能力，有可能成为欠发达地区实现绿色跨越的重要突破口，成为衔接乡村振兴与生态文明的重要举措。以能力建设为支撑的“两山”转化，则更加强调内生式的社会实现，有助于补齐短板、激发优势并实现长期可持续发展。

六 观点6：“两山”转化四种能力可形成四条路径

“两山”转化能力，是基于良好生态环境以及自然生产力，个人、组织和社会在保护基础上以可持续方式增值自然资本并创造经济效益和社会效益所需的环境条件和要素集合，各类转化活动和行为的功能性体现，以及外部驱动与内部变革的良性互动。“两山”转化能力立足于自然力，厚植绿水青山是基础；推进主体多元化，增强主体能力是重点；在转化活动中体现，在转化中提升是路径；借力赋能，激活动能要素是关键。基于此，本书在生态系统服务、转化推进主体、转化活动过程、关键赋能要素四个维度，构建了包含基础能力、推进能力、实施能力与驱动能力的“两山”转化能力框架，从而形成四条相互协同的实现路径。

七 观点7：“两山”转化影响因素可组成变革杠杆

制度环境、激励体系、资源保障与知识技能，既是导致能力滞后的关键因素，也是能力提升的切入点与发力点。因此，我们将良好的制度环境、合理的激励体系、与责任相匹配的资源保障、个体的生态意识和知识技能作为促进“两山”转化能力生成、释放、增强、维持的关键因素。借鉴变革理论中关于杠杆和切入点工具的论述，将基础能力、推进能力、实施能力、驱动能力确定为能力变革的切入点，将制度、激励、要素、知识确定为能力建设杠杆。

八　观点8:"两山"转化能力需三个层面协同设计

受能力分层理论的启发，我们认为在如何提升"两山"能力上，可以从个体、组织、社会三个层面来协同设计、协同推进。一方面，社会层面的制度环境、组织层面的激励体系、资源保障以及个体层面的意识态度、知识技能等都是影响能力提升的重要因素。关注于能力提升的关键影响因素，而不仅仅是结果呈现，是本书重要的立足点。另一方面，三个层面发挥作用的过程，正是政府、市场、公众相互协同的过程，这是推进"两山"转化的主体能力。

九　观点9:"两山"转化能力的提升需要系统应对

实施"两山"转化是一项复杂的系统工程，需要开展具备更多资源、更具协调性和互补性的能力发展活动。本书构建"两山"转化能力体系，目的是为"两山"转化相关主体在各个层次的能力发展提供系统性、连贯性、协同性方案，以促进采用协调一致的方法和举措来满足"两山"转化的能力需求，同时，补充但不完全是重复"两山"转化理论、路径、方式、机制等。

十　观点10:"两山"转化能力的提升不是线性过程

能力发展并不是一个具有明确终点的线性过程，而是动态迭接的反馈回路，也有可能会出现断点式突变，如数字技能可能会带来巨大的能力飞跃，因此，既要重视传统能力建设路径，也要高度重视新型赋能因素。我们认为，"两山"转化能力体系每个部分之间的联系是复杂而紧密的，试图将投入与结果简化为简单的线性因果关系，或是没有考虑到能力发展的复杂性和突变性，都可能会产生较高的成本和代价。

第二节　"两山"转化能力提升策略

我们认为，提升"两山"转化能力，既需要宏观层面的战略考量，也需要针对不同区域、不同发展阶段的具体策略，更需要针对特殊困境的非常规策略。

一 针对区域战略层面的宏观策略

（一）SWOT 组合策略

利用 SWOT 矩阵分析，我们可以从中找到依托优势充分利用机会的增长型战略重点，变劣势为机会的扭转型战略重点，利用优势减小威胁的多元化战略重点，以及以弱胜强的防御型战略重点。针对具体区域的 SWOT 组合策略我们将在下文详细展开讨论。

表 4－1 “两山”转化能力提升 SWOT 分析与策略

优势劣势 策略选择 机会威胁	优势 S	劣势 W
机会 O	SO 战略——扩大优势影响，充分利用机会的增长型战略	WO 战略——变弱势为机会的扭转型战略
威胁 T	ST 战略——利用优势、减弱威胁的多元化战略	WT 战略——以弱胜强的防御型战略

（二）功能提升策略

功能提升策略是指在“两山”转化中对于生态优势区域应该重新思考其区域功能定位。进入 21 世纪以来，国际上基于康氏周期理论提出全球正在进入以提高资源生产率为核心的第六次绿色创新经济长波。[①] 这一发展阶段以资源生产率革命、可再生能源替代、系统设计与仿生学等为主要内容，提高资源生产率、增值自然资本与绿色发展成为世界绿色复苏和经济增长的一个重要引擎。这与我国“三新”背景下以创新、绿色为主

① 关于创新与经济的“长波”理论是由康德拉基耶夫提出、约瑟夫·熊彼特发展而来，其核心观点是 18 世纪以来的工业化是由 30—50 年为一个周期的科技创新与产业更替推动。最初的五次长波分别是蒸汽和铁路时代、钢铁和电力时代、石油时代、汽车和大规模生产时代、信息通信时代，每次浪潮都伴随着市场、制度、技术的巨大变化。第六次经济长波是以资源生产率革命为核心的绿色创新周期，其特征是资源生产率的突飞猛进、产品和服务的系统设计、仿生学与可再生能源。

线的经济转型是高度一致的。绿色生态是生态优势区域最大的资源、最大的财富和最突出的优势，在新的历史时期，有可能借助新一轮经济周期长波，通过先行示范高位切入国家和区域核心功能，换道超车，将生态优势转化为经济优势，实现绿色崛起与后发跨越。

（三）融合提升策略

1. 在完善治理体系中提升。根据体系化视角与整体治理原则，通过改善“制度—激励—资源—知识”四类基本要素推进“政府—市场—社会”核心能力建设。

2. 在衔接乡村振兴中提升。将“两山”转化能力与生态、产业、文化、组织、人才振兴的具体任务相结合，衔接乡村振兴与绿色发展。

3. 在“两山”转化中提升。围绕“两山”转化具体方式、路径、机制多维赋能，探索内生式社会实现路径。

4. 在推进开放创新中提升。赋能不局限于本地转化、短期效应与直接经济效益，探索跨区、跨期多元转化能力。

二　针对发展阶段的渐进式策略

根据国内外环境与发展理论实践经验，我们可以得出一个发展阶段与“两山”转化能力关系演进的示意图（如图 4 - 1 所示）。早期阶段关注的重点是转化中发展与保护的平衡，通过能力建设以有效避免环发矛盾的激化，这一阶段大多数的环发平衡需要通过政府管治手段与行政命令得以实现。第二阶段是市场逐渐认识到绿色投资和环境治理不仅可以产生直接效益，还可以应对环境问题。关注的重点转向发展与保护相互促进中的转化成效，从而发现新的市场机会、促进新的绿色创新。第三个阶段是发展与保护在良性循环中形成社会系统创新，“两山”转化能力建设的重点转向更加注重长效机制的可持续发展创新。根据不同阶段“两山”转化面临的问题以及能力建设重点差异，可以更好地优化有限资源配置，统筹长期与近期的能力建设。

三　针对特殊困境的非常规策略

提升“两山”转化能力需要在非常手段中摆脱深度能力困境，如积极福利引导农牧民主体回归、实施“培训培训者”工程等。积极福利思

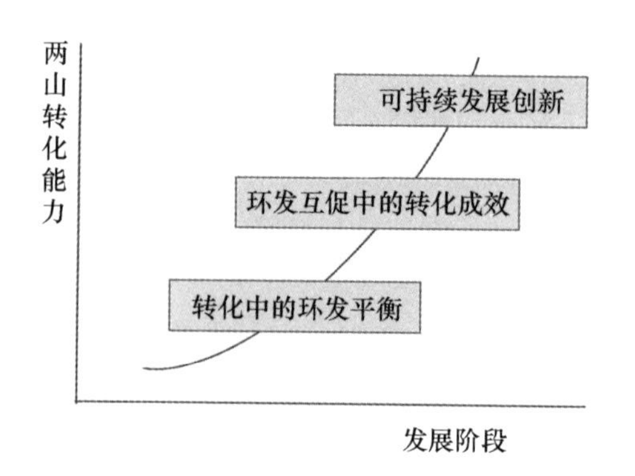

图 4-1 不同发展阶段与“两山”转化能力

想源于吉登斯在《全球时代的欧洲》中提出的构造“积极福利社会”的观点，强调公民赋权，减少自我消耗行为，激发内生动力。“培训培训者”，即第一轮培训的学员是第二轮的培训讲师，依次类推，裂变式培训可以传播“两山”转化知识和技能，也就是说，每个接受培训的学员都可以成为新的培训讲师。该方法由四川大学邓玲教授积极倡导，已经在四川省蒲江县乡村振兴培训、成都市新经济培训、威远数字技能培训中得到广泛应用，并取得非常好的效果。

表 4-2 专栏：“培训培训者”工程在四川省的试点推广

2018 年由四川大学邓玲教授为首席专家的团队在蒲江县试行“培训培训者工程”，探索乡村人才振兴的体制机制创新，目的在于为蒲江县培养 1000 名左右的乡村振兴一线人才和培训讲师，即培训一批能持续提升乡村人力资本存量、生产人力资本的乡村人才队伍。第一轮培训工程于 2018 年 6—9 月在县级层面开展，教师全部由教授、副教授组成，培训 65 人。在完成十个专题学习的第一批培训学员中选拔第二批培训者，须具有 2 小时左右的授课能力。在课程结束时学员们共形成了 88 份课件。第二轮培训工程于 2018 年 9 月在全县四个片区开展，参与培训学员共 357 人。在课程结束后，学员们形成 148 份课件及 135 份关于乡村振兴的讲稿。第三轮培训工程于 2018 年 9 月在插旗山村试点启动，这次培训的特点是“培训 + 项目实施”，把二者结合起来、同时推进。插旗山村具有毗邻中德（成都）中小企业园区的区位优势，团队提出了建设国际化村庄的发展愿景，培训中插旗山村接受专家建议，开展了英语学习、中华武术训练、村容整治、绿色人生规划编制等项目试点，把乡村治理和社区营造结合起来。第四轮培训于 2008 年 11—12 月在 12 个乡镇全面展开，每个乡镇组织约 60 名学员，最终使全县培养出的培训者总数突破千人

下　篇

实践篇

第五章

“两山”视角下四川凉山州区情与能力发展再审视

本书选择以四川省凉山彝族自治州作为典型样本，探讨“绿水青山”价值转化的区域实现路径。长期以来，凉山担负长江上游生态屏障建设重任，保护任务繁重与发展基础薄弱的矛盾难以调和，生态资源富集与价值转化能力不足的问题难以解决，自生能力发展与民族文化双向调适的困扰难以消解。其本质原因在于大量以绿水青山为代表的优质生态环境、人文和非遗资源在传统发展理念、工业化模式和单一农业中没有优势，也缺乏相应的机制和模式以进行价值转化，内生动力和自主发展能力尚未被激活。在当今全球绿色发展趋势下，四川凉山州将迎来价值地位转换以及发展模式转变的契机，有可能以新的发展理念、内容和方式，通过“两山”转化，突破“贫困陷阱”“资源诅咒”“路径锁定”等困境，成为可以承载大量现代经济活动的价值转化空间和绿色财富空间，以蛙跳式发展创造现代化奇迹。

第一节　凉山州空间范围与区域特征

选择以四川凉山州为本书研究对象，在于这片绿水青山之地集全国最大彝族聚居区、世界级资源宝库、长江上游生态屏障区、规模性返贫高风险区、民族地区、革命老区等于一体，具有多重典型样本意义。

一　四川凉山州的空间范围与基本区域情况

凉山州位于四川南部，是全国最大的彝族聚居区，辖区面积 6.04 万平方千米，辖15县2市。[①] 根据凉山州第七次全国人口普查公报（第一号），截至2020年11月1日，全州常住人口为4858359人，总量位居全省第五位。其中彝族人口占总人口的一半以上，呈聚、杂、散居三种状态，以昭觉、布拖、金阳、美姑、雷波、甘洛、喜德、盐源、越西、普格分布最多，属于彝族聚居县。[②] 凉山州也是四川民族类别最多、少数民族人口最多的地区，境内居住着彝族、汉族、藏族、傈僳族等14个世居民族。

凉山州是一个非常独特的区域样本，表5－1列举了凉山州的区域特殊性及其面临的特殊问题，这也是我们选择以凉山州为研究对象的原因。

表5－1　　四川凉山州特殊性及其特殊问题

特殊性	内容列举
四川凉山州特殊性	➢全国最大的彝族集聚区，古文明重要基因库
	➢“一步跨千年”的民族地区，“内地边疆”典型代表
	➢四川最后脱贫地区，规模性返贫风险大，自我发展能力不足
	➢全世界高度关注区，帮扶资源高度集聚，政策叠加优势明显
	➢乡村振兴重点帮扶县完全重合重点生态功能区，环发矛盾突出
	➢最大的水电开发区，水光风等清洁能源一体化开发潜力巨大
	➢唯一一个国家级战略资源开发试验区，是世界级的资源宝库
	➢长江上游生态屏障区，长江国家公园组成部分
	➢革命老区，长征国家公园组成部分
	➢中国独具优势的“生物基因库”和“中草药宝库”
	➢全国最大的石榴和优质茧丝、桑果生产基地，苦荞产量位居全国第一
	➢绿水青山富集而金山银山相对匮乏区

① 2个县级市分别是：西昌市、会理市，1个自治县是：木里藏族自治县。14个县分别是：盐源县、德昌县、会东县、宁南县、普格县、布拖县、金阳县、昭觉县、喜德县、冕宁县、越西县、甘洛县、美姑县、雷波县。

② 10个彝族聚居县通常被称为大凉山10县，是四川省脱贫攻坚阶段“10＋3”彝区的重要政策覆盖范围，也是国家乡村振兴重点帮扶县。

续表

特殊性	内容列举
四川凉山州特殊问题	➢生态关系变革与生产力发展未同步
	➢深陷贫困陷阱、资源诅咒、产业低端锁定
	➢保护任务重与发展基础薄弱矛盾长期难以解决
	➢生态资源富集与转化能力不足困境一直存在
	➢现有产业基础与世界级资源难以匹配
	➢脱贫基础还较为脆弱，致贫和返贫因素复杂
	➢市场观念、商品意识薄弱，缺乏充分市场发育的经济中心
	➢文化具有特殊性，但并未形成具有文化根植性的发展模式
	➢传统文化与现代文明缺乏有效融合，双向调适具有长期性
	➢地理与观念双重封闭导致社会能力发育滞后
	➢移风易俗、控辍保学、禁毒防艾等特殊社会治理难度大
	➢发展要素多重匮乏导致脆弱性
	➢数字鸿沟等有可能进一步加剧
	➢受教育程度低，彝族高度聚居区识字率低、缺乏普通话沟通能力
	➢外界对其存在刻板印象，存在一定的地域歧视和就业歧视

二 凉山州作为民族地区具有典型样本意义

提升民族地区“两山”转化能力，对于加快少数民族和民族地区发展，进而推进共同富裕，具有十分迫切而重要的意义。一方面在于民族地区“两山”极不均衡的问题非常突出，另一方面在于我们已经迎来从根本上解决这一困境的机会。凉山州既叠加民族地区多元共性特征，又具有问题的集中性、深层性与长期性，更集聚了特殊资源和特殊矛盾，具有“典型样本”和“控制性因素”双重意义。

（一）民族地区提升“两山”转化能力更重要而迫切

民族地区通常具有重要的生态地位，多数是我国水系源头和生态屏障区，更是自然资源富集与绿水青山景观壮丽的区域，具有“绿水青山”转变为“金山银山”的天然优势。我国生态空间与民族地区高度叠合，如四川三个民族自治州在草地、湿地、林地和水域面积上占据绝对优势，分别占全省草地的98.43%、占全省湿地的98.00%、占全省林地的60.25%、占全省水域的33.50%。凉山州木里县的森林面积就占全国森林总面积的1%，水电总装机容量占全国的3%。另外，民族地区生态系统相对脆弱，如四川省生态保护红线与三个民族自治州高度重合，需要更多的“金山银山”的反哺，如果能够找到一条保护与开发兼顾、修复与产业共生的路径，对于民族地区生态保护具有重要意义。

（二）民族地区“两山”转化能力严重不足，亟待提升

遍地“绿水青山”的民族地区恰恰是“金山银山”较为匮乏的经济欠发达地区，物质资本、人力资本积累匮乏，经济社会发展滞后，参与“绿水青山”转变为“金山银山”的能力相对有限，甚至是严重不足。全国14个原集中连片特困区，有11个位于民族地区或含民族自治地方，原整体性深度贫困“三区三州”都在民族地区。全国120个自治县（旗），有85个是原国家级贫困县。四川凉山州也是全国最后脱贫的地区之一，仍面临规模性返贫的脆弱性风险，自我发展能力亟待提高。

（三）民族地区提升“两山”转化能力具有多重惠益

提升民族地区“两山”转化能力，将“两山”理论所蕴含的深刻发展内涵和发展方法转化为推进生态产品价值实现的思路、路径和举措。有利于超越传统发展方式中保护与发展“顾此失彼”的困境，探索将保护与发展统筹兼顾、相互促进的新思路与新方向。有利于将“绿水青山”蕴含的生态产品价值转化为人民群众受益的“金山银山”，凸显民族地区独特的竞争优势，增强少数民族群众的获得感，坚定美好生活的信念，铸牢中华民族共同体意识。有利于增强民族地区自我造血和内生发展能力，从脱贫奔康走向社会主义现代化。

（四）研究四川凉山“两山”转化能力更具典型意义

根据2020年第七次人口普查数据，彝族是我国第六大少数民族，总人口9830327人。彝族拥有悠久的历史和古老的文化，拥有具有数千年历史的太阳历，拥有民族语言彝语和民族文字彝文。全国共有凉山、乌蒙山、红河、滇东南、滇西、楚雄6个彝族聚居区。按照行政区划，全国共有3个彝族自治州，18个彝族自治县，主要分布在四川、云南和贵州三省。无论是从民族类别、少数民族数量还是从独特的区域资源环境特征来

看，凉山州都是研究民族地区非常重要而独特的样本。

二 凉山州作为特殊类型区域具有多重特征

四川凉山州具有多重区域属性，在自然属性方面包含了高寒山区、干热河谷、重要生态功能区与生态脆弱敏感区等；在经济属性方面包含农牧林区、资源开发区、能源生产基地、防止规模性返贫主战场等；在社会属性方面包含民族地区、革命老区、边缘封闭区、特色文化区等。并在不同属性维度叠加各类区域发展问题，如产业基础薄弱、设施支撑不足、资金人才科技缺乏、市场体系建设滞后、自主发展能力偏低等，是具有人地关系典型特征的关键区域，也是人地关系总体紧张的问题区域。

（一）自然属性及区域特征

1. 地理与人口分布特征

地质地貌复杂。凉山地处川西南横断山系，地势崎岖，地貌复杂，岭谷相间，平原、盆地、丘陵、山地、高原、水域等相互交错，有四川第二大平原（安宁河平原）和四川第二大盆地（盐源盆地）。多样化地貌环境决定了自然生态多样性，为“两山”转化提供了优越条件。

人口分布随海拔升高而递减。西部高原和高山地区人口稀少，宽谷、山间盆地中的低丘、平坝人口分布较为集中，形成了中部和南部人口密集、东部和北部次之、西部稀疏的格局。

2. 生态区位极其重要

凉山州有 12 个县属于国家层面的重点生态功能区①，金沙江、雅砻江、安宁河纵贯凉山全境，担负着长江上游重要安全屏障功能，是全国重要的水源涵养地和水土保持区，在全国生态安全体系中地位重要。

---

① 四川省国家重点生态功能区（14 个）：沐川县、峨边彝族自治县、马边彝族自治县、石棉县、宁南县、普格县、布拖县、金阳县、昭觉县、喜德县、越西县、甘洛县、美姑县、雷波县。数据来源于《国务院关于同意新增部分县（市、区、旗）纳入国家重点生态功能区的批复》（国函〔2016〕161 号），2016 年 9 月 14 日。

表 5-2 凉山州重点生态功能区分布

范围	辖区面积（平方千米）	人口（万人）	类型
木里县	13223	13.8	生物多样性维护
盐源县	8412	39	生物多样性维护
昭觉县	2702	31.5	水土保持
布拖县	1685	19.1	水土保持
美姑县	2515	21.9	生物多样性维护
金阳县	1587	20.3	水土保持
雷波县	2840	26.6	水土保持
越西县	2258	35.3	生物多样性维护
喜德县	2202	23	生物多样性维护
甘洛县	2153	22.8	生物多样性维护
普格县	1905	20	水土保持
宁南县	1672	19.3	水土保持

资料来源：《凉山彝族自治州国民经济和社会发展第十三个五年规划纲要（2016—2020年）》。《国家发展改革委办公厅关于明确新增国家重点生态功能区类型的通知》（发改办规划〔2017〕201号），2017年2月3日。

3. 生态空间占比较大

生态空间含生态保护红线区及一般生态空间。目前划定的四川省生态保护红线中，凉山州境内面积为 17865.82km^2，占凉山州土地面积约 29.65%；划定的一般生态空间面积 15383.26km^2，占土地面积的 25.53%。

4. 生物多样性丰富

凉山是四川省野生动植物资源最为丰富的区域，野生脊椎动物种类以及野生维管束植物种类在全省 21 个市（州）中均排名第一。[①] 凉山中药材资源丰富，蕴藏量占四川省总量的 20%，被誉为“川西南中草药宝库”。有高等植物 7000 多种，列入国家和省重点保护的有珙桐、银杏、南方红豆杉等 57 种，脊椎动物已知有 5 纲 40 目 100 科 661 种（含亚种），列入国家重点保护的有大熊猫、白唇鹿、四川山鹧鸪、黑鹳等 120 种。[②]

① 四川省生态环境厅：《四川生物多样性格局》，2021 年 5 月 21 日，http：//sthjt.sc.gov.cn/sthjt/swdyxbh/2021/5/21/b44a95a67c524de38a0ecbf299a38b17.shtml，2022 年 5 月 11 日。

② 凉山州林业和草原局：《加强生态文明建设 筑牢“绿色屏障”》，2021 年 9 月 2 日，https：//www.163.com/dy/article/GISPM6EB0552ADWT.html，2022 年 5 月 11 日。

5. 自然生存环境恶劣

发展条件较差。72%的面积为高山地貌，山高坡陡谷深，复杂的地理环境和地质条件让凉山交通发展极其缓慢，城镇建设空间狭窄，经济社会发展严重受阻。经济欠发达地区大都自然条件差，山高谷深，沟壑纵横，土地贫瘠，产业发展空间小，产出低。

气候干燥缺水。常年四季多晴天少雨天，给工农业发展带来了极大制约。耕作以旱地耕作为主，且大部分耕地分布在40度左右的陡坡上，不具备灌溉条件。

生态环境脆弱。全州纳入了岩溶地区石漠化监测范围，除越西、甘洛县外的15个县（市）属于干旱半干旱地区，水土流失较严重。此外，大量沙化土地、≥25°非基本农田坡耕地以及废弃矿山迹地需进行生态治理。退化草原面积1580.34万亩，占可利用草原面积的53.03%。生态脆弱且涉及面大，治理难度更大。

自然灾害频发。受特殊地质构造影响，地质灾害易发、频发，安宁河—则木河地震带穿越西昌、冕宁、普格和宁南。地质灾害隐患点多、面广，滑坡约占自然灾害总量的65%。全州森林和草原火灾、森林和草原病虫鼠害，以及外来生物入侵风险保持高压态势，是全国森林火险等级最高的地区之一，重特大森林火灾预防和扑救难度大。

（二）经济属性及其区域特征

1. 特色农牧林重点生产区

凉山农牧业资源丰富、独特，极具开发潜力，是生态农牧业的优势区域，被称为“天府之国”、第二粮仓。根据《四川省第三次全国国土调查主要数据公报》，凉山州耕地、园地居全省第一，林地、水域及水利设施用地居全省第二，草地、湿地居全省第三。苦荞麦资源在规模、种类、品种上占据绝对优势，年均产量达12万吨，占全国总产量的50%左右，占全世界的1/3以上。

2. 资源开发与能源生产区

凉山是全国知名的资源富集地区，战略资源得天独厚，是攀西国家战略资源创新开发试验区核心区域。

（1）矿产资源储量丰富

矿产资源富集，开发潜力巨大。钒钛磁铁矿资源已探明储量17.9亿吨，主要分布在西昌、会理[①]、德昌、冕宁4县（市）。稀土资源已探明保有储量6579.26万吨，集中分布于冕宁、德昌两县，是我国三大轻稀土原矿供应地之一。硅石资源探明储量9929万吨，主要分布在冕宁、盐源、西昌、德昌、会理、会东、宁南等县（市）。

（2）水能资源富甲一方

凉山州水能资源占全国总量的15%，占四川的57%，平均每平方千米可开发电量达337万千瓦时，是世界平均水平的48倍，是全国平均水平的17倍。其中金沙江、雅砻江、大渡河流域凉山境内技术可开发装机容量占全州的84.67%。

（3）风光资源得天独厚

凉山州属于亚热带季风气候区，气候资源以充足的太阳辐射能量为特色，全年日照时数在1800—2600小时，是开展光伏开发和阳光度假的最佳地。风能资源丰富，凉山州常年有风时间7个月以上，平均风速达3.5米/秒以上，风能密度50—150瓦/平方米，风电技术可开发量达1000万千瓦。

（4）旅游资源组合完美

优质的生态资源、气候资源、民族风情、红色文化、科技资源交相辉映，形成凉山旅游发展的独特优势。恰朗多吉雪山在世界佛教圣地中排名第11位，排名世界第2、第4、第7的溪洛渡、乌东德、白鹤滩电站形成世界级巨型大坝奇观。另外还拥有全球最深的地下实验室（锦屏地下实验室）以及四川省十大科技旅游示范基地（西昌卫星发射基地）。

3. 原区域整体性深度贫困区

（1）区域性整体深度贫困

凉山州处于国家在脱贫攻坚阶段明确扶持的“三区三州”深度贫困地区和14个集中连片特困地区，也曾是四川省脱贫攻坚“四大片区”组成部分，是原贫困人口分布最为集中的连片特困地区，是全省最后一个脱贫的地区，也是防止规模性返贫的重点区域。

（2）综合多因多类型贫困

该区域贫困是多因素叠加的结果，四川凉山州致贫返贫因素达11种之多。其中，比重排在前列的主要是资金缺乏、技术缺乏、交通落后等。

---

① 2021年1月20日，经国务院批准，撤销会理县、设立会理市。

而这些因素背后还有穷、愚、病、毒等多重原因相互交织、多重叠加。

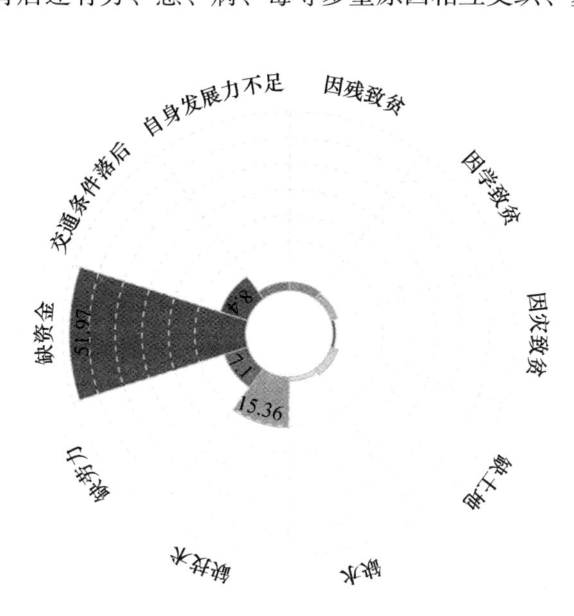

图5-1 四川凉山州多维致贫返贫因素

数据来源：由凉山州乡村振兴局（原扶贫移民局）提供。

（3）深陷贫困的恶性循环

贫困深层原因不仅仅在经济层面，自然地理上的相对封闭，交通等基础设施与公共服务的相对滞后，思想观念、干部素质、人力资源开发的相对落伍，这些问题叠加交织形成了恶性循环。"越穷越生、越生越穷"恶性循环，贫困代际难以阻断。资源的超负荷开发以及粗放的资源开发方式导致对可持续发展影响不可逆，更是恶性循环式的贫困陷阱。

4. 区域内部很不均衡

西昌"一城独大"，安宁河谷"一谷支撑"的局面一直存在。以大凉山10县和木里藏族自治县为主体的深度贫困地区经济社会发展十分滞后，2020年11个原深度贫困县经济总量仅占全州的29%，经济总量最低的喜德县仅是最高的西昌的5.7%，人均GDP最低的美姑县仅为最高的西昌市的1/4。彝族聚居县与安宁河谷县市差距明显，县域内、城乡间发展也存在严重不均衡。

5. 内外交通制约明显

对外通道难以满足发展需求。全州公路密度低，高速公路通车里程仅

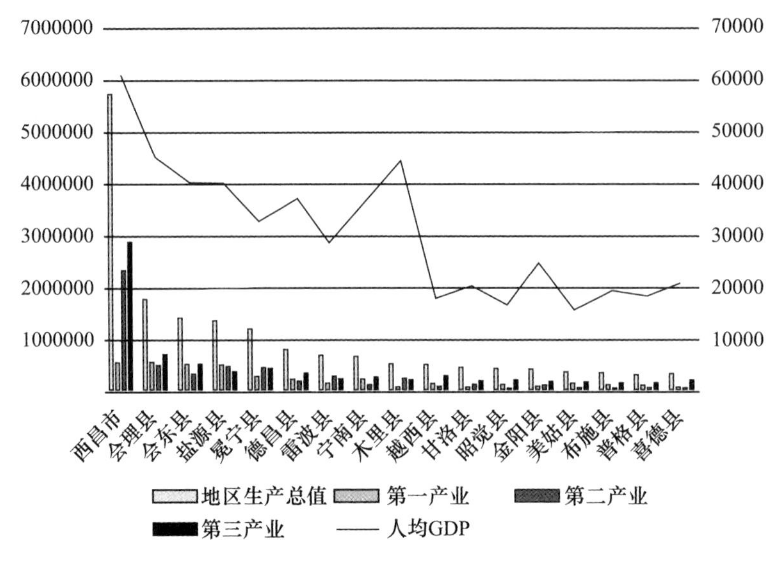

图5－2 凉山州17个县（市）主要经济指标比较

占公路总里程的0.78%（2019年年底数据），直到2022年1月9日，凉山才开通了动车。州内交通基础依然薄弱，州到县、县与县之间干线交通尚未完全满足需求，农村公路建设项目技术标准低、使用周期短，边远贫困地区生产生活物资运输成本高，优质农产品无法外销，群众便捷出行受制约明显，仍是制约凉山经济社会发展的最大瓶颈和短板所在。

（三）社会属性及其区域特征

1. 最大的彝族聚居区

凉山有全国唯一的彝族奴隶社会博物馆。凉山州从奴隶社会“一步跨千年”直接进入社会主义社会，生产力的跨越落后于生产关系的跨越，社会发展程度较低、生产力水平低下、发展条件恶劣、保留着浓厚的原始社会关系和宗教文化形态，还存在较多旧社会遗留下来的复杂矛盾。

2. 民族文化异彩纷呈

彝族文化是中华灿烂文明的重要组成部分，凉山州是非遗资源大州。截至2021年5月24日，凉山拥有20项国家级非物质文化遗产（共五批次），国家级生产性保护示范基地1个。截至2020年3月26日，凉山拥有111项省级非物质文化遗产（共五批次），省级非遗生产性保护示范基地3个。截至2022年12月6日，凉山州共355项州级非物质文化遗产

（共七批次）。[①]

表5－3 凉山州国家级非物质文化遗产名录

<table>
<tr><th></th><th>名称</th><th>类别</th><th>申报地区或单位</th><th>公布时间</th></tr>
<tr><td>1</td><td>彝族火把节</td><td>民俗</td><td>凉山州</td><td>第一批，2006年5月20日</td></tr>
<tr><td>2</td><td>彝族克智</td><td>民间文学</td><td>美姑县</td><td rowspan="6">第二批，2008年6月7日</td></tr>
<tr><td>3</td><td>口弦音乐</td><td>传统音乐</td><td>布拖县</td></tr>
<tr><td>4</td><td>甲搓</td><td>传统舞蹈</td><td>盐源县</td></tr>
<tr><td>5</td><td>彝族毛纺织及擀制技艺</td><td rowspan="3">传统技艺</td><td>昭觉县</td></tr>
<tr><td>6</td><td>彝族漆器髹饰技艺</td><td>喜德县</td></tr>
<tr><td>7</td><td>彝族银饰制作技艺</td><td>布拖县</td></tr>
<tr><td>8</td><td>藏族民歌（藏族赶马调）</td><td>传统音乐</td><td>冕宁县</td><td rowspan="3">第三批，2011年5月23日</td></tr>
<tr><td>9</td><td>彝族年</td><td rowspan="2">民俗</td><td>凉山州</td></tr>
<tr><td>10</td><td>婚俗（彝族传统婚俗）</td><td>美姑县</td></tr>
<tr><td>11</td><td>毕阿史拉则传说</td><td rowspan="2">民间文学</td><td>金阳县</td><td rowspan="8">第四批，2014年11月11日</td></tr>
<tr><td>12</td><td>玛牧特依</td><td>喜德县</td></tr>
<tr><td>13</td><td>毕摩音乐</td><td rowspan="2">传统音乐</td><td>美姑县</td></tr>
<tr><td>14</td><td>洞经音乐（邛都洞经音乐）</td><td>西昌市（扩展项目）</td></tr>
<tr><td>15</td><td>毕摩绘画</td><td>传统美术</td><td>美姑县</td></tr>
<tr><td>16</td><td>傈僳族火草织布技艺</td><td>传统技艺</td><td>德昌县（扩展项目）</td></tr>
<tr><td>17</td><td>彝族服饰</td><td rowspan="2">民俗</td><td>昭觉县</td></tr>
<tr><td>18</td><td>凉山彝族尼木措毕祭祀</td><td>美姑县（扩展项目）</td></tr>
<tr><td>19</td><td>彝族刺绣（凉山彝族刺绣）</td><td>传统美术</td><td>凉山州</td><td rowspan="2">第五批，2021年5月24日</td></tr>
<tr><td>20</td><td>彝族传统建筑营造技艺（凉山彝族传统民居营造技艺）</td><td>传统技艺</td><td>凉山州</td></tr>
</table>

资料来源：根据相关文件整理汇总。

① 数据由公开资料汇总，同时参考《凉山：把非遗“搬进”展馆里》，2021年9月19日，http：//www.lsz.gov.cn/jrls/zfgzzl/tdwhfr/202109/t20210919_2015388.html，2022年5月11日。

3. 社会民生基础薄弱

（1）社会发育整体较低

四川凉山州，尤其是大凉山部分区域，长期缺乏固定的生活场所和稳定的生计资本，积累意识差，商品意识、财富意识、家园意识都比较淡薄，市场经济尚处于起步阶段。根据原凉山州扶贫开发局 2019 年提供的资料，商品化率不足 40%，绝大多数群众生活仍然处于“酸菜 + 土豆 + 荞馍”的低层次、不稳定状态。

（2）教育短板问题突出

大凉山 10 县平均受教育年限尚不足 6 年，长期封闭、落后的生产生活方式对劳动力素质的要求并不高，导致教育培训上的“锁定”。“精神贫困”“智力贫困”仍然是影响发展的最大障碍，不少贫困群众参与脱贫或发展的主体地位缺失，“等、靠、要”思想严重，群众脱贫致富的内生动力、能力还需要加大培育力度。

（3）思想观念较为落后

受传统观念影响，加上自然生存条件恶劣，一些群众思想观念与时代脱节较为严重，在生活态度上缺乏积极心态，在生活上不注重卫生。在大凉山部分地区，种植、养殖的目的主要在于自给自足，市场意识淡薄，但在高价彩礼、葬礼撒钱撒物、请客招待上又大兴攀比之风，这些与社会进步、时代发展格格不入的陈规陋习，始终存在。

（4）特殊社会问题严峻

毒品、艾滋病、自发搬迁等特有社会问题长期存在。虽然在禁毒防艾等方面取得了较大成效，但社会治理仍然是一项较为长期的系统工程。如吸毒人员、艾滋病感染者及病人存量大，传播途径更加隐蔽，对于外流人员的管理急需更有效的手段。

（5）公共服务基础较差

教育、卫生、文化、就业保障等现有基础与群众公共服务需求存在较大差距，保障和改善民生任务仍然很重。如全州义务教育教师缺额上万名，彝族聚居县妇计中心无一达到二级水平，整体医疗服务能力仍旧不足。

三 “两山”视角下对凉山州区情的再审视

(一)“绿水青山”富集的财富区域

“绿水青山”资源非常富集，以泸沽湖、螺髻山、邛海、攀西大裂谷、金沙江大峡谷、高山古冰川、高原湖泊湿地、天然草场、阳光温泉为代表，在国内外享有盛名。

表5-4 四川凉山州“山水林田湖草谷泉冰风光”等资源列举

类型	主要景观、要素内容
山脉	多为海拔大于1500米的高中山和中山，相对高差达1000—2500米。有小凉山、大凉山、小相岭、螺髻山、牦牛山、锦屏山等山脉
山原	山原主要分布在木里、甘洛、越西、昭觉、美姑、雷波、金阳等
峡谷	金沙江和大渡河水系深割于各山系之中，形成川西南高山峡谷区
河谷	安宁河谷平原是扇状冲积、洪积平原
裂谷	攀西大裂谷是与东非大裂谷并列的地质构造区、成矿地质带与天然地质博物馆
冰川	螺髻山是我国已知山地中罕见的保存完整的第四纪古冰川天然博物馆
河流	州内有金沙江、雅砻江、大渡河，支流流域面积100km^2及以上的河流就有149条
森林	森林面积3000余万亩，占全省的30%，是四川三大林区之一
农田	粮食作物播种面积52.1万公顷，农作物总播种面积73.9万公顷
湖泊	主要有23个淡水湖，其中以邛海、马湖、泸沽湖三个内陆淡水湖最为著名
草地	天然草地面积3000多万亩，其中牧草地超过800万亩，是四川三大牧区之一
湿地	全州湿地总面积44560.56公顷，7个湿地类型自然保护区
温泉	出露地表温泉51处，水温在30℃—60℃之间。有螺髻九十九里等温泉瀑布
气候	南亚热带、亚热带、温带、寒温带立体分布，常年日照数2431.4小时，年均气温17.7℃
植物	野生维管束植物种类在全省21个市（州）中排名第一，植物4000余种
动物	野生脊椎动物种类在全省21个市（州）中排名第一，动物多达1200余种
景观	邛海—泸山景区、螺髻山景区、泸沽湖景区、灵山景区等大型综合景区

资料来源：根据公开资料整理。

(二)践行“两山”转化的潜力区域

1.“绿水青山”富集而“金山银山”贫瘠

全域遍布绿水青山，拥有世界罕见的“第四纪冰川地质博物馆”螺髻山、全国最大城市湿地邛海、全国第三大高山深水湖泊马湖。还有冕宁灵山彝海、雷波麻咪泽、美姑大风顶、越西申果庄、金阳百草坡、布拖乐安湿地、喜德小相岭、甘洛大渡河峡谷、会理龙肘山等。以“金山银山”为代表的经济社会发展水平严重滞后，物质财富积累、城乡建设、民生改善方面均存在较大差距。

2. “绿水青山”转化为“金山银山”空间巨大

我们用二维矩阵来表示“两山”关系。凉山州，尤其是大凉山10个县基本上都处于第四象限，即生态环境优良而经济发展较差。安宁河谷部分经济发展较快区域，尚处于“顾此失彼”和“权衡取舍”的胶着状态。只有部分领域通过“生态产业化、产业生态化、发展绿色化”在一定程度上实现了“绿水青山就是金山银山”，但转化层次并不高。由此可见，在新的发展理念下，“绿水青山转化为金山银山”空间巨大、潜力巨大。

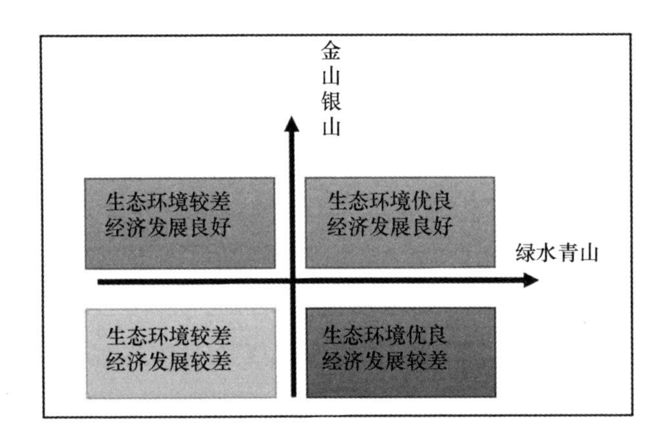

图5-3 绿水青山与金山银山的二维矩阵关系

（三）是“两山”转化的重点、焦点与难点区域

四川凉山州位于长江上游生态屏障区，丰富的生态环境资源为“两山”转化提供了良好的基础条件，激活和经营好巨大生态财富，是四川凉山州发展的最大后发优势，理应是“两山”转化关注的重点区域。在四川凉山州经济快速发展的同时，粗放发展与资源不合理开发给生态环境带来的污染成为制约“两山”转化的重要因素。此外，四川凉山州处于高寒山区、干热河谷，生态地位极度重要的同时生态环境又极度敏感脆弱，且在总体脆弱的自然承载力本底上，叠加产业基础薄弱、设施支撑不足、市场体系

建设滞后、自我发展能力偏低，以及民族地区、边远封闭山区、革命老区等社会与地缘因素，是各类区域问题叠加的弱势区域和问题区域。绿水青山如何才能变成金山银山，生态保护与脱贫致富怎样才能协同发展，这是一个事关凉山州人民能否与全国人民一道同步实现现代化而亟待解决的重大问题。这也是本书选择四川凉山州作为“两山”转化研究样本的重要原因。

第二节 “两山”转化具有重要意义

本节基于“两山”转化的时代背景，从“两山”视角反思四川凉山州以往发展模式，并面向未来发展方向，剖析“两山”转化对于四川凉山州实现绿色跨越的重要意义。

一 四川凉山“两山”转化的时代背景

（一）生态文明的全新逻辑带来发展理念、内容和方式的彻底转型

工业文明的内在逻辑是人类主导下对自然的掠夺式开发，在提高物质生产力的同时，也带来高污染和低福祉，并体现为隐形不可见的社会成本、长期成本和机会成本，经济、社会、环境、文化与治理之间的相互割裂。同理，在以物质生产为核心的生产体系中，“绿水青山”资源的价值没有体现，也缺乏相应的机制和模式来实现转化。生态文明与工业文明在理念、内容、资源配置等诸多方面有着不同的逻辑。在理念上，生态文明主张人与自然和谐共生，一方面尊重自然、顺应自然、保护自然，另一方面追求人的全面发展与人类福祉，增长只是提高福祉的手段和途径。在发展内容上，生态文明超越满足单纯的物质财富需求，转向满足人类更为丰富的美好生活需要，发展的内容进一步扩展。在资源配置上，生态文明利用新的组织方式和商业模式，将过去不被视为“资源”的生态环境要素转化为生产力，融入知识、文化、技术、数据等，生产新的绿色消费内容，创造新的价值。在这种逻辑下，四川凉山州“绿水青山”既可变成“金山银山”，还可带来“金山银山”。

（二）应对绿色需求日益增长必须提升绿色供给畅通绿色供需循环

人民日益增长的美好生活需要包含了对优质生态绿色产品、服务的消费需求与绿色生态空间的休闲需求，而我国绿色产品、绿色服务和绿色空

间的供给长期不足。在新发展格局下，提升绿色供给对绿色需求的适配性，形成需求牵引供给、供给创造需求的良性循环，是实现国内国际双循环畅通的关键着力点。基于良好生态环境资产的新型绿色供给和需求，保持供需循环畅通，将释放“两山”转化的巨大潜能。

（三）数字经济为新兴绿色经济内容和商业组织模式兴起创造更多技术条件

当今世界已经进入数字时代，新技术带来了科技与产业的全方位变革，也带来大量新的机遇，包括新的发展内容、产业业态和商业模式，使得凉山州以新的模式实现跨越式发展成为可能。我国在数字经济上的日新月异，大量开源和普惠数字技术层出迭现，为凉山州实现“两山”转化奠定了重要的技术可行性和赋能条件。

（四）在数字和绿色发展时代四川凉山可以承载大量新兴现代经济活动

在数字经济和绿色发展时代，凉山州也可以承载大量新兴现代经济活动。如新文创、研学教育、生物多样性博览、新会展（视频会议、文化会展等）、碳汇交易、新能源、生物经济、航空航天等。这些经济活动已经在凉山州有所呈现，比如四川党史学习教育的10条研学线路中有两条就布局于此[①]，“诺华川西南林业碳汇、社区和生物多样性项目”也在2010年就已经落户凉山。同时，彝族非物质文化遗产元素植入工业产品中，成为工业产品高附加值的重要来源，如海来拉都的一件彝族绣品衣服就能卖到3000元。

（五）四川凉山有可能以蛙跳式发展创造“两山”转化绿色崛起奇迹

随着新一轮绿色科技与产业拐点的来临，加之扶贫带来传统发展约束的重大突破，凉山绿水青山的生态价值凸显，成为最大的特色、优势和机遇。当发展转向依赖生态环境、知识、文化、技术，面向满足美好生活需要生产新绿色消费内容，凉山将有可能成为承载大量新兴现代经济活动的价值转化空间和绿色财富空间，有可能通过绿水青山转化为金山银山，以蛙跳式发展再一次创造现代化奇迹。

---

① 分别是：“会理会议”纪念地（凉山州会理县）—红军长征过会理纪念馆（凉山州会理县）—皎平渡红军渡江遗址（凉山州会理县）—礼州会议会址（凉山州西昌市）—冕宁县红军长征纪念馆（凉山州冕宁县）—彝海结盟纪念地（凉山州冕宁县）；战旗村（成都市郫都区）—安哈镇（凉山州西昌市）—谷莫村（凉山州昭觉县）—“悬崖村”（凉山州昭觉县）—三河村（凉山州昭觉县）—火普村（凉山州昭觉县）—古拖村（凉山州美姑县）—黄琅镇（凉山州雷波县）。

二　从“两山”反思凉山以往发展模式

（一）扶贫攻坚与贫困陷阱

四川凉山在经济发展上的落后，包括大量输血式资源植入，效益有限，一个重要原因在于大量以绿水青山为代表的生态环境、人文与非遗资源在传统发展理念、工业化模式以及单一农业中没有优势，也缺乏相应的机制和模式进行价值转换，内生动力和自主发展能力尚未得到激活。在当下全球绿色发展趋势下，四川凉山州将迎来价值地位转换以及发展模式转变的契机。

（二）资源开发与资源诅咒

四川凉山州资源富集，能源、矿产、旅游和生物资源丰富，但发展依然滞后，属于资源富集型贫困，存在典型的资源富集与经济增长悖论关系。一方面，是由于工业化过程中形成外围与中心地区、原材料与工业品之间不对等的交换关系，资源开发地没有得到相应的利益补偿，反而带来了严重的环境破坏和污染；另一方面，单纯的资源开发与输出对知识、技术、人才的要求都不高，容易形成产业结构的低端锁定，挤占技术含量高和附加值高的最终产品工业和高新技术产业的发展。对于已经进行比较大规模资源开发的地区，一方面需要资源开发收益分配的制度设计，另一方面也需要产业基础与产业链的适配升级。

（三）贫穷落后与刻板印象

近年四川凉山，尤其是大凉山被舆论反复悲情化、标签化甚至污名化报道。在很多人的刻板印象中，大凉山常常与穷山恶水、贫穷、落后、可怜，甚至是懒惰、不讲卫生、偷盗、打架、艾滋、毒品等相关联，从“悬崖村”“最悲伤作文”[①]“格斗孤儿”[②]“墨茶事件”[③]等，到“大凉山农产品滞销”等悲情营销骗局，这些事件充满了刻板印象及其带来的深

---

① “最悲伤作文”源于2015年四川凉山彝族自治州四年级小学生写的作文《泪》，“饭做好了，妈妈却离世了”，它的作者彝族女孩木苦依五木及凉山贫困儿童状况因此得到广泛关注。

② 格斗孤儿源于2017年媒体一段关于“格斗孤儿”的视频，两个失去父母的凉山未成年孩子被成都一家格斗俱乐部收养，练习综合格斗，并参加商业演出。此视频持续引发舆论关注。

③ 墨茶是B站的一个主播，生于四川大凉山，死于糖尿病的严重并发症酮症酸中毒（诱因是长期饥饿），十天后才被发现。生前穷困、悲惨生活得到近百万粉丝关注，引发多种解读，其中不乏误解与过度解读。

层伤害，包括就业歧视。在这样的背景下，四川凉山州更需要跨越自身能力瓶颈，化“两山”困境为“两山”双赢，化贫困地区为财富区域。

（四）社会转型与现代化困境

在国家主导的现代化转型浪潮中，四川凉山州不可避免地被裹挟进巨大的社会经济变迁中，在带来现代文明进步的同时，也经历转型中的矛盾与冲突，尤其是文化冲突与磨合。

（五）问题是什么以及答案在哪里？

四川凉山州的问题，有其历史的特殊性，也有变迁中的适应性问题，不能用单一的视角去看一个复杂的问题，当然也不能期望一个单一的或是包治百病的“灵丹妙药”。

“两山”理论为我们提供了一个看待问题的视角，这个视角的意义在于它之前是被忽略的，但又是非常重要的，让我们可以更加内生又开放地看待凉山州的资源与优势，从而在发展上实现“换道超车”。当我们从“两山”视角重新审视凉山州问题时，可能会有新的思路。比如我们再看贫困陷阱，能力贫困治理将成为一个重要视角。对于资源开发与资源诅咒问题，生态产品价值实现以及从利益分配中获得应有收益的机制问题将成为一个关键。同样，对于社会方面的问题，以人为本是必须秉承的基本原则。

三 从“两山”谋划凉山未来发展方向

（一）把握绿色崛起的新机遇

当前，生态文明发展范式已经成为人类文明发展的大势所趋，以零碳能源、循环经济、生态环保为取向的绿色发展成为新一轮科技和产业变革的重要方向，四川凉山州绿色资源“黄金组合”的优势进一步凸显，但目前仍然是潜在优势和条件优势，尚未形成强有力的产品优势、产业支撑和市场空间。把握绿色崛起的新机遇，根本上还是提升“两山”转化的能力，落脚点是生态产品、产业与市场。

（二）在双碳中发挥比较优势

中国“2030 年前碳达峰、2060 前碳中和”目标的提出，为能源转型提供了更为紧迫明晰的时间表，风能、太阳能、生物质、水电和天然气等清洁能源将在能源结构中占据主导地位。凉山州拥有天然的水、风、电等清洁能源黄金组合，“十三五”期间，凉山州清洁能源税收年均 40 亿左右，约占全州总税收的30%，占规模以上工业增加值总量的47%左右，被确立为全州三大战略性新兴产业之一。培育并壮大清洁能源产业，成为凉山州“十四五”产业发展的重点方向，四川2022年第一批14个集中式风电项目全部落户凉山州。

（三）生态成为共同富裕底色

四川凉山州大部分区域属于生态功能区，居住在生态功能区的人口如何实现共同富裕，除了中央财政加大转移支付之外，一条更重要的途径是通过生态保护修复来提供更多生态产品以实现收入增加。促进四川凉山州“两山”转化能力的提升，是促进共同富裕的应有之义和内在逻辑。同时，共同富裕具有经济、政治、社会、文化与生态多重内涵，就其生态内涵而言，让生态成为四川凉山州底色，依靠生态实现更高质量发展，在生态保护中增强幸福感和获得感，也是四川凉山州实现共同富裕的重要内容。

（四）有效衔接与高质量发展

2021年6月6日，凉山州乡村振兴局揭牌成立，标志着凉山州开启乡村振兴新征程。巩固脱贫攻坚成果，接续推进乡村振兴，是“十四五”阶段凉山州面临的首要任务，也是实现高质量发展的必由之路。脱贫攻坚阶段产业扶贫基本上是“输血”式扶持，解决“从无到有”的问题，并没有破解“从产品到优质高价”的问题，“造血”机制还有待进一步完善，生态产品供给能力还需进一步提升。消费扶贫也多是一种“道义经济行为”，充分尊重市场规律才能可持续，拓展生态产品市场提升生态产业可持续性与竞争力仍需要攻坚克难。

（五）新的发展道路又在何方？

面临这一系列发展要求，延续原来的发展方式显然不能支撑未来发展。从“两山”视角看，建立环境和发展的相互促进关系，是四川凉山州接轨最先进的发展理念和发展模式的基础。跳出传统工业文明的发展理念和模式，重新认识凉山州的绿水青山优势与价值创造潜能，才能走出一条具有凉山特色的现代化道路。

四 四川凉山“两山”转化的重大意义

（一）是践行习近平生态文明思想的重要举措

推进“两山”转化，有利于凉山州践行“绿水青山就是金山银山”

理念，把习近平生态文明思想贯穿于经济社会发展全过程，统筹协调好经济发展与环境保护的关系，夯实生态文明建设基础，走出一条绿色发展新路，使绿水青山成为凉山州发展的最大资本，使生态优势转变为发展优势。

（二）是实现凉山州经济高质量发展的内在要求

推进“两山”转化，有利于凉山州优化发展环境，提升凉山州知名度和美誉度，扭转外界对凉山州的刻板印象，以优良的生态环境更好地集聚发展要素，吸引更多的人才和人气，承载更多环境敏感型产业转移，增强现有产业稳定性，并发展新兴产业，拓展脱贫攻坚成果。“两山”转化的过程，是经济社会发展格局、城镇空间布局、产业结构调整和资源环境承载能力相适应的过程，有利于推进凉山州生态环境高水平保护和经济高质量发展。

（三）是凉山州换道超车与绿色跨越的迫切需要

发展不足、不充分、不平衡依然是四川凉山州面临的最大问题，曾是全省以及全国脱贫攻坚的“最后一公里”。从奴隶社会到社会主义社会，从深度贫困到全面脱贫，四川凉山州一直走在跨越式发展的路上。面向全新的社会主义现代化征程，凉山州的跨越式发展，需要有更先进的理念、更有活力的发展内容和更强劲的绿色动力，迫切需要破题“两山”转化，从而实现“换道超车”与绿色跨越。

（四）是激发凉山州自身内生能动性的必要之举

推进“两山”转化，有利于凉山州转变“等、靠、要”的发展思维，专注于自身优势和潜力的挖掘，激发内生动力，增强自身“造血”能力。这是有效衔接脱贫攻坚与乡村振兴的必由之路，有利于凉山州走出一条特色的生产发展、生活富裕、生态良好的绿色发展之路，增强凉山州人民群众对优美生态环境的获得感和“两山”转化成果产生的幸福感。

（五）是读懂凉山州与改变刻板印象的最好方式

“两山”转化是读懂凉山的最好方式，一来到凉山州可以看到最美的山水林田湖草以及独特的民族风情与生活生产方式，还有可以带走的手工艺产品和情怀。以最直接的方式让现在和未来读懂过去，让全世界都能知道彝族人民曾经创造的灿烂文化。

第三节　“两山”转化进展及其成效

基于历史回顾与现状分析，我们对四川凉山州“两山”转化的进展、举措与成效进行综合评判。

一　四川凉山“两山”转化的历史回顾

（一）绿水青山与金山银山相互割裂阶段

从1950年凉山解放到改革开放初期，凉山坐拥富饶的资源禀赋和优越的生态环境，但地域封闭、基础薄弱、开发乏力，1978年的工业总产值仅为2.8亿元。这个阶段生态环境上的“绿水青山”，与经济发展上的“金山银山”，并没有建立起太多直接的关系。

（二）绿水青山与金山银山顾此失彼矛盾阶段

1992年邓小平同志发表南方谈话之后，凉山才真正开启借助资源推进发展阶段。2003年凉山第二产业在GDP中的比重占到34%，首次超过第一、三产业，进入快速工业化阶段。但主要是资源型产业，处于产业链前端且产业链条短、层次低，资源开发方式粗放，资源环境约束加剧。很大程度上，是牺牲了“绿水青山”换取了“金山银山”。2007年之后，凉山州颁布邛海和泸山地区矿产资源开采禁令，资源开发迈向转型之路。但环保与发展的矛盾依然是发展面临的主要矛盾，顾此失彼，难以兼顾。

（三）逐步走向“两山”协调与相互转化阶段

2016年，凉山州确立“生态立州”战略，扎实推进产业结构转型升级，为发展提供了有效的生态保障，也为生态转化提供了有力的产业支撑，在兼顾“绿水青山”和“金山银山”上取得积极进展。随着国家重点生态功能区转移支付以及生态扶贫投入的加大，凉山州切实得到了生态保护的益处，环境与发展相互促进也成为可能，“两山”相互转化成效初显。

二　四川凉山“两山”转化的进展成效

（一）厚植“绿水青山”

凉山州先后建立了美姑大风顶等12个自然保护区、邛海—螺髻山等6个风景名胜区、邛海等3个湿地公园、灵山等6个森林公园、大渡河峡谷等

3 个地质公园，各级各类自然保护地总面积达 719171. 43 公顷。森林覆盖率由 2015 年的45. 1%提高到2021 年的51%，森林蓄积量达到3. 38 亿立方米，草原综合植被覆盖度达到86. 01%，国土绿化覆盖率达到80%，空气优良天数达 356 天，土壤环境质量总体保持稳定。根据《基于“生态元”的全国省市生态资本服务价值核算排序评估报告》，2018 年全国 342 个地级市中，凉山生态元总量位居第 16 位（2015 年在 340 个城市中位列 13 位）。[①]

表 5 – 5　　凉山州各类自然保护区

类别	名称	级别	县（市、区）
自然保护区	四川美姑大风顶国家级自然保护区	国家级	美姑县
	四川冶勒省级自然保护区	省级	冕宁县
	四川申果庄省级自然保护区	省级	越西县
	四川麻咪泽自然保护区	省级	雷波县
	四川马鞍山自然保护区	省级	甘洛县
	四川鸭嘴自然保护区	省级	木里县
	四川螺髻山自然保护区	省级	德昌县、普格县
	百草坡自然保护区	省级	金阳县
	四川泸沽湖自然保护区	市州级	盐源县
	四川巴丁拉姆自然保护区	市州级	木里县
	四川恰朗多吉自然保护区	市州级	木里县
	四川乐安自然保护区	市州级	布拖县
森林公园	松涛森林公园	省级	昭觉县
	灵山森林公园	省级	冕宁县
	泸山森林公园	省级	西昌市

① 2018 年全国 342 个地级市中，生态元总量排序处在前 20 位的分别是甘孜、呼伦贝尔、那曲、玉树、锡林郭勒、阿坝、阿里、巴音郭楞、海西、日喀则、昌都、延边、赤峰、林芝、大兴安岭、凉山、河池、果洛、桂林、兴安盟。基于“生态元”的生态资本服务价值核算体系，以生态系统的调节服务价值为核算对象，选择太阳能值作为核算量纲，将“生态元”作为核算基本单位，按照生态、环境、可持续发展的内在联系分步核算和调整“生态元”价值，运用市场交易方式对核算的“生态元”进行货币化定价。资料来源：《基于“生态元”的全国省市生态资本服务价值核算排序评估报告》，2020 年 12 月 11 日，http：//m. ce. cn/bwzg/202012/11/t20201211_ 36104336. shtml，2022 年 5 月 11 日。

续表

类别	名称	级别	县（市、区）
森林公园	纳龙河森林公园	省级	甘洛县
	四川省姑姑山森林公园	省级	德昌县
	四川省黑龙海子森林公园	省级	德昌县
地质公园	四川大渡河峡谷国家地质公园	国家级	甘洛县、金口河区、汉源县
	雷波马湖地质公园	省级	雷波县
	四川螺髻山省级地质公园	省级	普格县
风景名胜区	螺髻山—邛海风景名胜区	国家级	西昌市、普格县、德昌县
	泸沽湖风景名胜区	省级	盐源县
	马湖风景名胜区	省级	雷波县
	小相岭—灵关古道风景名胜区	省级	喜德县
	彝海风景名胜区	省级	冕宁县
	龙肘山—仙人湖风景名胜区	省级	会理县
湿地公园	邛海国家湿地公园	国家级	西昌市
	雷波马湖国家湿地公园	国家试点	雷波县
	四川大凉山谷克德湿地公园	省级	昭觉县

数据来源：四川省生态环境厅网站，2021 年 10 月 8 日。

表 5 - 6　　凉山州各市县 2014—2021 年空气优良率

	2014 年	2015 年	2016 年	2017 年	2018 年	2019 年	2020 年	2021 年
凉山州	/	/	98.8%	98.4%	98.17%	99.52%	99.3%	99.76%
西昌市	100.0%	98.3%	98.9%	98.4%	98.4%	97.5%	97.4%	98.6%
木里县	100.0%	100.0%	99.7%	100.0%	100.0%	100.0%	97.5%	99.7%
会理县	/	/	99.4%	99.6%	98.4%	99.7%	99.7%	99.5%
冕宁县	/	/	98.9%	99.7%	100.0%	100.0%	99.2%	100.0%
德昌县	/	/	98.1%	90.5%	97.3%	100.0%	97.5%	99.5%
甘洛县	/	/	97.5%	98.0%	98.6%	96.2%	99.3%	99.5%
会东县	/	/	100.0%	100.0%	94.8%	100.0%	100.0%	99.7%
雷波县	/	/	100.0%	93.3%	91.8%	98.6%	99.7%	99.7%
美姑县	/	/	99.1%	99.7%	100.0%	100.0%	100.0%	100.0%
宁南县	/	/	99.1%	99.7%	98.6%	100.0%	99.7%	99.7%
喜德县	/	/	97.4%	99.0%	99.2%	100.0%	99.5%	100.0%

续表

	2014 年	2015 年	2016 年	2017 年	2018 年	2019 年	2020 年	2021 年
越西县	/	/	97.6%	99.0%	99.5%	100.0%	99.7%	100.0%
昭觉县	/	/	99.4%	99.4%	98.4%	100.0%	100.0%	100.0%
普格县	/	/	99.1%	99.6%	92.3%	100.0%	100.0%	100.0%
布拖县	/	/	100.0%	99.7%	100.0%	100.0%	100.0%	100.0%
金阳县	/	/	96.0%	97.2%	100.0%	100.0%	100.0%	100.0%

数据来源：《凉山彝族自治州环境质量公报（2014—2021 年）》。

（二）推进“两山”转化

1. 补偿性转化进展显著

（1）财政补偿

补偿性转移以上级财政转移支付为主。以 2019 年为例，凉山州 2019 年生态建设、生态保护、生态治理等生态建设扶贫专项计划安排资金 89416.65 万元。其中，中央资金 74799.55 万元，省级资金 14617.05 万元。2019 年下达州本级以及县市重点生态功能区补助资金 91222 万元，其中，重点生态功能区 38262 万元，一般生态功能区 1400 万元，禁止开发区 660 万元，三区三州资金 50900 万元。①

（2）重大生态工程补偿

2019 年，凉山州全面实施天然林资源保护工程，对全州 1379 万亩集体公益林累计兑现补偿资金 12.4 亿元，其中 12 个国家重点生态功能区 7.38 亿元。② 2019 年，凉山州巩固前一轮退耕还林成果 163.51 万亩和新一轮退耕还林成果 63.36 万亩，及时兑现退耕还林补助资金 1.77 亿元。凉山州 48% 的农民、59% 的贫困人口受益于退耕还林政策，户均获得补助资金 1 万余元。2019 年完成营造林 75.93 万亩，落实和下达 3385 万亩国有林管护资金 2.59 亿元，集体生态公益林 1366.07 万亩生态效益补偿资金 2.15 亿元。

① 《凉山州财政局关于提前下达 2019 年重点生态功能区转移支付资金的通知》（凉财预〔2018〕75 号）。

② 《凉山 12 个县纳入国家重点生态功能区》，2019 年 2 月 11 日，http://sc.people.com.cn/n2/2019/0211/c345458-32621124.html，2022 年 5 月 11 日。

（3）飞地园区

飞地园区是区域发展权补偿的重要创新形式。在四川省委省政府的支持下，成都·大凉山农特产品加工贸易园区于2019年选址简阳市，规划总面积约16.6平方千米，建设用地面积约10平方千米，打造产业集聚和特色民族文化展示平台。此外还有凉山·乐山飞地产业园区，该园区以乐山市五通新型工业基地为载体，重点支持科技型、创新型、节能环保型产业的发展。

（4）生态护林员

利用中央财政资金，通过购买服务、专项补助等方式，从建档立卡贫困人员中选聘生态护林员，按月发放劳务报酬。自2016年启动实施生态护林员政策以来，2016—2021年五年间全州11个已脱贫县共计投入资金41592万元，选聘生态护林员6万余名。截至2022年4月，县乡扑火队员3000元/（人·月）、村级初期火情处置小组600元/（人·月）、巡山护林员2000元/（人·月）。

表5－7　2016—2021年凉山州11个已脱贫县生态护林员选聘人数及投入资金

年度	投入资金（万元）	选聘生态护林员人数（人）
2016—2017	1792	3835
2017—2018	5322	9086
2018—2019	8122	12583
2019—2020	12638	19816
2020—2021	13718	20686

数据来源：《凉山：6万余名生态护林员护航青山》，2021年12月1日，https://sichuan.scol.com.cn/ggxw/202112/58355865.html，2022年5月11日。

2. 生态文化品牌有显现

世界自然遗产。主要是大熊猫栖息地，涉及小相岭山系的冕宁县，以及凉山山系的金口河、甘洛、峨边、马边、美姑、越西、雷波，以小种类熊猫为主。

国家级非物质文化遗产。拥有国家级非物质文化遗产20项，国家级非物质文化遗产传承人 12 人。

文明城市。2021 年西昌再获全国文明城市提名城市，西昌市马道街道袁家山村、会东县鲹鱼河镇笔落村、会理县鹿厂镇铜矿村、盐源县卫城镇大堰沟村入选第六届全国文明村镇。

3. 生产型转化奠定基础

（1）生态工业。凉山以“风、光、水”能源资源配置为基础促进资源优势转化为经济优势，目前已有溪洛渡、官地、锦屏一二级在内的国家巨型、大型电站投产，经核准的风电基地规划场址达 121 个，规划总规模 1048. 6 万千瓦；光伏发电规划总规模 500 万瓦，初步形成“风、光、水”清洁能源黄金组合的格局。以清洁能源、战略资源、装备制造、食品药品和信息化为核心的“4 + 1”现代绿色工业产业体系基本形成，创建凉山州西昌钒钛产业园区、德昌特色产业园区、会理有色产业经济开发区和冕宁稀土经济开发区 4 个省级开发区。新材料、新能源、生物医药、装备制造等战略性新兴产业发展迅速，实现高新技术产业主营业务收入 320 亿元，综合科技创新水平综合指数达 50. 2。①

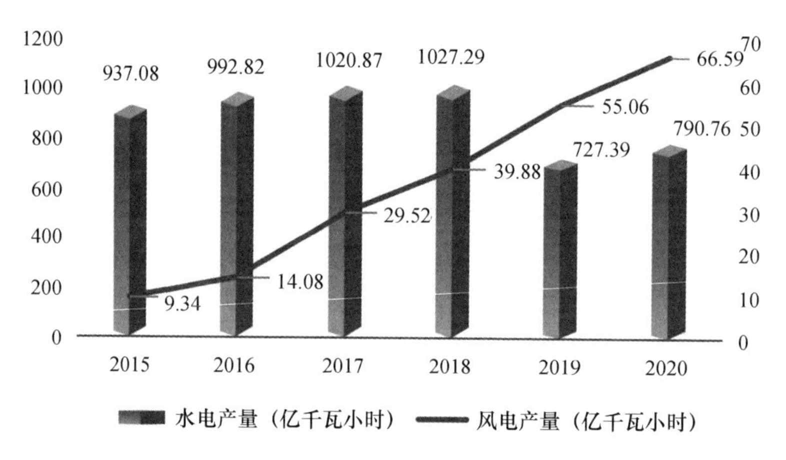

图 5 - 4 凉山州 2015—2020 年水、风电产量

数据来源：凉山彝族自治州发改委。

① 苏嘎尔布：《2021 年在凉山州第十一届人民代表大会第六次会议上的政府工作报告》，2021 年 3 月 20 日。

（2）生态农业。凉山从2016年开始实施以核桃为重点的“1+X”林业生态产业建设，兼顾培育花椒、华山松、油橄榄等特色产业。2019年全州林农人均从林业上获得收入2239元。[①] 现已脱贫人口中有51.58%的贫困人口依靠发展农业产业实现脱贫。[②] “大凉山”苦荞茶、会理石榴、雷波脐橙、盐源苹果、宁南茧丝、金阳青花椒等驰名全国。

（3）生态旅游。2021年，全州实现旅游总收入1921亿元，有48个国有A级旅游景区（其中13个4A，32个3A，3个2A）。另外，还有全国休闲农业与乡村旅游示范市（县）1个、省级乡村旅游强县1个、特色乡镇2个、精品村寨3个、乡村旅游创客示范基地1个、乡村旅游特色业态经营点57个、乡村民宿46户、星级农家乐149家、星级乡村酒店43家，有效扩大了乡村旅游产品供给，促进了旅游市场增长。

（4）品牌溢价。“十三五”期间，凉山创建中国名牌1个、中国驰名商标7个、四川省名牌20个、四川省著名商标23个、国家地理标志保护产品39个，获准统一使用“大凉山”特色农产品品牌标识和包装的产品达到1386个。[③] 相关县市围绕地标产品打造产业链条，逐步形成以苹果、石榴、青花椒、牛肉、脐橙、苦荞、青茶、黑山羊、阉鸡九大地标产品为主的特色产业。农村居民人均可支配收入从2015年的9422元增长到2021年的16808元。

4. 发展型转化有所深入

（1）治污谋绿。大力推进污染防治，河流总体以Ⅱ类水质为主，主要湖泊水质监测点、集中式饮用水水源地全部达标，农村环境质量状况总体良好，土壤质量保持稳定。2021年空气优良天数比例保持在98.3%以上，国考断面、水功能区、集中式饮用水源地水质优良率均保持100%，污染地块安全利用率达100%。

（2）转型升级。以战略性新兴产业为引领，推动传统产业向中高端迈进。例如围绕钒钛、稀土、石墨烯等新材料产业，凉山传统的矿冶产业

---

① 《四川凉山“三棵树”成为脱贫路上最美风景》，2020年12月2日，http://pic.people.com.cn/n1/2020/1202/c1016-31952801.html，2022年5月11日。

② 凉山州原扶贫开发局：《凉山州脱贫攻坚收官情况》，2020年8月17日。

③ 凉山州经济和信息化局：《凉山彝族自治州“十四五”农产品生物资源精深加工业发展规划（征求意见稿）》，2021年9月29日。

链正往下游产品延伸。2015 年凉山州将旅游产业上升为首位产业，提出了全域旅游升级方向。2016 年凉山州确立生态立州战略，转型升级进一步加快。

（3）产业集群化。以四个省级开发区建设为重要载体，积极培育工业产业集群。以 5 个省级现代农业产业园区、6 个省级以上特色农产品优势区为主要载体，着力提升农特产品加工体系。产业集群化发展态势逐步显现。

（4）资源效率提升。2020 年凉山州能源消费总量、单位 GDP 能耗、规上工业单位增加值能耗同比分别下降 0.5%、4.3%、10.1%，均超额完成省下达目标。土地利用效率持续提升，人口密度、经济密度逐年上升。

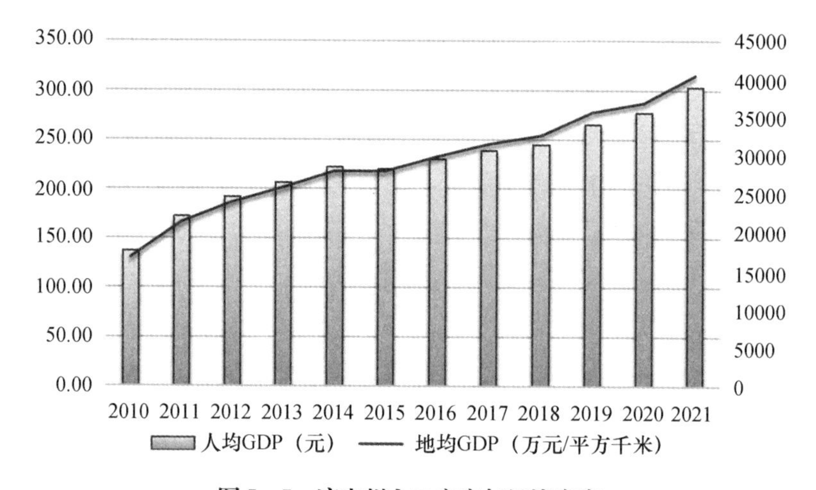

图 5－5 凉山州人口密度与经济密度

数据来源：根据《凉山州国民经济与社会发展统计公报（2010—2021 年）》测算。

（三）建立健全体制机制

1. 机构改革

按照中央与四川省统一部署，制定《凉山州机构改革方案》。组建市县自然资源部门、生态环境部门，还因地制宜地设置了州委目标绩效管理办公室。

2. 体制改革

凉山州认真践行“绿水青山就是金山银山”理念，深入实施“生态立

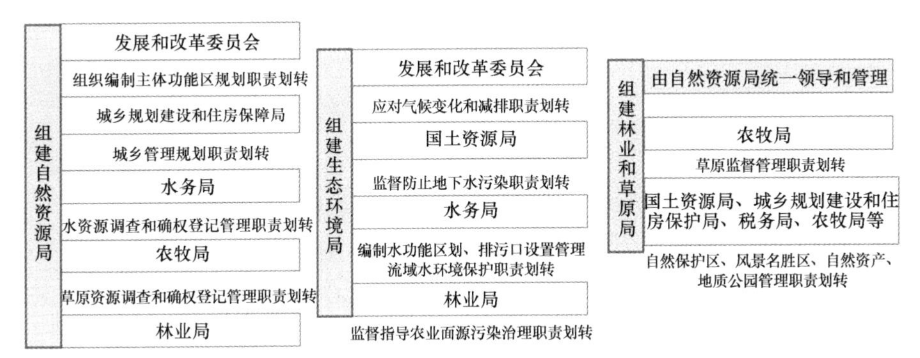

图 5－6 凉山州生态文明相关机构改革

资料来源：《凉山州机构改革方案》（凉委发〔2019〕2 号）。

州”发展战略，持续打好污染防治“八大战役”，开展大规模绿化凉山行动，着力建立绿色发展的体制机制。自 2016 年凉山州委七届九次全会通过《中共凉山州委关于推进绿色发展建设美丽凉山的决定》以来，出台生态文明专项改革方案 20 余个，全面建立了州、县、乡三级河湖长制，设立州、县、乡、村、组五级林长 1.9 万余名（截至 2022 年 4 月），建立了大规模推进国土绿化的体制机制和行动计划，成立了凉山州生态环境损害赔偿制度改革工作领导小组，以及大气污染防治行动计划领导小组、森林草原防灭火专项整治工作领导小组，全面落实能源、水资源总量和强度“双控”目标责任制。在全省率先出台《凉山州生态环境局行政处罚与生态环境损害赔偿联动工作规程（试行）》，贡献了生态文明体制改革的凉山经验。

三　四川凉山“两山”转化的现状评判

（一）部分领域已经率先转化，创造了全国全省经验模式

四川凉山州作为重要生态区域，其生态补偿机制起步较早，如全国天然林禁伐就是从凉山开始的。经过多年发展，四川凉山州已经探索形成若干好的做法和经验，如生态补偿模式，土地综合整治模式，林业碳汇、社区和生物多样性协同模式，多样化“飞地”模式，美丽河湖建设模式，“土地增减挂钩指标跨区交易”，清洁能源产业化模式，生态旅游，生态农业等。另外，“学前学普”“新风超市”等能力建设模式也取得较好成效。

表5－8 四川凉山州“两山”转化创新做法和经验模式

典型模式		具体举措	涉及区域
生态补偿模式	重点生态功能区转移支付	中央、四川省对凉山州重点生态功能区转移支付	12个国家级重点生态功能区涉及县
	生态效益补偿	森林生态效益补偿、天然商品林停伐管护补助、退耕还林直补、草原生态保护补助奖励、湿地保护修复补助等	全州
	生态公益性岗位	选聘生态管护员	全州
区域协同模式	飞地园区	建设成都·凉山合作园区；州内重点生态功能区通过“飞地经济”形式将本地资源型产业链后端布局于战略引领型园区与创新集群型园区内	全州
	土地增减挂钩指标跨区交易	通过凉山州内区域与省内外区域签订增减挂钩节余指标跨省（区）交易使用合作框架协议，分年度提供	全州
生态保护与修复模式	美丽河湖模式	通过治湖、生态搬迁、生态修复、生态产业发展，实现生态惠民	西昌邛海
	乌蒙山土地综合整治模式	通过土地综合整治，增加耕地面积和综合产能，通过发展产业、土地流转、就近务工等获取多重收益	普格、布拖、金阳、昭觉、喜德、越西、美姑、雷波
碳汇交易模式	诺华川西南林业碳汇、社区和生物多样性	开发造林碳汇，增强生物多样性保护等环境效益，促进乡村社区发展	甘洛、越西、昭觉、美姑、雷波以及申果庄、麻咪泽、马鞍山保护区
生态产业化模式	清洁能源产业	“水、风、光、氢、储”一体化发展	全州
	生态农业	10个优势农产品的产业化发展	全州
	生态旅游	全域旅游、文旅融合、乡村旅游等	全州

（二）以生态补偿型转化为主，自我增殖发展机制尚未形成

生态补偿依然是四川凉山州“两山”转化的主要形式，且补偿资金主要来自中央和省级等上级财政部门，横向补偿、跨流域补偿、市场化补偿不足。主要立足于本地转化，跨区域转化不足且形式单一，目前飞地园区尚处于规划部署中，还没有产生实质效益。发展型转化尚处于起步阶段，受制于产业基础薄弱，外部依赖性强、低层次、短链条、碎片化、不均衡、缺乏长效机制。交易型转化尚未起步，碳汇交易受制于交易市场建设滞后而尚未找到突破口。

（三）资源环境消耗拐点未到，陷低水平生存型均衡循环

凉山州尚处于工业化、城镇化的初期和中期阶段，经济发展水平和城镇化进程不断加快，资源消耗与环境污染尚处于高位运行期，能源消耗尚未达峰。在能源消耗中，高耗能产业占全州规上工业能耗总量的94.9%，其中黑色冶炼综合能耗占全州的60.3%。2019年单位GDP能耗下降0.25%，远低于预期目标2.25个百分点，主要原因在于高耗能行业能耗占规上工业能耗比重持续提高，水电、光伏、太阳能等清洁能源替代不足。再加上大部分地区生态环境脆弱，未来持续改善与生态环境保护压力较大，“绿水青山”与“金山银山”尚存在顾此失彼矛盾。四川凉山州长期较为封闭，落后的思想观念与生产生活方式形成了低水平生存型均衡的路径依赖或路径锁定，在产业分工中主要是承担生产原料和能源供应者的角色，锁定产业链、价值链和创新链的低端，要素回报和投资回报率较低，在“两山”转化上动力不足，主动参与性较差。

（四）“两山”转化本身复杂，积贫积弱面临更艰难困境

首先，以“绿水青山”为代表的生态产品本身具有外部性，存在价值难以量化，投资回报长期性以及投入与收益跨区跨期不对等性等诸多难点；其次，我国仍处于“两山”转化的实践探索阶段，配套的核算方法、支撑政策、体制机制也在逐步完善中；另外，不同区域生态系统的复杂性与系统性，“两山”转化又要因地制宜，更加剧了转化的困难。即使是在经济发达地区，“两山”转化尚存在很多困难，转化路径、机制的探索也不会一蹴而就。这对于积贫积弱、各类特殊矛盾交织的四川凉山州而言，困难不容回避，不仅存在普遍性的“两山”转化困难，更具有区域性的特殊困难，如目标要兼顾生态优先、内生增长、社会包容的多重性；实施

中面临市场机制不完善、缺资金缺人才缺技术等多重制约，生计脆弱性与“志不足智不强治不深”等多重困境。

四 四川凉山“两山”转化能力的评价

我们尝试通过经济增长与环境协调度评价，在一定程度上对四川凉山州“两山”转化能力现状进行定量评价。

（一）评价方法

本书采用芬兰未来研究中心 PetriTapio 提出的脱钩弹性概念以及脱钩分析工具，来分析凉山州各市县经济增长与环境的协调度，在使用中借鉴了《楚雄彝族自治州国家生态文明建设示范州建设规划（2019—2023年）》关于脱钩的分析方法。其脱钩弹性模型公式如下：

$$R_j = \frac{\Delta D}{\Delta G} = \frac{(D_j - D_i)\ /D_j}{(G_j - G_i)\ /G_j}$$

R_j 表示第 j 年经济增长与污染物排放的脱钩指数；D_j 和 D_i 分别表示考察期年末和上一年末污染物排放量；G_j 和 G_i 和分别表示考察期年末和上一年末经济增长量。经济增长与环境污染脱钩状态体系如下表所示：

表5－9 经济增长与环境污染脱钩状态体系

脱钩状态	△D	△G	R_j	含义
强正脱钩	<0	>0	<0	最好：经济增长，污染程度下降
增长弱脱钩	>0	>0	0—0.8	好：经济增长，污染缓慢增长
衰退强连接	<0	<0	>1.2	较好：经济缓慢衰退，污染物大幅下降
增长连接	>0	>0	0.8—1.2	一般：经济增长，污染同步增长
衰退连接	<0	<0	0.8－1.2	较差：经济衰退，污染同步下降
增长强连接	>0	>0	>1.2	差：经济增长缓慢，污染大幅增长
衰退弱脱钩	<0	<0	0—0.8	很差：经济衰退，污染缓慢下降
强负脱钩	>0	<0	<0	最差：经济衰退，污染增长

资料来源：楚雄彝族自治州生态环境局：《楚雄彝族自治州国家生态文明建设示范州建设规划（2019—2023年）》，2020年3月16日。

（二）数据样本

根据数据可得性，我们以凉山州以及17个市县为样本，选取SO_2、NO_2、PM_{10}三种主要大气污染物为分析对象，凉山州以2016—2021年为分析年度，17个市州以2016—2019年为分析年度（缺失2020年份市县数据）。

（三）纵向分析结果

从凉山州全域来看，以SO_2为分析对象，2017年处于强正脱钩状态，2018年处于增长强连接状态，2019—2021年凉山州又回到强正脱钩状态，中间出现强反弹说明脱钩并不稳定。以NO_2为分析对象，其变化趋势与SO_2相同。以颗粒物为分析对象，2017年凉山州处于强正脱钩状态，2018年凉山州处于增长弱脱钩状态，2019年凉山州又回到强正脱钩状态，2020年处于增长连接状态，2021年处于增长弱脱钩状态，虽有反弹但幅度不大，整体处于比较协调的状态。总体而言，凉山州经济指数增长的同时，污染物指数也在不断下降，二者存在一定的胶着，但总体趋向协调。

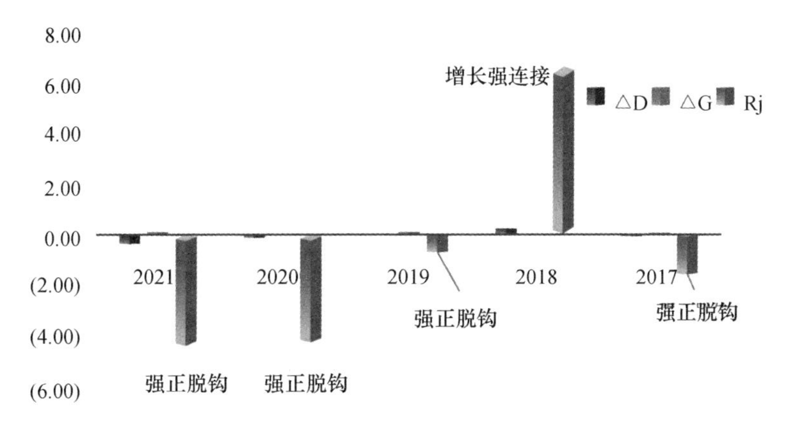

图5－7 凉山州2017—2021年SO_2脱钩指数

（四）横向分析结果

2017年大气污染物SO_2指数处于强正脱钩的有西昌、盐源、会理、会东、冕宁、越西、甘洛、美姑，布拖处于衰退强连接状态，其他区域处于增长强连接状态。大气污染物NO_2指数处于强正脱钩的有盐源、德昌、会理、会东、宁南、普格、昭觉、冕宁、越西，布拖处于强负脱钩状态，其

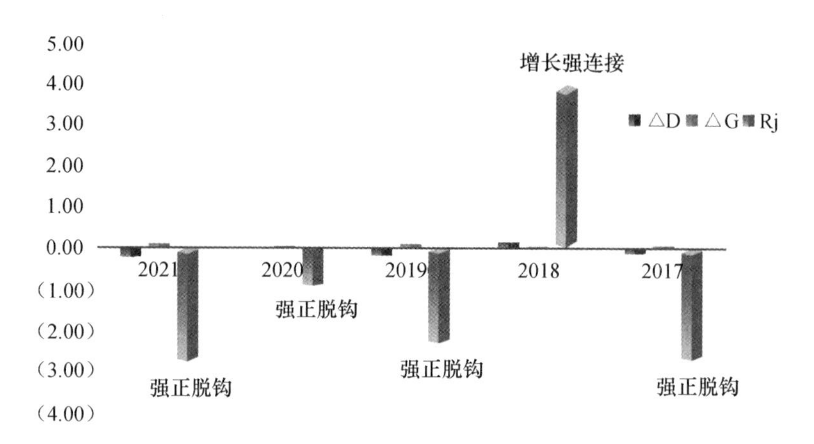

图 5－8 凉山州 2017—2021 年 NO_2 脱钩指数

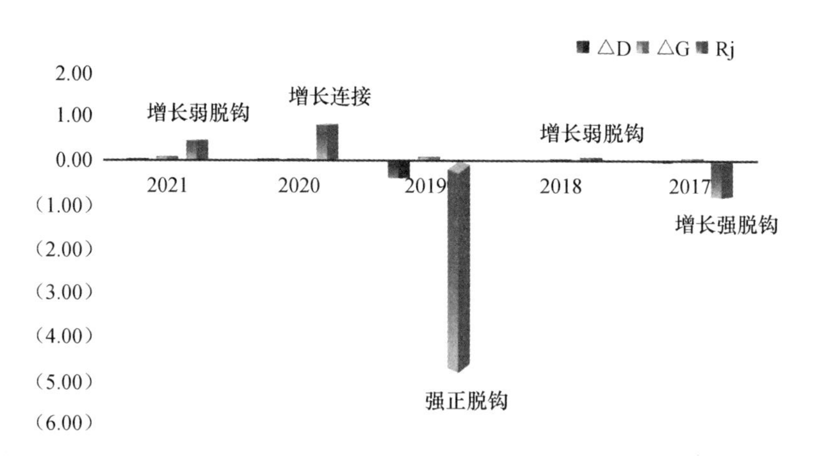

图 5－9 凉山州 2017—2021 年 PM_{10} 脱钩指数

数据来源：根据凉山州统计公报、环境公报测算。

他区域处于增长强连接状态。大气污染物 PM_{10} 指数处于强正脱钩的有西昌、德昌、会理、宁南、金阳、冕宁、越西、美姑、雷波，布拖处于衰退强连接状态，其他区域处于增长强连接状态。总体来看，会理、冕宁、越西三种污染物均处于强正脱钩状态，布拖基本上处于衰退强连接和强负脱钩状态。

2018 年大气污染物 SO_2 指数处于强正脱钩的有西昌、木里、喜德、越西、美姑，会理处于增长负脱钩状态，昭觉处于增长弱脱钩状态，其他区域处于增长强连接状态。大气污染物 NO_2 指数处于强正脱钩的有西昌、木里、盐源、德昌、普格、喜德、冕宁、越西、雷波，美姑处于增长弱脱钩状态，会理处于衰退强连接状态，其他区域处于增长强连接状态。大气污染物 PM_{10} 处于强负脱钩的有会理，增长强连接的有金阳，增长弱脱钩的有雷波，其他区域处于强正脱钩状态。总体来看，西昌、木里、喜德、越西、美姑三种污染物均处于强正脱钩状态，会理基本上处于强负脱钩、增长负脱钩以及衰退强连接状态。

2019 年大气污染物 SO_2 指数处于强正脱钩状态的有木里、德昌、宁

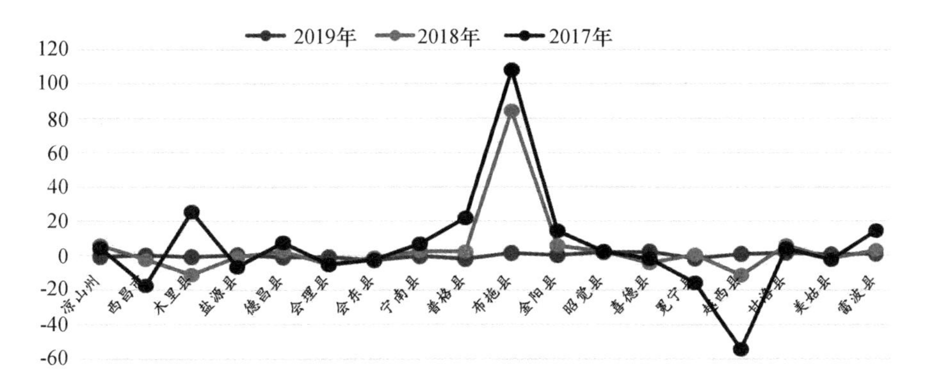

图 5－10 凉山州及市县 SO2 脱钩指数

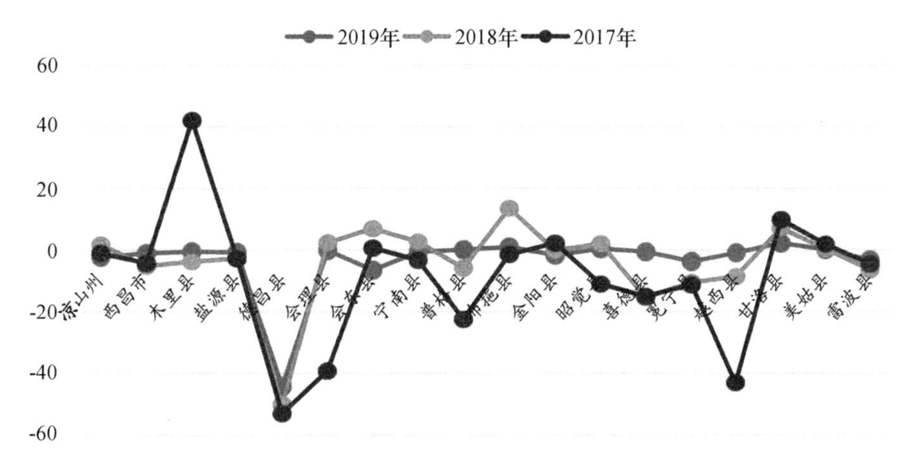

图 5－11 凉山州及市县 NO_2 脱钩指数

南、普格，西昌、盐源、金阳、美姑处于增长弱脱钩状态；越西、雷波处于增长连接状态；布拖、昭觉、喜德、甘洛处于增长强连接状态；会理、会东、冕宁处于强负脱钩状态。大气污染物 NO_2 指数处于强正脱钩状态的有西昌、木里、盐源、德昌、宁南、普格、金阳、喜德、越西、美姑、雷波，增长弱脱钩的有昭觉，增长连接的有布拖，增长强连接的有甘洛，其余处于强负脱钩状态。大气污染物 PM_{10} 指数处于衰退强连接有会东、冕宁，强负脱钩的有会理，增长强连接的有西昌，其余处于强正脱钩状态。总体来看，木里、德昌、宁南、普格三种污染物均处于强正脱钩状态，会理基本上处于强负脱钩状态。

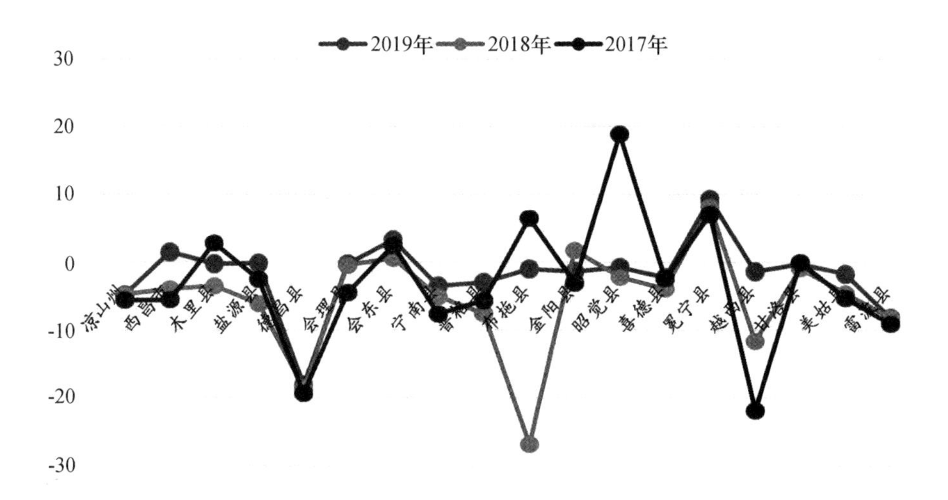

图 5－12 凉山州及市县 $PM_{2.5}$ 脱钩指数

数据来源：根据凉山州统计公报、环境公报测算。

第四节 “两山”转化面临能力挑战

四川凉山州“两山”转化面临很多深层次、结构性矛盾，聚焦于影响“两山”转化的能力因素。“两山”转化能否实现，取决于现有能力基础能否顺利转换并逐步壮大，也取决于能力结构能否根据新的能力基础不断优化。

一 “两山”转化能力面临的三重困境

（一）保护任务艰巨与发展基础异常薄弱的矛盾长期难以调和

四川凉山州长期担当维护国家西部生态安全、建设长江上游生态屏障的重任，保护任务繁重而艰巨。承担保护任务，在一定程度上意味着发展权的让渡。但由于历史、地理和现实原因，发展基础却异常薄弱，发展现状与生态贡献不匹配，让渡发展权使得本来就羸弱的经济基础变得更加艰难。解决这一矛盾，除了国家和省级层面生态补偿和交易制度的完善，还需要四川凉山州自身在发展与保护中间寻求统一的“两山”转化新路径，这对能力是一种较大的挑战。

（二）生态资源富集与价值转化能力不足的问题长期难以解决

四川凉山州拥有“大山、大水、大风、大资源”，是生态资源富集之地，但长期以来生态价值转化的渠道尚不通畅，水平、层次都还比较低，至今尚无一个5A级景区，直到2022年，钒、钛资源综合利用率才分别达到44%和29%，“卡脖子”技术及关键核心技术制约明显，暴露出生态价值转化能力的严重不足。

（三）自我发展能力与民族文化双向调适的困扰长期难以消释

四川凉山州的自我发展能力以及民族传统文化传承问题一直得到各方高度关注，虽然在脱贫攻坚阶段，四川凉山州的多维贫困问题也得到高度重视，也致力于发展性扶贫与精准扶贫，但其自我发展能力问题始终没有得到很好解决。民族传统文化，远离现代文明，一方面存在民族传统文化的现代化调适，尤其是对相对脱离现代文明部分，是造成外界对凉山刻板印象的重要原因。另一方面也存在现代文明与传统文化的融合创新，二者在双向调适中试图寻求一种和谐之路，但依然任重道远。2022年5月1日，《凉山彝族自治州移风易俗条例》正式实施。与此同时，莫西子诗和彝族“妞妞”合唱团登上央视《经典咏流传》的舞台，一场关于彝族蓝染的直播吸引了73万多人围观，这或许也反映了这种双向调适的努力。

二 “两山”转化能力基础转换的挑战

（一）认识基础：发展观和社会基础绿色化

只有从思想上充分认识到四川凉山州的自然生态价值，认识到发展与保护可以兼容可以相互促进，“两山”理念才能落地，“两山”转化才能实现。也只有越来越多的人相信并选择“两山”转化，转化的思路才能打开，资源要素才能朝着这个方向汇集，形成越来越多的渠道、方法与路径，构成“理念—行动—证据—理念强化—行动优化”良性循环链条。

四川凉山州发展意识较为薄弱。彝族先民为了避战乱、求生存，在大小凉山高二半山区与高寒山区迁徙繁衍、“山地游耕”，家园意识、财富意识、商品意识、法治文明意识缺失，生产力发展水平低下与社会发育进程滞后、落后发展基础与特殊社会问题、物质贫困与精神贫乏等叠加交织。对身边司空见惯的绿水青山缺乏价值创造意识，对“两山”转化存在畏难情绪，对党中央、国务院生态产品价值实现决策部署理解不够深透，措施不力。全社会广泛参与的社会基础还有待加强。

（二）需求基础：面向美好生活新需求转型

从满足市场需求的角度，高品质生态环境是当前全体人民对美好生活新需求的主要内涵，这也决定了四川凉山州未来发展的方向。从四川凉山州自身需求而言，也面临温饱需求到高品质生活需求的转变。对新需求的把控能力决定了“两山”转化的重要方向。四川凉山州尚缺乏对全社会生态需求的敏锐性，对生态需求市场缺乏深刻洞察与精细划分。

（三）供给基础：从资源供给转向绿色供给

满足这些新需求，就需要提高生态产品供给能力，不仅是数量层面，还包括质量和效益层面。供给方式更加强调消费端、市场端、需求端、应用场景对生产和供给的反向资源配置，而不仅仅是传统的“生产—销售”模式。其次，在供给方式上更加强调创新驱动，强调新技术、新业态、新产业、新模式在“两山”转化中的应用，这些恰恰是四川凉山州的短板所在。四川凉山州在基础设施上欠账较多，交通物流基础设施在解决优质生态产品供给“最后一公里”问题上，尚有差距。

（四）要素基础：传统与新型生产要素集聚

“两山”转化涉及的生产要素除了土地、资本、劳动力、技术等传统生产要素，还包括两类新生产要素：一是自然生态类要素，这类生产要素在种类上更加丰富多样，在空间上更加立体，在相互关系上更加粘连；二是经济意义上的生产要素，即数据、场景、流量、平台等。四川凉山州尚未走完传统生产要素集聚路程，技术、人才、资金都存在较大缺口。在新型生产要素上，第一类生产要素亟待破题，第二类要素的集聚还需要一个长期的过程。

（五）制度基础：体制机制改革创新与协同

调节支持类的生态产品通常具有公共物品属性，在价值实现过程中需要相应体制机制的不断完善。四川凉山州在相关体制机制上，基本贯彻落实国家和四川省改革要求，但既缺乏政策资源和手段，也在地方探索与创新上反应滞后。“两山”转化需要自然资源、生态环境、农业农村、统计、林业、水利、文旅等多部门的共同参与，因此综合协调能力非常重要。对于每个部门而言，其职能的生态化转型以及对公共资源的配置能力，对“两山”转化具有重要作用。

三　“两山”转化能力结构优化的挑战

（一）资本结构难以适配“两山”转化

适应“两山”转化的资本结构，或者说资本积累结构，是自然资本、人力资本、物质资本、社会资本的有机结合。凉山州与自然资本相适应的人力资本、物质资本和社会资本相对匮乏，制约“两山”可持续转化。

（二）产业结构难以适配“两山”转化

适应“两山”转化的产业结构，是多产业的跨界融合，也只有多产业的跨界融合，才能衍生出新的业态，发育新的产业，从而实现绿色价值创造与增值。如成都市利用川西林盘资源推进农商文旅体研养融合发展，实现了产业兴旺与环境改善的共赢。凉山州优质资源并没有形成优质产业，产业结构低端化不足以支撑“两山”高质量转化。

（三）空间结构难以适配“两山”转化

适应“两山”转化需要匹配对空间的管控和治理能力。在空间上确定哪些区域需要得到严格保护，各个区域承担怎样的功能定位，遵循怎样的开发强度，从而在源头上避免生态破坏与环境污染。无论是主体功能区战略，还是国土空间规划与用途管制，或是划定并落实生态保护红线、永久基本农田和城镇开发边界，均是为了促进区域立足资源环境承载能力，发挥比较优势，形成高质量发展的国土空间开发保护格局。凉山州在空间结构上尚存在较多的不合理和不均衡，优化国土空间开发格局是一个相对长期的任务。

（四）收入结构难以适配“两山”转化

“两山”转化的收入结构，是通过多业经营、多元就业来实现多次增值与收入增加。通过“两山”转化，大部分地区的农民可以分享到农产品溢价增值收益、民宿等经营性收入、生态资源股份分红收益、就地就近就业工资性收入、生态补偿等转型性收入等，收入结构更加丰富。当前凉山收入结构较为单一，背后是就业能力较弱，从事多元化就业和生态创业的能力不足。

（五）治理结构难以适配“两山”转化

“两山”转化需要政府、市场、社会协同推进的治理结构。政府要发挥在制度设计、政策引导、公共服务等方面的主导作用，市场在资源配置中起着决定性作用，社会各界的积极参与则夯实了共建共享基础。凉山州在治理体系和治理能力上都还处于探索和构建阶段，尚未形成多元主体协同转化的合力。

（六）动力结构难以适配“两山”转化

“两山”转化需要动力变革，一方面是要素、投资驱动要转向创新驱动，形成绿色发展新动能；另一方面是要外部赋能与内生动力的有机整合，形成可持续发展能力。凉山州在新旧动能转化上任重道远，一是绿色新动能尚未形成，二是旧动能难以焕发新机，生态化改造提升尚需持续努力。

四 “两山”转化迫切需要解决的问题

（一）制约“两山”转化的能力因素

从自然生态系统生产力来看，生态本底与自转化能力家底不清，生物多样性的经济价值未充分显现；从主体角度来看，地方政府、企业、农牧民以及个体适应“两山”转化均面临较多资源制约、能力制约，无论是产业统筹推进能力，还是政策操作的配套能力，或是价值实现的市场能力都严重欠缺；从过程角度来看，面临生态产品供给端、交易端、服务端、补偿端等各个环节，其知识、方法、手段、工具、渠道严重不足，新经济增长点与经济形态还未成规模；从驱动因素来看，文化、交通、数字、技术、人才、品牌、开放等动能匮乏。

（二）“两山”转化能力的深层困境

剖析制约“两山”转化的能力因素，需要理解背后的深层困境，即“两山”转化能力的关键影响因素。正如第一章的分析，“两山”转化的关键影响因素在四个方面，即制度环境、激励体系、资源保障和知识技能。除了普遍性问题，四川凉山州还面临特殊困境。在政府层面，除了面对生态产品政府失灵，也包括了部门职能不清、激励不到位和资源不匹配的问题；在市场层面，除了生态产品公共性、外部性导致的市场失灵，也包括了产权不健全、市场主体缺乏的问题；在社会层面，除了“搭便车”等导致的社会失灵问题，也包括了社会本身的发育不足。四川凉山州“两山”转化能力当前面临突出的生态环境问题，如生态保护修复的问题，森林防火的问题，环境污染的问题，资源型产业转型的问题等。但这些问题往往是人的行为结果，根源在发展观和价值观。而改变人的价值观，从而改变人的生产生活行为方式，需要建立按照生态文明和绿色发展运行的制度体系。

（三）人的主体性作用如何有效发挥

强调“两山”转化能力，最根本最关键在于发挥人的主体性作用。民众、市场和政府能够在重叠的挑战中做出“两山”转化的选择，至关重要，而我们“两山”转化的未来也寓于这些选择中。人的主体性作用体现在三个层面：个体层面赋权赋能，培育更多的创新主体；市场层面优化激励体系，培育更多生态产品开发经营主体；社会层面优化制度环境，培育普通民众广泛关注、参与、实施“两山”转化的社会氛围。

第六章

四川凉山州"两山"转化能力体系构建与问题诊断

本章既要完成四川凉山州“两山”转化能力的体系建构，为路径创新奠定基础；又要承上回应四川凉山州“两山”转化能力不足问题，进行多维度问题诊断；还要启下回答“如何提升能力”，为能力建设提供策略方向。

第一节　凉山“两山”转化能力体系

我们在对“两山”转化能力进行理论阐释的基础上，围绕四川凉山州的特殊性，突出“两山”转化能力的体系性、系统性与全局性，构建与四川凉山州发展相适配的“两山”转化能力体系框架。

一　四川凉山“两山”转化能力的构建思路

（一）目标的多维性与全局性

四川凉山州“两山”转化服从于可持续发展的三个支柱又具有自身特殊性。生态响应要突出保护优先，这是由凉山州脆弱的生态环境本底决定的，也是由“转化”的逻辑起点决定的；经济响应要突出内生增长，从长期“输血”式的资源输入走向“造血”式的内生能力激活；社会响应要突出社会可持续性和包容性，若“两山”转化方式本身缺乏包容性，则可能导致社会弱势群体边缘化、带来规模性返贫问题。这三个支柱构成凉山州“两山”转化的整体和全局，是“两山”转化的基本价值主张，也是“两山”转化的特点和立足点。

（二）主体的多元性与特殊性

四川凉山州“两山”转化参与主体包括传统意义上的政府、市场与社会，但在内容上呈现多元化特征，一是由于其长期形成的帮扶属性以及生态补偿属性，政府不仅仅包括地方政府，还包括中央政府与其他区域地方政府及其相关部门等；二是由于其大部分区域为乡村，承担从脱贫攻坚到乡村振兴的主体任务，农牧民的主体地位更加重要，再加上农牧民可行能力[①]的普遍薄弱，应得到高度重视。

表6－1　　　四川凉山州“两山”转化利益相关者

利益相关者	角色定位	利益诉求	能力关注焦点
政府	既是战略领导者，又是制度供给主体，还直接参与生态产品价值实现，并履行管理服务职能，也是受益者	生态环境利益 经济增长利益 社会文化利益	生态价值管理能力
市场主体	生态产品投资主体、生产主体、经营主体、服务主体，同时也是获利主体以及生态保护的责任主体	投资获利与可持续经营、绿色公众形象与社会声誉	生态价值转化与实现能力
农牧民	参与者、生产者、受益者、评判者、重点关注群体	分享参与利益 增加就业与收入 获得新技能 传统文化、景观得到尊重和保护	参与“两山”转化的机会与能力、主体意识与作用发挥、绿色生产生活能力
社会公众	参与者、推动者、受益者、评判者	美好生活需要 参与生态文明建设	社会能力

① 阿马蒂亚·森将“可行能力”界定为实现各种可能的功能性活动组合的实质自由，包括吃、穿、住、行、受教育、就业、社会参与等。参见阿马蒂亚·森《贫困与饥荒——论权利与剥夺》，王宇、王文玉译，商务印书馆2001年版；阿马蒂亚·森《以自由看待发展》，任赜、于真译，中国人民大学出版社2002年版。

（三）转化的多样性与广泛性

首先，四川凉山州“绿水青山”具有多种功能价值，因此转化的渠道、方式、形态具有多样性，承载转化的经济社会活动非常广泛，几乎可以渗透到发展的方方面面。其次，四川凉山州发展条件优越、产业体系完整，可以承载传统与现代各类绿色经济活动。这就决定了四川凉山州“两山”转化能力必然与各种各样的转化活动紧密联系，并在转化活动中体现。

（四）赋能的外生性与根植性

在迈向社会主义生态文明新时代过程中，四川凉山州有可能取得新的赋能资源，形成新优势。如普惠数字技术、互联网、新消费赋能，使得凉山州为外界提供绿色供给的新内容成为可能，这有可能改变凉山州社会分工地位。国家乡村振兴政策及生态文明制度赋能，有利于凉山州生计资产积累，奠定“两山”转化基础。生态资源与非遗文化资源的协同转化、生态产品认证、产区与地理标志、品牌赋能等，都将为凉山州带来全新活力和希望。其中，文化赋能是最重要的内源赋能，应得到充分重视。

二 四川凉山“两山”转化能力的基本框架

综合考虑四川凉山州特殊区情，我们特别增加“农牧民”这一主体，包括以本地居民为主体、从事小规模生产活动的农民、渔民、牧民、猎户、林农、果农等，以突出其主体地位。由此，“两山”转化的推进能力包括政府生态价值管理能力、市场生态价值转化能力、农牧民参与的可行能力与全社会推进的系统能力。“两山”转化的实施能力包括保护型、生产型、交易型、服务型、补偿型四类转化活动的实施能力。“两山”转化的驱动能力包括政策、文化、数字、创新、品牌、开放六类关键赋能要素的驱动与增能，参见图 6－1。

三 四川凉山“两山”转化能力体系构成

（一）“两山”转化能力体系构建的思路

本部分采用第二章提到的系统构建的第二种方法，即在系统分解基础上，基于对四川凉山州的资料分析、调研、访谈与思考，对这些要素进行修正，包括归并、删减、增加等，从而形成四川凉山州“两山”转化能

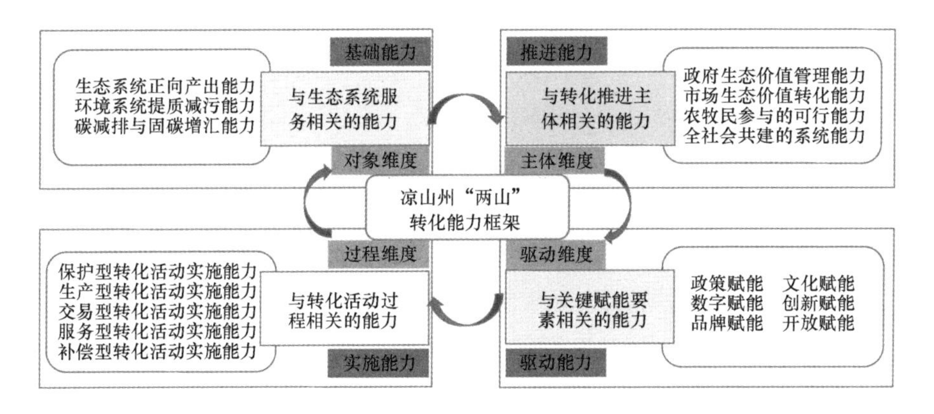

图6－1　四川凉山州“两山”转化能力的基本框架

力体系要素，其分析思路如下。

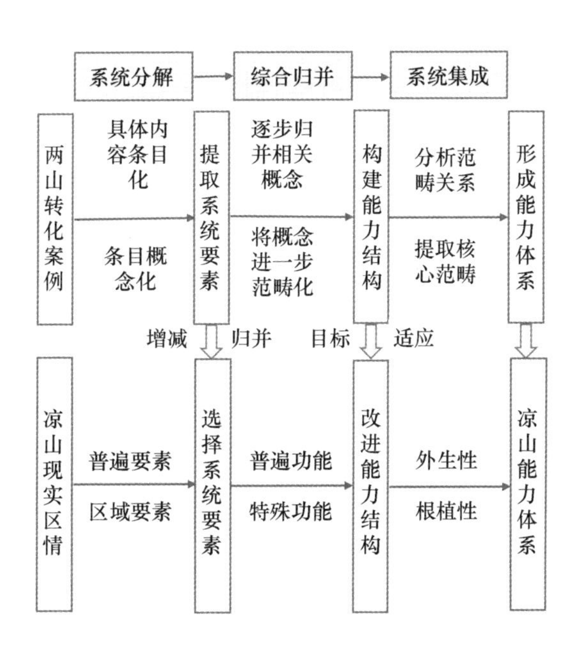

图6－2　四川凉山州“两山”转化能力体系构建思路

（二）“两山”转化能力体系构成的内容

结合四川凉山州具体区情，基础能力产生36个一级编码、10个二级编码和3个三级编码。推进能力产生51个一级编码、15个二级编码、4个三级编码。实施能力产生73个一级编码、20个二级编码、5个三级编码。驱动能力产生60个一级编码、20个二级编码、6个三级编码。本书将在第七、八、九、十章逐一进行分析阐述。

表6-2　　凉山"两山"转化能力要素分解与综合归并

	四级编码	三级编码	二级编码	一级编码	初始概念
E凉山州"两山"转化能力理论框架	D1与生态系统服务相关的基础能力	C1生态系统正向产出能力C2环境系统提质减污能力C3碳减排与固碳增汇能力	B1厚植自然生态的绿色本底B2提高生物多样性保护能力B3开展生态产品普查收储……	A1三类主体功能区A2国土空间格局优化A3国土空间用途管制A4自然保护地体系……	重点、限制、禁止开发区，三生空间，城市化、农业与生态空间……
	D2与转化推进主体相关的推进能力	C4政府生态价值管理能力C5市场生态价值转化能力C6全社会共建的系统能力	B11生态战略管理能力B12制度供给能力B13主导实现能力B14管理服务能力……	A37政府生态理性A38部门生态职能A39生态站位与领导力A40战略管理能力……	思想觉悟、政治站位、民生意识部门生态职责、生态领导者形象、对标先进、探路精神、区域定位、体系构建、主流化……
	D3与转化活动过程相关的实施能力	C7保护型转化活动实施能力C8生产型转化活动实施能力C9交易型转化活动实施能力C10服务型转化活动实施能力C11补偿型转化活动实施能力	B26生态修复中转化B27环境治理中转化B28绿色空间中转化B29惠益分享促转化……	A88依托生态工程发展特色产业A89生态修复类产品供给A90显化生态修复经济效益A91生态保护修复+模式A92基于自然解决方案……	退耕还林（草）、长护林、天保工程等，矿山、湿地、水、草原、森林、沙化地、荒漠化生态修复产品，产权捆绑、补充耕地与建设用地指标可交易……

续表

	四级编码	三级编码	二级编码	一级编码	初始概念
E 凉山州“两山”转化能力理论框架	D4 与关键赋能要素相关的驱动能力	C12 政策赋能 C13 文化赋能 C14 数字赋能 C15 创新赋能 C16 品牌赋能 C17 开放赋能	B46 针对区域的政策 B47 惠及区域的政策……B64 区域合作赋能 B65 生态共建共享	A161 上级区域政策 A162 同级区域帮扶……A217 生态共建 A218 环境共保 A219 一体化示范 A220 筑牢安全防线	……联合巡河、大气联防联控、跨界水体治理、一图治水、一体化标准体系、一体化平台、突发环境事件应急联动

第二节　凉山“两山”转化能力诊断

显然，四川凉山州转化不足根本上是能力不足，但我们仍然需要回答究竟是哪些能力存在不足，背后的深层困境是什么，不同层面的问题如何识别，人的主体作用如何发挥？基于系统分解—重构思想，本节探讨“两山”转化能力问题诊断方法在四川凉山州的应用。

一　四川凉山“四力”诊断及其问题表现

（一）基础能力存在的问题及表现

1. 生态本底与自转化能力家底不清晰，认识自然惠益的知识欠缺

凉山州虽然在全省 21 个市（州）中野生脊椎动物种类和野生维管束植物种类均排名第一，但至今并没有开展州级生物多样性的调查，生态本底和转化能力不清。我们在调研中发现，即便是本地政府干部，对于本地生物多样性并没有清晰的认识，对已经纳入中国重要农业文化遗产的四川美姑苦荞栽培系统，也鲜少人知。县域干部基本上都会自豪地说，饭桌上的食材均来自本地，但对本地物种却知之甚少，大部分农产品品种由外地引进培植。凉山州是全国最大的绿色食

品原料马铃薯标准生产基地，本地土豆很有特色，但大规模种植的土豆，仍然以外地土豆品种为主。如乌洋芋，彝语叫“牙优阿念念”，是在大凉山繁衍生息了数百年的古老品种，被称为高原花青素之王。但乌洋芋种植对气候、土壤、肥料等有着特殊的要求，产量极少，大多数布拖人也未必吃过正宗的布拖乌洋芋。

《关于获取遗传资源和公正和公平分享其利用所产生惠益的名古屋议定书》指出，“公众对生态系统和生物多样性的经济价值的认识，以及与生物多样性保管人公正和公平地分享该经济价值是保护生物多样性以及可持续利用其组成部分的主要激励因素[①]”。比如西昌好医生集团旗下单品年销售额超过10亿元的好医生康复新液，其主要成分便是美洲大蠊干燥虫提取物，而安宁河流域对其生长繁育非常有利。但对于大部分四川凉山州民众而言，对生态系统和生物多样性的经济价值认识很不充分，对本地物种仍然缺乏系统知识和系统保护。

2. 生态产品价值尚未纳入监测与核算，经济价值显现度非常不足

GEP 核算是衡量绿水青山生态价值的重要方法，我国已经有多地开展核算试点，如贵州、青海等省，以及浙江丽水市、江西抚州市、深圳盐田区、云南普洱市等地。但目前四川省尚未开展全省 GEP 核算，凉山州也未实施，自然负债表编制也未进行。有技术方法不成熟的原因，也有监测基础数据缺口以及统计口径的原因。因为没有统计和核算，围绕核算结果的转化就处于空白阶段。

3. 应对生态环境敏感脆弱性能力不足，生态系统退化趋势未得到遏制

生态环境保护意识薄弱。过去森林无序采伐、土地过度开垦，导致水土流失问题，水土流失让土壤养分衰减，进而导致沙化、盐碱化，土壤退化导致农业减产，产量下跌又导致农民因贫穷继续开垦，最终形成了“越垦越穷、越穷越垦”的恶性循环。后来，虽然从源头上采取了禁伐与耕地保护等措施，但生态系统退化趋势尚未从根本上得到遏制。

---

① 联合国环境规划署生物多样性公约秘书处：《生物多样性公约关于获取遗传资源和公正和公平分享其利用所产生惠益的名古屋议定书》，2012 年。

生态环境风险应对能力严重不足。以森林草原火灾为例。凉山是森林草原火灾的高发地，有12个Ⅰ级火险县[①]，2019和2020年连续两次发生重大森林火灾事件（均发生在3月30日），造成重大人员和财产损失。从特殊的地理气候条件来看，凉山系亚热带干热河谷地带，每年冬春季属于干季，天干物燥风大少雨；从森林资源来看，凉山森林覆盖率位于全国前列，且主要树种为含油量高、燃点低的云南松，森林防火形势严峻。大火不仅带来生命财产损失，而且摧毁物种的关键栖息地，在产生碳排放的同时，还削弱了湿地和草地碳封存作用。

触目惊心的森林火灾也暴露出凉山州管理与应急能力短板。一是群众火灾意识淡漠，如因村民吸烟引发冕宁县彝海镇森林火灾，酒后泄愤放火将芒果地点燃引发会理荒坡起火，小孩子用火烟熏洞内松鼠失火引发木里县“3·28”森林火灾。二是基础设施装备水平薄弱，缺乏智能巡护系统。救援装备、队伍编制、专业训练等方面都存在能力差距和保障不足。三是防火责任落实不到位、统筹调度不到位、工作举措不到位。四是防灭火联动机制不健全，“防、救”职责尚未厘清，部门之间联动不足，跨区域综合救援能力有待提升。

4. 解决资源环境的遗留问题道阻且长，协调发展与保护手段有限

资源开采带来严重的污染问题。过去在矿山开采中普遍存在采富矿不采贫矿、淘洗工艺落后、私挖滥采盛行等问题，导致资源浪费、环境污染严重，并诱发地质灾害。全州现有98座尾矿库，占全省尾矿库的51%。大量小水电违规建设，尤其是截取或改道上游河流，还造成洪涝、缺水等。

环保基础设施建设滞后。建设规划滞后、欠账多、运行水平低、监管不严。部分区域垃圾填埋场长期超负荷运行。仍有县域污水处理厂未投运、未正常运行，或超负荷运行，如越西县中所、普雄污水处理站，于2014年和2016年年底建成，但两个污水处理站未运行，设施被盗和老化严重。工业园区环保水平低，危险废物处置利用问题多发。

---

① 《我省重新确定县级行政单位森林火险区划等级》，2014年6月18日，http://www.sc.gov.cn/10462/10464/10465/10574/2014/6/18/10305068.shtml，2022年5月11日。12个Ⅰ级火险县分别为：西昌、德昌、会理、会东、冕宁、盐源、木里、美姑、雷波、甘洛、普格、布拖。

5. 自然与经济社会融合发展能力不足，协调发展与保护手段有限

生态修复领域。遗留废弃矿山大部分项目修复措施主要以植被恢复为主，修复后的土地再利用与经济效益产出的结合程度还不高，一方面矿业用地退出机制不完善，进一步再利用难度大；另一方面，矿山企业完成复垦后，尚未形成关于采矿用地土地用途转化的完善政策。

融合发展领域。生态与文化缺乏有效融合，生态文化尚处于原始朴素阶段，难以起到凝聚生态价值观的作用。生态与经济融合度低，生态经济形态、产业体系与发展模式极其有限。生态与政治融合尚处于起步阶段，生态政治执政理念与制度体系有待完善。生态与创新融合还未见显著成效，生态技术、绿色创新模式以及生态型创新人才，仍是制约“两山”转化的短板和瓶颈。

（二）推进能力存在的问题及表现

1. 政府生态价值管理经验欠缺，能力尚需全面提升

思想解放尚有不足。“两山”理念被写入了《攀西经济区十四五转型升级规划》《凉山彝族自治州国民经济和社会发展第十四个五年规划纲要》等，“两山”转化在政府层面得到了高度重视，但仍然存在不会转化、不敢转化、盲目转化等认识误区。面临发展与保护的矛盾，缺乏系统谋划和统筹推进。

制度创新能力不足。现有与“两山”转化相关的体制机制与制度改革基本是对中央和四川省要求的贯彻落实与细化执行，缺乏一些领先型、探索型与创新型的制度创新。当前生态产品价值实现机制不完善，制度不健全，相关领域的财税、投资、金融、土地、产业等配套政策多是方向性和笼统性规定，缺乏细化的政策路径设计。

环境监管能力不足。随着机构职能调整，生态环境局整合了地下水污染防治、应对气候变化、农业面源污染治理等职能，而现有生态环境保护队伍对新转隶职能履行能力不足。对于非法开采、弃渣乱堆乱放、危险废物非法收集贮存、破坏生态环境等问题，虽部分落实了责任追究，但以上问题仍时有发生。

干部生态激励不足。基层干部工作条件艰苦、待遇差、激励机制缺乏，工作动力不足、活力不够，严重制约着产业发展。引进人才困难，尤其是彝族聚居县更是难上加难。目前凉山州县级引进人才对标的是省级机

关工资待遇，但省级机关的工资待遇较低，对人才并没有吸引力。

2. 市场生态资源配置能力不足，价值创造尚待突破

市场主体“两山”转化意识不强。企业主体环境责任落实基本还是靠“管”和“罚”，市场信用等政策体系还不健全，没有很好调动企业的积极性和主动性。多数中小企业在市场竞争中只关注如何降低成本，缺乏减少污染和加强环境保护的意识，甚至对提高资源与能源效率或产品文化附加值等还没有较深的认识。由于生态产品生产的价值外溢性，在没有足够政策刺激与经济激励条件下，市场主体参与意愿不足。金融发展落后，机构存款外流比重较大，民间资金实力弱且投资意愿不强，对“两山”转化支撑不足。

市场主体生态产品运营能力欠缺。一是缺乏龙头企业、头部企业的带动。2019 年全州县市级以上农业产业化龙头企业虽然有 202 户，但规模以上农特产品加工企业仅有 28 户，农产品加工企业量少质弱，产业低端化、产品同质化等现象还不同程度存在。二是市场竞争力普遍较弱，生态产品供给与需求、资源与投资仍对接不畅，难以取得市场竞争力。三是局限于对农业资源、清洁能源与文化服务类生态产品进行开发，产业链和价值链仍有较大的延伸空间，数字经济等环境敏感型产业仍有较大发展空间。

3. 农牧民可行能力仍有待提升，内生能力尚需培育

农牧民主体意识薄弱多被动参与。社会发展滞后导致农牧民主体意识薄弱，习惯于政府引导和政策实施下的被决策、被组织。受制于低下的教育水平和管理知识，农牧民主体能力与主体地位要求不匹配制约了主体作用的发挥。另外，长期自上而下的脱贫攻坚与乡村振兴方式导致农牧民通常是被动裹挟其中。

农牧民参与市场机会与能力有限。大部分农村缺乏龙头企业带动，利益联结不够紧密，贫困群众增收难度大，资源利用率低、收益率低、抗风险能力弱。2019 年越西县普雄镇呷古村养鸡项目销售无路，导致亏损 20 万元；新乡乡地达村种植附子 33 亩，因公司未履行承诺，也未全部收购成品，造成亏损。“1 + X”生态产业、“借畜还畜”项目周期长、见效慢，无法快速带动群众增收。

村集体经济薄弱对外依赖性强。“有”的问题基本解决，但还处于成长阶段，“小、散、弱”问题较为突出，对抗市场风险挑战能力较弱，带

动盘活村级整体经济能力不强。集体经济项目大都靠入股的方式进行分红，形式单一，且缺乏致富带头人，高度依赖外部。产业发展普遍面临缺能人、缺项目、缺技术等问题，仅靠村民自身条件发展步履维艰。

规模化以及组织化程度不高。大多数彝户仍是一家一户分散经营的形式，农业科技应用难以实现，造成生产效率低、产品产量低、质量可控性差。我们在调研中发现，类似喜德县贺波乡绿壳鸡蛋由于规模小而遭遇检测困境的情况，非常普遍。农民专业合作社发展不够成熟，运营不够规范，入社农户偏少，农民组织化程度较低，还没有走上自我发展、自我壮大的良性轨道。

村民内生动力不足。部分村民安于现状、被动脱贫等思想严重，甚至有争贫、闹贫以及妒贫等行为，不愿意劳动致富。我们在调研中发现，扶贫鸡被宰杀或出现在邻村，很大程度上在于养殖户村民不愿意从事生产性劳动。亟须通过加强思想教育，营造自力更生的社会风尚。各级生态管护人员待遇还比较低，人员能力结构参差不齐，管理不规范，也亟须加强能力建设。

4. 社会公众参与支撑能力有限，社会能力有待提升

在四川凉山州脱贫攻坚中，已经形成了东西部协作、对口支援等各种社会支持，为社会公众参与凉山州“两山”转化奠定了基础，但社会公众参与“两山”转化的能力与渠道依然受限，尚未形成协同共建的合力。

“两山”转化的文化根植性不强。凉山民族传统文化底蕴深厚，但其生态内涵挖掘不足，关键是生态文化内容产品不足。特色生态文化，如四川美姑苦荞栽培系统，虽然入选中国重要农业文化遗产，但生态文化氛围不够浓厚，品牌知名度不足。立体、循环、林下养殖的绿色发展模式规模小、效益不显著。

“两山”转化社会动员与参与不足。生态文化基础设施建设不够完善。在生态环境教育基地上，目前仅邛海湿地公园被确定为全省生态文明教育基地，数量少且尚未形成体系。值得高兴的是，凉山州 2020 年正式启动生态文明实践教育示范区总体规划项目。西昌学院资源与环境学院编写的凉山州生态文明教育知识读本已经完成，包括小学版上册、小学版下册、初中版、高中版和社会版。

5. “两山”转化协同能力不足，多元共治有待强化

凉山州“两山”转化协同能力不足表现在以下几个层面：第一，政

府、企业、农牧民、社会公众协同不足。主要是以政府为主，尤其是州和县（市）政府，积极性较高，主要围绕生态文明体制改革展开。企业则是被动执行相关政策要求，主动性不足，甚至在部分领域还会出现一些抵触情绪和违背行为。农牧民和社会公众参与途径有限。对于“两山”转化这一具有显著外部性的复杂工程，尚未建立起主体之间激励相容的激励机制。第二，部门之间协同不足。农林、自然资源和生态环境部门是主体，其他部门没有明确的职责，合力不足，协同不够，这也反映出生态文明融入经济社会全过程进展缓慢。第三，产、学、研、用结合不足，创新尚未成为“两山”转化的显著动能。

（三）实施能力存在的问题及表现

1. 保护类活动成本偏高，主要依靠政府投资

生态保护修复任务重且受多重掣肘。生态空间面积大、范围广，保护任务重、要求高，尤其是受传统观念影响和制度尚不完善等原因，导致管控很难全面落实到位。淘汰关闭的煤矿众多，企业转型面和员工再就业问题突出，解决不好易引发社会问题。由于过去的粗放开采方式，导致需要进行生态修复的面积较大，资金筹措压力也较大。

生态修复产业化尚处于导入阶段。小规模和点状发展为主，个别领域实现商品化，如土地指标通过占补平衡指标交易，在废弃资源利用、生态服务、综合开发上涉及较少，尚不能以开发收益反哺生态建设，主要依靠政府资金投入。生态修复后环境改善所带来的溢出效应，并不能直接作为生态保护项目的收益分配给机构投资者，所以对投资者正向激励不足。

绿色空间价值还未得到高度重视。城市绿色空间不足，2019 年西昌市人均公园绿地面积只有 6.17 平方米，低于全省人均公园绿地面积的 14.03 平方米[①]，相对于联合国提出的 60 平方米的最佳人居环境标准，无论是绿化的数量还是质量，均与世界一流水平存在较大差距。乡村与郊野绿色空间大多处于原生态状态，其经济价值尚未显现。

2. 生产类活动形态单一，且位于价值链底端

三次产业基础能力薄弱。农业自然经济成分较重，受自然环境影响较

① 《2019 年中国四川省各城市人均公园绿地面积数据统计表》，2021 年 4 月 19 日，http：//data. chinabaogao. com/gonggongfuwu/2021/041953WK2021. html，2022 年 5 月 11 日。

大，总体上还处于小农生产状态，规模化、集约化、现代化水平不高，特色农产品品牌较少，产量低，附加值更低，如凉山土豆亩产平均2000斤左右，而山东一些地区可以达到亩产7000斤。农产品加工率和增值率较低，产业链条短，产前、产中、产后延展不足，如核桃种植面积超千万亩，但加工企业只有2—3家，且以初加工为主。工业领域传统资源型产业比重过高，处于产业链和价值链底端，企业和产品竞争力不强。三次产业之间的融合度还不够，产业链较短。

优质自然资源开发不足。产业化和现代化水平不足，以农户、小规模集体经济、小公司为主，经营分散，集约化程度低。一项对越西县169个村中的113个产业项目的调查显示，原始状态销售的占80.53%，简易包装后销售的占15.05%，简单加工并包装出售的占4.42%；从销售目标市场来看，主要以县内为主，占51.6%，少数乡镇借助能人带动、网络渠道或帮扶资源，实现了向州内、省内及省外的销售，分别占16.4%、21.6%、10.4%。[①] 规模与特色难以兼顾，特色产业形不成规模，规模产业又缺乏特色。

要素投入不足。县级政府财力薄弱，扶持产业项目的发展资金有限。凉山州大多地处高原山区，条件差、待遇低，人才留不住也引不进。产前市场信息不及时，产中缺乏技术，产后市场难对接，服务体系不健全，农民发展特色产业的积极性不足。如2019年越西县拉吉乡红旗村因欠缺种植技术和管理经验，导致花椒种植亏损2万元；申普乡瓦依村绵羊养殖因防疫问题而死亡率高，造成亏损16万元。

新经济思维较欠缺，跨界融合难以实现。新能源产业以资源输出为主，新能源带动产业发展不足。新能源与农林牧互补发展不足，与文旅融合发展不足，光电装备制造尚无布局，智能运维服务不足，三产融合发展还不够。对四川省产业地标项目涉及的动力电池、晶硅光伏等，尚缺乏统一谋划。

3. 交易类活动制度欠缺，制度完善任重道远

四川凉山州虽然生态产品丰富多样，但市场交易严重不足。生态资源存在空间分布的碎片化和权益归属的碎片化，建立健全完善的自然资源资

① 肖正权：《越西县脱贫攻坚产业发展现状调查》，2019年10月。

产产权制度依然任重而道远。交易型转化尚未起步，一方面缺乏相应的制度依据，另一方面也缺乏相应的市场体系。虽然有零星的碳汇项目（如诺华川西南林业碳汇、社区和生物多样性项目），也进行了绿色电力认证，但交易量极其有限。整体处于待开发阶段，面临重重困境。

4. 服务类活动活力不足，缺乏相应市场主体

凉山州现代服务业本身较为薄弱，层次不高。2020 年第三产业增加值占 GDP 比重的 44.2%，这一比例与全国、全省平均水平相比都尚存较大差距。从行业分布来看，服务业增加值主要集中在商贸、金融、房地产、旅游等传统服务行业，现代物流、科技服务等新兴服务业发展缓慢，生产性服务业比重偏低。也正是由于工业化进程不充分，集聚能力与创新不足，严重制约着凉山服务业的做大做强，市场化、产业化程度较低，创新意识不强，竞争力不足。

与“两山”转化相关的服务类活动尚未起步。作为“两山”转化的服务类活动本就属于新兴服务业范畴，包括绿色金融、现代物流、科技服务、生态运维、交易服务、文化教育、生态餐饮等，而且呈现出较强的产业融合特征。凉山州在生态餐饮服务、自然研学教育、农旅文旅融合等方面具有突出优势，目前类似阿斯牛牛这样有市场竞争力的市场主体还比较少。

5. 补偿类活动创新不足，综合性市场化不够

补偿标准偏低。2021 年凉山州森林生态效益补偿金为 15.75 元/亩/年，天然商品林停伐管护补助为 15.164 元/亩/年。而广东省 2020 年生态公益林平均补偿标准就已经高达 40 元/亩/年。

补偿方式单一。相对于生态保护修复的巨额成本，现有生态补偿在规模和方式上都存在较大差距。三峡集团在金沙江建设总装机 4006 万千瓦的巨型水电站，凉山就承担了 8.7 万移民发展、还地 34.7 万亩、河岸生态修复治理等巨额成本。当前生态补偿方式属于被动式补贴，农牧民主动保护积极性不强。补偿资金以中央和省级财政资金为主，企事业单位投入、生态银行（保险）、社会捐赠等其他渠道仍需拓展。生态产品供给区与受益区的空间错配，也要求受益地区共担保护成本，但由于缺乏有效的利益分配与风险共担机制，跨区域、跨流域的市场化生态补偿机制尚未建立。损害生态环境赔偿制度力度不够，损害鉴定评估方法和实施机制尚不

完善。

（四）驱动能力存在的问题及表现

1. 政策利用效率不足，主动开拓创新不足

我们在基层调研中发现，凉山州工作重点一直围绕脱贫攻坚与巩固脱贫攻坚成果、衔接乡村振兴，对国家扶贫与农村政策熟悉度很高，但对生态文明体制改革关注度不足，仍是一种自上而下任务分派式的落实路径，缺乏主动性、创造性。在绿色发展中，对国家、省级层面政策资源利用不足，尤其是对非资金类政策缺乏创新性利用。

2. 文化缺乏内容挖掘，尚不具备赋能能力

“两山”转化的文化根植性不强。凉山州民族传统文化底蕴深厚，对民族生态文化的挖掘和弘扬仍需进一步加强。生态文化内容产品不足，尚未形成一套完整的理论体系，缺少富有代表性的、叫得响的区域品牌。文化资源和空间载体的产业化开发程度严重不足，四川美姑苦荞栽培系统，虽入选中国重要农业文化遗产，但相应的产业开发尚未起步。文化投入主要集中于文化基础设施建设方面，文化资源向文化资本转化的能力不强，从而导致带动区域经济发展的作用较小。

3. 数字鸿沟普遍存在，尚难汲取数字红利

基础设施建设上存在数字鸿沟。随着信息通信建设扶贫专项工作的不断深入，全州农村通信网络覆盖率得到极大提升，但信息通信基础设施建设滞后的状况并没有得到根本改变。一是部分基站电力保障存在困难，特别是木里、盐源面积大，地广人稀，边远贫困村的通信基站用电只能用光伏发电解决，稳定性差。二是运行维护成本高。凉山州地貌形态复杂多样，自然地理条件恶劣，建设过程中最远的行政村离县 200 千米以上，有 50% 的行政村距离县城在 50 千米至 100 千米之间，通信基础设施建设成本高，损毁风险大。同时大部分农村地区地广人稀，宽带设施维护点多面广，维护成本较高。对于凉山州群众而言，获得负担得起的数字和数据基础设施的机会有限。

数字技能使用上存在数字鸿沟。数字技能应用鸿沟，将有技能从技术使用中获益的人与无此技能的人区分开来，也将基本技术能力人群与高级技术能力人群分开。凉山州劳动力有效使用数字技术的能力极低，妇女比男子更有可能缺乏数字技能。进入劳动力市场的年轻人的知识、技能和能

力与雇主所寻求的知识、技能和能力之间存在差距。对于凉山州群众而言，存在缺乏金融和数字素养、难以亲自前往金融现金存取点以及缺乏开户所需的身份证件等问题，甚至是缺乏基本的识字数能力与普通话交流能力。农牧民不能参与当地的电子商务，主要原因是未能使用信用卡或其他在线付款系统，或没有移动支付设备，或有但不会使用。

综上，四川凉山州面临的数字鸿沟，大致可以归为以下几个关键要素，即获取和负担能力不足，缺乏技术和数字技能，缺乏相关内容或当地语言兼容性，以及风险安全问题。若不解决数字排斥、数字贫困等系统性问题，可能会使凉山州沦为数字价值链中的边缘角色，痛失数字时代的机遇和福祉，进而进一步强化其脆弱性。

4. 创新要素集聚不足，创新生态有待孕育

凉山州基础产业薄弱，科技创新、创新能力都很难以自然的方式充分发育，以往的产业发展多依赖资源禀赋，以要素驱动、投资驱动为主。如果以一棵树来比喻一个区域创新能力的话，从叶上看科技创新不足，从枝上看高新技术企业等创新主体少，从干上看技术密集的新兴产业还不够强大，从根上看是科教智力资源薄弱、创新生态没有生成。人才引进难、稳定难、留住难问题突出，特色产业、项目管理、公共服务等领域专业技术人才与经营管理人才严重缺乏。村干部面临后备不足的局面。优秀人才不愿回乡、不能回乡，使得乡村发展缺少活力和后劲。创新文化和创新生态是创新发展的沃土，而四川凉山州面向“两山”转化的创新文化与创新生态在一定程度上还是一片待开发地。四川凉山州长期远离现代文化和现代科技，以科技创新为内核的现代文化体系与传统以生存创新为基础的文化体系呈现断层，创新文化的价值导向、创新精神的价值引领还需进一步强化，创新意识和氛围还需要进一步引导，创新文化在社会文化中的引领性尚未凸显。创新主体，尤其是新型创新主体还不够活跃，创新资源配置尚待优化，激励创新的体制机制还不完善。

5. 产业标准化程度低，品牌溢价存在困难

凉山州拥有丰富的生态产品品种和品类，是实现品牌赋能的重要战略资源和载体。但止步于原料、基地，没有实现从资源优势到价值优势，从产业优势到市场优势，从产品优势到品牌优势的转化。一方面，生态产品生产规模小、标准化程度低，难以获取质量认证。如我们在凉山州村庄调

研中发现，由合作社组织农户生产的绿壳鸡蛋，由于规模小，没有机构愿意出具质量认证。另一方面，区域公用品牌少，企业品牌少，龙头企业薄弱，市场经营主体缺位，品牌运营不足，溢价有限。

6. 开放合作水平较低，尚难融入更大循环

交通基础设施仅能满足出行需求，尚不具备支撑开放发展的能力。铁路、高速公路等对外大通道能力不足、内部交通网络不完善。如越西县90%以上的土地属于山地，沟壑纵横、山高坡陡，公路等级低、密度低、路网干线结构不合理，G245、小相岭隧道等重大交通项目尚未完工，无高速公路过境，交通瓶颈严重制约着产业发展。与外部资源的互嵌式合作不足，区域合作潜能尚未得到有效释放。

二 四川凉山“四因”诊断及其深层困境

“四力”诊断方法侧重于从要素层面进行诊断，影响因素诊断方法侧重于从形成这些问题的影响因素层面进行诊断，可以更深层地揭示问题成因，二者相互补充。这里以推进能力为例进行影响因素诊断。

（一）制度环境层面的深层困境

1. 非国家战略核心区位

无论是19个国家级城市群，还是6个国家层面的区域战略，都不包括四川凉山州。凉山州紧邻成渝地区双城经济圈，成德绵乐雅广攀经济带和攀宜泸沿江经济带从凉山州内穿过，但不属于成渝地区双城经济圈规划范围。凉山州东南区域虽然紧邻长江经济带，但并不在增长极之中。在多项国家级重大区域发展战略中，四川凉山州均处于辐射范围而非核心区位。

2. 资源失配等政策困境

中央、省、州都给凉山州各县下达了扶贫资金，但统筹匹配力度弱，使用效益不高。如盐源县2019年脱贫攻坚财政资金支出进度预计为40%，列全州倒数第一位，9个部门滞留资金超过亿元。而喜德县又反映，资金总量短缺，仅义务教育均衡发展工作上的缺口资金就达7.49亿元。[①]

---

① 数据来源：《四川省扶贫开发局对省政协十二届三次会议第0069号提案答复的函》，2021年1月15日，http：//www.lsz.gov.cn/xxgk/tayabl/202101/t20210115_1804874.html，2022年5月11日。

在清洁能源消纳方面，一方面，丰水期弃水弃电情况仍然较为普遍；另一方面，受制于新能源稳定性不高、输配电网络建设不到位等，上网难依然存在。在地方留存电量上，一方面，企业反映留存电量不足，价格优惠不明显，使用受区域限制；另一方面，缺乏可承载这些电量的达标企业，又出现留存电量消化不了的情况。

3. 少数民族文化边缘性

包括彝族在内的中国少数民族文化多样性，是中华优秀文化的重要组成部分。但随着现代化的冲击，地处落后、边远地区的少数民族文化也面临着被边缘化的困境。如对彝族民族文化中包含的生物多样性、防灾减灾等价值缺乏系统研究和足够重视，更多表现为主流话语体系下对民族传统陋习（如薄养厚葬、高价彩礼）的改造和重塑。

彝族人民在数千年的发展中既传承下来很多优秀文化瑰宝，也因为边远、落后而尚存一些陈规陋习和不良风气。比如红白喜事乱请客赶礼、婚姻高价彩礼、红白喜事招待客人大操大办的消费习惯、农村喝酒赌博现象等，尤其是奔丧撒钱撒物十分不可取。村民个人卫生意识差，户容户貌、村容村貌"脏、乱、差"等问题依然存在。部分彝族人民发展内生动力不足、精神面貌较差，在调研路上经常可以看到部分村民聚在一起坐在门口或者路边喝着酒晒太阳。部分彝族人民还受毒品、艾滋病问题的叠加困扰，精气神差。

山高坡陡、交通不便、信息不畅、基础设施等硬件条件欠缺，教育文化发展水平低，群众文化素质有待提高，靠内生动力拉动经济发展的基础较差，自我造血能力薄弱，经济综合实力与民生社会事业等也落后于国内省内大部分地区。

（二）激励体系层面的深层困境

传统增长主导与绿色激励不足。由于四川凉山州所处的发展阶段，尚未对传统增长方式的主导力量产生颠覆性影响，生态产品外部性也就得不到有效解决。

民族文化独特性与市场化不足。在四川凉山州传统文化习俗中，是以礼俗为指导的，缺乏商品化意识，导致生态产品价值实现的市场化发育滞后。

扶贫资源物质化与能力提升滞后。无论是脱贫阶段还是衔接乡村振兴阶段，都存在对凉山州重视物质化帮扶，却缺乏能力提升项目支持，尚未形成对能力提升的激励机制等情况。

自我发展不足与合作机制缺失。在凉山州自我发展不足的前提下，如果没有利益链接更为密切的合作社、集体经济等合作模式，或与市场主体合作的利益保障，很难产生对生态产品生产的积极性。

（三）资源保障层面的深层困境

重叠集中的匮乏性。人力资本、自然资本、物质资本和社会资本不足，生计脆弱，收入低，健康状况不佳，教育水平低下等往往重叠交错，且物质贫困与能力贫困、精神贫困相互交织。这些匮乏不仅重叠交错，而且相互依存、彼此加强，通常还会代代相传。同时，地方财力十分薄弱，全州 2/3 以上的财政支出靠中央、省转移支付。部分县地方政府债务负担较重，县本级财政可支配财力不足，还款压力较大。“十四五”时期，喜德县将偿还 50232.07 万元、盐源县将偿还 98406.3 万元债务，偿债资金未纳入政府预算管理，偿还债务压力较大。[①]

生态环境本底脆弱性。水土流失面积占辖区面积的 26.5%，又是气象灾害与地质灾害高发区，灾害叠加发生还会引发次生灾害。社会灾害防御能力较弱，自然灾害也成为致贫与返贫的主要原因。以普格县为例，横断山脉环境资源制约突出，存在多重环境资源制约条件，生态环境脆弱、生态承载力不高、地质灾害频发、水资源缺乏，水土流失严重，山地坡度多为 20°—30°，耕地总面积近 50 万亩，坡耕占近 80%。这些生态环境问题由来已久，如西汉时期凉山地区森林覆盖率为 80% 左右，到清中期只有 50%。清代中期以后，水土流失、自然灾害频发和野生动物资源稀缺现象已很是普遍。

基础设施、公共服务落后。除了交通基础设施，农田水利、文化体育设施、医疗卫生体系等基础设施配套建设及人居环境改善等方面凉山州还存在明显短板。水库蓄水能力占水资源总量的比例为 5.9%，只有全国平均水平的 1/6；已建成 6 座大中型水库的蓄水能力占水资源总量的比例仅为 1.3%；大小凉山骨干水利工程少，水资源开发利用率低。[②] 受历史、

---

① 高为民：《凉山彝族自治州人民政府关于 2020 年度州本级预算执行和其他财政收支的审计工作报告——在州十一届人大常委会第三十六次会议上的讲话》，2021 年 10 月 28 日。

② 《凉山州人民政府办公室关于印发凉山州水利发展建设规划（2020—2030 年）的通知》，2020 年 9 月 18 日。

自然、社会发展等因素的限制，凉山州教育、医疗、文体等公共服务有效供给不足，环境治理、食品药品监管、社会保障、居住就业、社会治理能力与满足人民美好生活需要之间还有较大差距。教育资源均衡性不足，县城及乡镇中心校大班额问题严重。特殊教育有待进一步加强，全州无一所特殊教育职业高中。“一村一幼”困难较多，如幼儿中午没有午休室，有的在园期间吃不上热饭。① 目前全州没有一所妇女儿童医院，妇女儿童健康不能得到有效保障。凉山州第一人民医院等三级综合医院，病床使用率长期保持在110%以上。2020年，喜德县易地搬迁户有135名适龄幼儿未能入园；盐源县易地搬迁户有113名适龄幼儿未入园、5名学龄儿童未入学。

（四）意识能力层面的深层困境

“两山”观念意识薄弱。作为“两山”转化基础的发展意识较为薄弱。彝族先民长期在大小凉山高二半山区、高寒山区迁徙繁衍，地理封闭导致其财富意识、市场意识、文明意识较为缺乏，社会发育滞后、特殊社会问题交织。对身边司空见惯的绿水青山缺乏价值创造意识，对“绿水青山”需求把握不深刻，对“两山”转化存在畏难情绪，对党中央、国务院生态产品价值实现决策部署理解不够深透，措施不力。

发展遭遇“动力陷阱”。受自然、历史等因素的制约，四川凉山州社会文明程度较低，部分群众内生动力不足，精神面貌不佳，开拓进取精神缺乏。基础教育资源匮乏是凉山州应用数字技术、参与数字经济的严重障碍之一，数字鸿沟根本上是受教育程度低。昭觉县人均受教育年限为4.1年，比全州、全省、全国都低，教育发展水平不充分，导致了阅读、写作、语言、分析思维等方面的技能水平低，也导致了在凉山州即使接入互联网但不使用的民众广泛存在，而受教育程度较低和数字性文盲的女性群体占比更大。

三 四川凉山“四圈”诊断及其根源问题

（一）景观层面的突出问题

在景观层面，四川凉山州自然资源富集，生态产业化潜力巨大。但低

① 《四川省扶贫开发局对省政协十二届三次会议第0069号提案答复的函》，2021年1月15日。

端开发与开发不足并存，面临“资源诅咒”与“低水平均衡”现象。大部分生态资源处于待开发甚至待认识阶段，谱系与价值不清，高品质转化不足。交通与设施可达性有待强化，人力资源瓶颈制约有待突破。这些既是当前暴露出来的突出问题，也是亟待解决的问题。

（二）行为层面的不当问题

行为层面，四川凉山州产业发展体系初步构建，但总量规模偏小、布局较散、竞争力弱；产业结构包括产品结构固化，生产、销售、流通等环节运行效率偏低；发展思路与方式存在路径依赖，商业模式创新不足。科技、金融、人力资本等优质要素匮乏，资源要素配置与集聚能力较弱，城乡要素流动有待进一步强化。品牌化滞后与利用不足并存，产业融合化层次较低，乡村百业活力有待彰显。围绕生物多样性保护衍生的相关产业尚属空白，有待加快培育。

（三）制度层面的缺失问题

制度层面，四川凉山州生态产业发展缺乏统一规划，国土空间管制有待进一步强化，事关“两山”转化的制度供给不足，在清洁能源、保护区、补偿等方面，尚存在一些待突破的政策难点。生态产品价值实现机制创新亟须加快推进。

（四）价值层面的根源问题

景观、行为、制度层面的问题呈现在一定程度上都是价值观层面的反映。具体到四川凉山州，其文化传统的孕育生成是在一个相对封闭的环境下进行的，大部分的行为都可以在价值观层面找到原因。如远古彝族社会商贾地位较低，赢利思维被认为是不道德的行为，商业文化和市场经济没有得到充分孕育，这也是彝族聚居区一直没有形成明显的经济中心的原因。当前，四川凉山州“两山”观念还较为淡薄，思想的固化导致生产生活方式因循守旧、墨守成规，生态产业难以标准化、规模化、商品化。全社会尚未形成绿色价值认同，生态文明理念尚需牢固树立，生态文化隐藏于民族文化之中而尚未显化。

四 四川凉山“三层”诊断及其人本问题

（一）个体层面能力不足在于人力资本匮乏

从前文所述的凉山州受教育年限，以及广泛存在的普通话障碍、识字障碍与数字技能障碍，就可以看出个体层面的人力资本匮乏。这种匮乏还与能力不足、志气不强等相互交织，缺乏有效的投资与积累方式、方法。

（二）组织层面能力不足在于结构资本匮乏

在组织价值、体系、流程、结构、要素层面，尚未形成促进绿色转型的内驱力，组织的绿色学习不足，带来绿色的组织结构资本不足，难以从内生发市场主体生态产品生产与运营能力。

（三）社会层面能力不足在于社会资本匮乏

社会资本与社会能力的匮乏在四川凉山州由来已久，绿色创新文化的缺失虽不是“两山”转化中才有的问题，但深刻影响了全域“两山”转化能力。

五　四川凉山“两山”转化能力诊断结论

能力要素层面。四川凉山州“两山”转化能力在基础能力、推进能力、实施能力和驱动能力上，存在普遍的知识手段、制度配套、市场激励、产业协同、创新资源、内生动力等要素匮乏的情况，导致自转化能力家底尚待理清、他转化能力整体滞后欠缺、互转化能力有待平衡提升、协同转化能力尚在探索中等问题。

影响因素层面。四川凉山州“两山”转化能力面临的深层困境包括制度环境层面的非国家战略核心地位、资源失配等政策困境、少数民族文化边缘性；激励体系层面的主体缺失、合作机制缺失、绿色激励不足；要素层面的匮乏性叠加、资源环境约束以及设施保障不足等；意识能力层面的因循守旧、基本可行能力缺乏等。

根源层面。四川凉山州“两山”转化能力不足的根源在价值观层面，缺乏具有根植性的绿色生态文化孕育与生成。激发凉山州“两山”转化潜能，必须从价值观和内聚力层面深化能力建设。

人本层面。四川凉山州人力资本、组织结构资本、社会资本匮乏导致整个社会层面的能力缺失，亟待加强人力资本投资与开发。

第三节　凉山“两山”转化能力策略

我们在本节重点探讨四川凉山州“两山”转化能力提升的总体策略

方法，包括战略层面的宏观策略，以及具体实施中的特殊策略，是对第四章“两山”转化能力提升策略的具体应用。

一 提升“两山”转化能力宏观策略

（一）SWOT组合策略

四川凉山州具有资源富集的条件优势、脱贫攻坚的前期积累、治理体系的制度优势以及共同富裕的内在动力，也有生态脆弱、产业贫弱、基础薄弱、社会积弱、技术手段和制度匮乏、自我发展能力不足等劣势，面临全球绿色发展的时代机遇、国家多种扶持叠加的政策机遇、实现绿色崛起的发展机遇，同时又面临特定发展阶段环发矛盾、资源诅咒、技术锁定与数字鸿沟等挑战。

表6－3 四川凉山州“两山”转化能力提升SWOT分析与策略

优势劣势 / 策略选择 / 机会威胁	优势S 1. 资源富集的条件优势 2. 脱贫攻坚的前期积累 3. 治理体系的制度优势 4. 共同富裕的内在动力	劣势W 1. 生态脆弱产业贫弱 2. 基础薄弱社会积弱 3. 技术手段制度匮乏 4. 自我发展能力不足
机会O 1. 时代赋能 2. 国家赋能 3. 发展赋能 4. 合作赋能	SO战略——扩大优势影响，充分利用机会的增长型战略 1. 放大生态资源环境红利 2. 发展新型经济活动 3. 赋予凉山州集成创新与示范功能 4. 外部赋能与内生动力相结合	WO战略——变弱势为机会的扭转型战略 1. 厚植生态本底变边缘为核心 2. 转变发展方式变冲突为和谐 3. 创新驱动发展变匮乏为富足 4. 集聚赋能资源能力变弱为强
威胁T 1. 发展阶段环发冲突 2. 转化普遍困境风险 3. 碳达峰碳中和挑战 4. 数字鸿沟可能扩大	ST战略——利用优势、减弱威胁的多元化战略 1. 政策叠加多重赋能 2. 科学规划统筹推进 3. 重点突破借道超车 4. 加大数字经济投入	WT战略——以弱胜强的防御型战略 1. 增绿减污降碳 2. 盘活各类资源 3. 集成先进经验 4. 提升社会能力

（二）功能提升策略

1. 赋予四川凉山州“两山”转化新功能。凉山在全国、全省发展格局中，一直被定位为资源基地，长期融不进核心功能。在新发展格局中，“两山”转化，是凉山高位切入国家、四川省核心功能的重要方向。首先，引领中国清洁能源等生态产品新产业发展，以此吸引全球生态价值转化相关的高端资源与创新要素聚集，在融入“双循环”中提升四川省开放功能。其次，以生态产品交易逐步拓展、更新生态补偿的内涵，以生态产业发展走向富裕并为全国共同富裕做出生态贡献，使凉山由“脱贫攻坚的控制性因素”转变为“共同富裕的贡献性因素”，从地理劣势迈入承担核心功能的先行优势，实现换道超车。赋予凉山“两山”转化示范区的功能，既是民族地区对我国建设生态产品价值实现机制的率先示范，也是对全球可持续发展与2020年后生物多样性保护新愿景的积极探索。

2. 支持相关政策在四川凉山州集成示范。着力在民族地区推广“两山”转化的政策经验与成功模式，继续发挥国家部委、四川省以及援建省（市）对凉山政策支持、技术指导与资源调配的有效机制，将国家部委、浙江省等关于“两山”转化的实践成果与政策经验在凉山集成示范，如林业部门提出的林草碳汇、自然资源部提出的社会资本引入生态修复等，并在凉山进行经验整合，形成多部门会同作战、优势互补、联合攻关、协同推进的工作格局。根据凉山发展的实际情况，适当降低凉山申报国家生态文明示范区或“绿水青山就是金山银山”实践创新基地标准，增设“三区三州”试点名额，支持安宁河谷地区的市县率先开展试点示范。这些市县也应加强与国家级试点市县的合作联系，充分吸收其先进经验，借鉴对口支援模式，合作试验并推广试点市县的成功模式。

3. 面向国内外开放“两山”转化场景。充分利用凉山脱贫攻坚阶段形成的有效机制、制度基础和国内外联系，从“两山”转化出发赋予新的开放与合作内容。建立凉山与国内外“两山”智库的合作机制，将凉山建设成为“两山”学术成果转化的大型应用场景与试验田，将适合凉山的研究成果运用到实践中，吸引国内外机构和社会组织参与凉山“两山”转化，探索政府、企业、社会组织与居民在生态文明建设与“两山”转化上深度合作的新模式。

（三）融合提升策略

1. 将“两山”转化能力提升作为凉山州巩固拓展脱贫攻坚成果同乡村振兴有效衔接的着力点，有利于在乡村振兴与绿色发展的具体任务上同“两山”转化能力建设相结合，促进融合创新、协同创新，强化内生动力。

2. 促进创新驱动发展与“两山”转化能力融合共建。紧紧抓住新一轮科技革命和产业变革机遇，以清洁能源、钒钛稀土新材料、生态农旅等优质产业匹配凉山州世界级资源。赋能不局限本地转化、短期效应与直接经济效益，探索跨区跨期多元转化能力。

二 针对不同类型区域的差异化策略

凉山州彝族高度聚居区与其他区域在能力上存在较大差异，应有针对性地、差异化、精准施策。

（一）安宁河谷地区

1. 城市化地区。坚持以产定城、以人定城、以水定城，培育壮大以西昌为核心的安宁河谷现代生态田园城市群。加强城市公园和绿地等绿色空间建设，挖掘民族文化内涵，彰显人文品位和环境品质，打造一批独具魅力的美丽县城。形成一批民族风情小镇、历史文化名镇、特色产业强镇。

2. 特色农业区。对标“中国农业硅谷”，以高端育种为核心，坚持科学、技术、生产“三位一体”深度融合，在维护国家种业安全中展现凉山担当。创建一批国家级或省级现代农业产业园，建成一批百亿级绿色农业产业集群，打造千亿级绿色农业产业。

（二）乡村振兴重点帮扶县

1. 点上突破。以特色化乡村为抓手，探索彝家新寨与景区相结合的“彝家乐”模式、乡村旅游模式、一个产品带动一村产业致富模式、生态地标模式、电商模式等。

2. 面上开花。整体上要坚持先易后难的多元化探索，支持农牧民兼业化多种经营、多元化生态就业，发展专业化、社会化农业服务，增大其参与市场的机会并增强其参与市场的能力。

3. 久久为功。社会能力是可持续的“两山”转化的基础与底座，没有充分的发育就没有充分的发展，这是一个长期化的过程。唯有持之以恒、久久为功，从"学前学会普通话""凳子工程""移风易俗"等小处着眼，培育有利于"两山"转化的良好社会风尚，奠定社会能力基础。

（三）生态功能区：以冶勒乡为例

1. 冶勒乡基本情况。冶勒在彝语中叫"约尔勒哈"，意指绵羊丰产的地方，是彝民迁徙发祥源头之地。冶勒乡辖区面积为367.1平方千米，现有人口1286人，为彝族聚居乡。境内有省级冶勒自然保护区、冶勒水库，自然生态环境优良，是电影《我的圣途》的拍摄地，也是全球首只放归野外大熊猫"张想"的现身地。

2. 探索"两山"转化模式。打造以"冶勒绵羊""冶勒牦牛"为代表的生态畜牧业及"川贝母""冶勒白菜"为代表的生态种植业。谋划低空飞行、自驾营地、星空帐篷、徒步圣山等新业态，主打"朝圣之路""土司一天""冶勒牧羊"等王牌产品。建设"牧羊主题文化小镇"，打造彝族文化特色影视拍摄体验基地，这两项在国内都具有唯一性。

3. 传承优秀生态文化。依托冶勒彝人与绵羊之间的文化连接（如冶勒彝人把绵羊当成家人，不用刀宰杀绵羊，以养绵羊为生计，以及生活中衍生的与绵羊有关的美食文化、交往礼仪、祭祀敬神、篝火狂欢晚会等），倡导人与自然和谐相处的生态文化。由大熊猫"张想"事件，设计熊猫发现之旅，加强"四川省冕宁冶勒大熊猫自然保护区"建设。

三 针对不同发展阶段的渐进式策略

根据不同发展阶段"两山"转化能力建设的重点差异，优化相关资源配置，统筹长期与近期能力建设。

良好的制度环境可以在近期取得一定成效。这得益于我国快速推进生态文明及其相关的制度建设，尤其是生态产品价值实现机制，相关政策的密集出台，一些体制机制障碍有望破冰。当然，这也取决于四川凉山州在政府层面推进"两山"转化的领导力、决策力与执行力。

全社会绿色理念和价值观的形成具有长期性。需要长期的教育、培训和引导，可能需要在整个教育体系中予以贯彻落实。个体意识和能力的提升也需要在不断培训和学习中完成。

在转化中提升、在提升中转化将成为常态。在"两山"转化中，机遇千载难逢，失之不复。在这样的机会窗口，四川凉山州并没有太多等待、观望、学习的时间，只有在创新探索中提升能力，在提升能力中推进“两山”转化。

本书更多建立在长期能力发展框架下，回答四川凉山州“两山”转化能力的应然基础，谋划全方位的提升路径。而在具体实施中，处在不同发展阶段的地区在路线图和时间表上是具有显著差异的。

四 针对凉山特殊困境的非常规策略

（一）积极福利引导农牧民主体回归

针对部分群众“等、靠、要”思想较重、主动提升自身能力动力不足、被动脱贫奔康等深度困境，要改变以往扶贫“送钱送物”等消极福利方式，以倡导积极福利的方式引导农牧民主体回归。在凉山州“两山”转化中，采取诸如“生态积分”、生态岗位、生态环境保护者受益、绿色普惠金融等正向激励和积极福利方式，建立以产权激励为核心的村企合作与利益连接模式，可有效引导凉山州农牧民主体回归。

（二）“培训培训者”产生裂变效应

针对四川凉山州培训主要采取传统培训手段，覆盖面小、参与不足、效果不理想等突出问题长期得不到有效解决的情况，建议采取“培训培训者”工程，围绕“两山”能力展开培训。充分利用青少年学生带动家庭成员识字能力、数字应用能力、环境与科学素养等多面的提升。充分利用主题教育、组织学习等已有方式加强对在职人员的能力培训与继续教育。充分发掘彝族群众在在地化保护、非遗传承等方面的积极性，增加其未来经济收益和职业生涯预期。

（三）以能力衔接为核心的多维方法

在与乡村振兴衔接阶段，应突出能力衔接，强化“两山”转化能力建设。通过教育培训等一般性方法，以及典型示范、组织带动等创新性举措，着力培育凉山州内生发展动力，激励干部群众立志强本领，不断增强社会能力。另外，探索以赋权、参与、法治、透明与问责等为主要手段的人权方法；探索经营性绿色扶贫资产证券化等产权方法，继续实施以移风易俗、精神文明建设、生态文化培育等为主要手段的文化方法，同时加强信息技术、数字技能在“两山”转化能力提升中的应用。

第七章

厚植"三个基础"着力提升"两山"转化基础能力

"绿水青山"是转化的基础，本身具有内在价值和生产力，在"两山"转化能力中具有基础性作用。本章主要关注三个核心能力：生态系统正向产出能力、环境系统提质减污能力、碳减排与固碳增汇能力。

第一节　增强生态系统正向产出能力

"两山"转化的前提是自然生产力，目的也是更好地保护自然生产力。本节立足四川凉山州生态系统服务，强调通过保护、建设、协调、管治等手段，厚植"绿水青山"本底，提升"两山"转化基础能力。

一　厚植"绿水青山"自然生态本底

（一）优化国土空间开发格局

发挥国土空间规划的引领和约束作用，推动生态产品价值实现与国土空间规划的统筹协调，把"两山"转化的空间格局规划好，才能为"两山"转化创造条件。

1. 落实主体功能区战略

按照国家和四川省主体功能区划，凉山州重点开发区位于西昌、冕宁和会理，其他区域均为主体功能区战略确定的国土空间保护的农业空间、生态空间，是保障农业安全、粮食安全和生态安全的基础，为"两山"转化提供空间约束和本底保障。第一，强化重点生态功能区开发管控。把保护和修复生态环境、增强生态产品生产能力作为首要任务，严格控制开发强度，合理引导特色资源开发与适宜性产业发展，实行严格的产业准入和环境要求。第二，优化重点农产品主产区布局。充分利用安宁河流域农业发展天然优势，培育优势特色产业，优化种养结构，促进第一、二、三产业融入发展。第三，加快重点开发区整体效能提升。争取设立安宁河谷综合开发新区，打造带动全州高质量发展的重要支撑和动力源。以攀西国家战略资源创新开发试验区建设为带动，提升战略资源开发水平，打造全国重要的钒钛产业、稀土研发制造、有色产业和清洁能源产业基地。

2. 国土空间总体格局

城市化空间要突出沿安宁河谷发展廊道，形成“两核四心”格局，“两核”指西昌、会理两个核心城市，“四心”指越西、盐源、会东、昭觉四个区域中心城市。生态空间要围绕雅砻江、金沙江生态保护带，带动生态功能区以及各级自然保护地等的建设。

3. 加强空间用途管制

科学划定“三区三线”，将其作为调整经济结构、规划产业发展、推进城镇化不可逾越的红线。落实“三线一单”，从空间布局约束、污染物排放管控、环境风险防控、资源利用效率等方面，遵循差别化的生态环境准入清单和管控要求。

表7-1　凉山州“三线一单”划定

三线一单	划定依据	划定结果
生态保护红线	《四川省人民政府关于印发四川省生态保护红线划定方案的通知》（川府发〔2018〕24号）	凉山州属于凉山—相岭生物多样性维护—水土保持生态保护红线区、锦屏山水源涵养—水土保持生态保护红线区和金沙江下游干热河谷水土流失敏感生态保护红线区
环境质量底线	《四川省人民政府办公厅关于〈实行最严格水资源管理制度考核办法〉的通知》（川办发〔2014〕27号）	凉山州2030年重要江河湖泊水功能区水质达标率达到95%以上

续表

三线一单	划定依据	划定结果
资源开发利用上线	《四川省人民政府办公厅关于〈实行最严格水资源管理制度考核办法〉的通知》（川办发〔2014〕27号）	凉山州2030年用水总量分别控制在25.2亿m^3以内，农田灌溉水有效利用系数提高到0.55
负面清单	《四川省国家重点生态功能区产业准入负面清单（第一批）（试行）》（川发改规划〔2017〕407号）	实施范围涵盖木里和盐源，分为禁止类和限制类

资料来源：根据相关文件整理。

4. 提升凉山生态功能

四川凉山州是四川构建“四区八带多点”生态安全战略格局的重要组成部分。凉山州东北部处于大小凉山水土保持和生物多样性生态功能区，西北部处于川滇森林及生物多样性生态功能区，应以开展森林生态和草原生态保护修复、提升自然生态系统稳定性为重点。凉山州金沙江与雅砻江、大渡河流域，应以流域综合治理、水生态空间功能与管控，优质生态廊道和水土保持带建设为重点，增强水源涵养、水土保持、生物多样性等生态功能。

（二）全方位保护生态系统

1. 加强各级各类自然保护区建设与保护

严格保护美姑大风顶等12个自然保护区、邛海—螺髻山等8个风景名胜区、邛海等3个湿地公园、灵山等7个森林公园、螺髻山等4个自然遗产地、大渡河峡谷等3个地质公园等各级各类自然保护地，科学调整各类自然保护地的管理范围和功能分区，根据生物多样性保护需求，规划、新建一批自然保护地。注重有效保护自然公园内的自然资源及其承载的生态、景观、文化、科研价值。建议国家和省支持凉山整合美姑大风顶周边6个以大熊猫为主要保护对象的自然保护区，建立大小凉山大熊猫国家公园，促进自然生态保护与民族文化旅游资源开发的有机结合。

2. 加强森林等生态系统保护

森林生态系统。抓住国家储备林建设的历史机遇[①]，全面推进“大规模绿化凉山”行动，加强造林绿化、水系绿化、道路绿化、城乡绿化，加快推进泸山生态修复、盐源国家储备林试点工作。以提升生态系统碳汇能力为导向，通过相互关联的生物措施和工程措施，系统化加强森林保护修复，精准提升森林规模、质量和生态服务功能，实现林水、林草、林田、林碳协调互促发展。

草原生态系统。以山水林田湖草沙系统治理理念实施雅砻江林草区域性系统治理项目（属于国家规划建设中的“横断山区水源涵养与生物多样性保护工程”）。加强草原保护修复，推行草原休养生息，维持草畜平衡，实现藏富于草，藏粮于草。采取禁牧封育、补播改良、施肥灌溉、鼠虫害防控、持续管护等措施，对退化草原和天然草原实施分类保护修复。

湿地生态系统。将所有湿地纳入保护范围，通过退耕还湿、退渔还湿、退养还滩、退化湿地恢复等措施，积极建设湿地保护区、湿地公园以及湿地保护小区，有效增加湿地面积。将湿地保护修复与流域污染治理相结合，开展重要湿地、湖泊、河流流域污染综合治理。

河湖生态系统。修复河流防洪、资源、生态、景观、文化等综合功能，统筹河、渠、池、塘、库、厂（自来水厂等）等多样化水体，协调客水、雨水、库水、河水、污水、退水、再生水及泥沙等要素，提高水源涵养能力。

表 7－2　　重要生态系统修复内容示例

	功能重要性	驱动因素	修复举措（治理方案）
森林和树木	提供清洁空气和水，捕获碳，生物多样性家园，提供食物、饲料、燃料和材料等，生计支持	商品需求，伐木砍柴，污染，有害生物入侵等	植树，协助自然再生，恢复森林景观

① 从目前国家开发银行已经放贷的项目来看，每亩造林投入为 0.9 万—1.2 万元。银行贷款可达到投资总额的 80%；贷款期限 20—30 年，宽限期 5—8 年；4.9% 基准利率，并享受中央 3% ＋省级 1% 的林业贴息政策。参见贾治邦《处理好生态属性与经济属性关系　加快把绿水青山转化成金山银山》，《中国林业产业》2020 年第 11 期。

续表

	功能重要性	驱动因素	修复举措（治理方案）
河流和湖泊	提供粮食、水和能源，免受干旱与洪水侵袭，为动植物提供栖息地	化学品、塑料、污水等污染以及过度捕捞和提取水资源威胁，开凿运河及开采砂石，湿地消失等	清理，调整接入点，恢复植被，可持续发展计划，保护和恢复自然（设保护区）
城镇	提供清洁空气和水，为城市热岛降温、免受危害并提供休息娱乐场所，生物多样性，生活品质	规划不佳挤占空间，工业、交通、住宅产生的废弃物和排放物污染水道、土壤和空气等	打造绿色公共空间，市民为可持续发展作出努力，一次一个微生态系统（通过集体行动进行小规模恢复行动）
海洋和海岸	调节气候，为旅游和渔业等经济部门提供支撑，生物多样性	塑料废物，气候变化，过度捕捞，营养物质污染，废水等	清理，恢复水上和水下植被，明智利用海洋（划分保护区和捕鱼区）
农田和草原	提供食物、饲料和纤维，提供生物多样性以及文化宝藏	不合理土地利用方式，过度使用农用化学品等	投资自然，保持草地完整性和生物多样性，可持续放牧，恢复种植本土物种
山区	生物多样性热点，提供淡水，丰富人类文化多样性	人为压力（如砍伐森林），气候变化，污染等	恢复森林屏障，限制开采和挖掘，确保生态系统的迁移（保护区），增强农场韧性（技术），在经验中不断学习（地方性知识）
泥炭地	存储土壤碳，预防洪水和旱涝，提供食物和燃料，动植物栖息地	改用于农业、基础设施、采矿和石油天然气勘探，火灾、过度放牧、氮污染、提取泥炭作为燃料和生长介质等	保护泥炭地，堵住排水渠，加快恢复（种植原生草种或苔藓促进再生），限制压力

资料来源：联合国环境规划署《生态系统修复手册：治愈地球的实用指南》，2021 年，https：//unenvironment. widen. net/s/rgxlspmwfl/ecosystem-restoration-playbook-chinesev5，2022 年 5 月 11 日。

3. 优化构建各类生态空间

生态保护格局。以大小凉山水土保持及生物多样性生态功能区、川滇森林及生物多样性生态功能区等生态功能区为重点区域，以雅砻江主流、雅砻江安宁河支流、金沙江等三大流域生态廊道及水土保持带为骨架，以自然保护地等为重要生态单元，优化凉山州生态保护格局。

生态廊道。积极融入大熊猫国家公园，加强自然保护地建设。推进道路沿线、河流沿线等生态廊道工程建设，并将生态廊道建设与生态多样性保护、乡村振兴相结合。支持各地组团打造美丽乡村竹林风景线。

（三）加强系统性生态保护修复

大尺度系统性生态保护修复是针对重大区域性或流域性生态安全屏障功能而开展的系统性保护修复。四川省国土空间生态修复分区涉及凉山的有四个分区，如下表所示，覆盖凉山州全域，均为国家级“双重”工程涉及县。采取和加强生态系统修复的系统性方法，体现综合治理，突出整体效益，提升凉山州生态屏障建设能力。

表7－3　　四川省国土空间生态修复分区（凉山部分）

<table>
<tr><th>四川省国土空间
生态修复分区</th><th>涉及县（市）</th><th>国家“双重”工程涉及县</th></tr>
<tr><td>金沙江上游水源涵养与生物多样性保护修复区</td><td>木里县</td><td rowspan="4">均为全国重要生态系统保护和修复重大工程总体规划（2021—2035年）涉及县</td></tr>
<tr><td>雅砻江中上游高原高山水源涵养与生物多样性保护修复区</td><td>盐源县、木里县</td></tr>
<tr><td>岷山—大渡河水源涵养与生物多样性保护修复区</td><td>甘洛县、喜德县、越西县</td></tr>
<tr><td>金沙江中下游—大凉山水土保持与生物多样性保护修复区</td><td>布拖县、德昌县、会东县、会理市、金阳县、美姑县、宁南县、普格县、西昌市、喜德县、越西县、昭觉县、雷波县、冕宁县、木里县、盐源县</td></tr>
</table>

资料来源：《四川省国土空间生态修复规划（2021—2035年）》（征求意见稿），2021年11月。

二　提高生物多样性保护监管能力

生物多样性是生态系统的一种结构性特征，它为所有各类生态系统服务的形成提供基础支持，同时也有其特定内在价值。

（一）加强生物多样性调查研究

生物多样性调查的范围包括重点生物物种资源、重要生物遗传资源与重点区域生态系统，调查可以形成中重点动植物名录、重要生物遗产资源库等成果。对四川凉山州而言，迫切需要持续推进农作物和畜禽、水产、林草、药材、菌种等生物遗传资源和种质资源调查，支撑生态产业发展，保障粮食安全与生态安全。

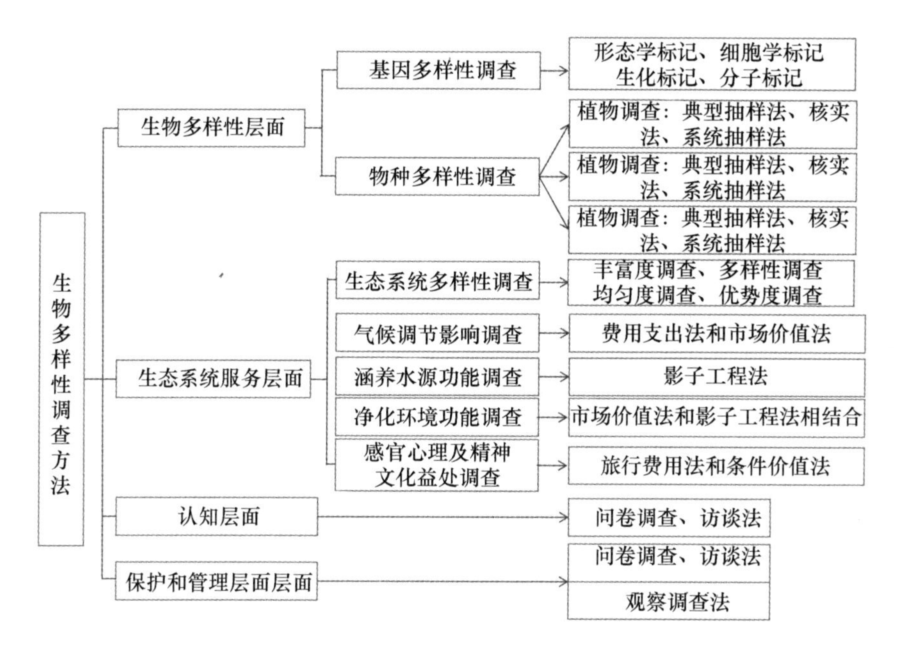

图7-1　生物多样性调查方法示例

资料来源：WWF《城市生物多样性框架研究》，2020年6月29日。

（二）制定保护策略与行动计划

落实《长江生物多样性保护建设工程方案（2021—2025年）》《长江生物多样性保护实施方案（2021—2025年）》，研究制定《凉山州生物多样性保护策略与行动计划》，将生物多样性保护列入生态环境保护重大工程。明确生物多样性保护空间、监测体系、相关政策法规等，确定优先区域、优先领域和优先行动。建设大凉山生物多样性保护中心，实现大凉山珍稀植物就地和迁地保护，并集合种质资源收集、保存与研究，以及科普与监测等综合功能。

（三）发展多样化农业生产系统

种质资源是重要的生物资源，也是事关农业安全、生态安全的战略性资源，是开展优良品种选育、发展生物技术以及产业发展的基础和源头。地方品种与野生种质资源具有重要作用，尤其是非传统用途的特色种质资源潜力巨大。

作物种质资源。挖掘绿色、优质、高产且兼具营养、保健、观赏等功能的特色资源，培育新品种，开发新食品，提供观赏性作物，促进旅游和新药开发，可以更好满足人民群众日益增长的美好生活需要。使用多样化作物填充农业景观，以增强复原力。

畜禽遗传资源。依托凉山本地 15 个地方畜禽品种，不断提升畜禽遗传资源保护利用水平。以地方品种为主要素材开展畜禽育种创新，推进地方品种产业化开发进程，将其培育成为凉山州农业主导产业，实现资源优势向经济优势转化。

水生生物资源。以会理、冕宁的水产种质资源保护区为重点，加强珍稀特有水生生物就地保护。开展长江流域禁捕效果监测，一体化监测渔业资源与水生生物资源。

维护生物安全。积极防止外来物种入侵，严格规范生物技术及其产品的安全管理，提高生物安全治理能力，深度参与更大范围生物多样性治理的合作与交流，贡献地方智慧。

（四）发展生物多样性传统知识

四川凉山州具有丰富的生物多样性传统知识，这些知识与彝族多样化的生活方式息息相关，共同构成独特的民族文化。彝族居民对生物多样性有着独特的理解和适应，如根据海拔差异及其带来的多样性土壤类型和气候条件，凉山州种植业囊括了粮、棉、油、菜、烟、糖、果、茶、麻、丝、药等类别，各地种植的农作物品种不完全一致。复杂多样的地理环境和饲养条件，形成了多样的畜禽品种，如在高山地区多饲养体型较大的类群，在二半山和低山饲养体型中等的类群，在平坝和河谷地带多饲养小型类群。在《蜻蛉梅葛》中，也充满了生物多样性传统知识的智慧，如反映种植养殖结合的“屋后椎栎林，放羊在那里；山坡草木深，黄牛放那里；屋前大河边，水边放水牛，猪随牛羊放”[①]，反映利用生物多样性制作生活用品的“黄竹编背篮，青竹编花篮，红竹编竹箱，紫竹编筲箕，山竹编粪箕，黑竹编挑箩，金竹编碗箩。篾皮作绕线，篾心作筋线，三天又三夜，编好七个篮”[②]。

三　开展生态产品普查与收储运营

（一）建立县、乡、村三级调查监测体系

利用第三次国土调查成果，全面掌握区域生态本底基本状况。建立生态产品价值实现项目管理和数据收集制度，定期向各乡镇（街道）、各部门收集统计物质供给、调节服务、文化服务的项目情况和数据指标，分类整理，编制形成生态产品目录，建立生态产品信息平台。

（二）建立分县、市生态产品数据库

探索对县域各类可交易、可消费、可体验的生态产品进行核算，建立分县（市）生态产品数据库，滚动向州及以上生态产品价值实现机制项目库申报入库。把生态产品核算结果作为产业布局、资金分配的重要依据，推进“明码标价”生态产品环境溢价部分。

（三）整合提升形成生态产品项目库

对优质生态资产进行集中收储、整合提升与优化遴选以形成生态产品价值转化项目清单，编制生态产品开发利用指南。按照地区、产业、行业等，形成利于集中连片优质的转化项目包，推进生态资产流转并实现市场化运作。

（四）市场化运作生态产品标杆项目

通过招商引资等方式，积极探索混合所有制、股份合作、委托经营、授权经营等运作模式，引导社会参与，实现生态产品价值转化优质项目专业化运营，提高生态资产综合利用率和经济效益，真正实现将“绿水青山”转化为“金山银山”。

---

① 姜荣文搜集整理：《蜻蛉梅葛》，云南人民出版社 1993 年版，第 67 页。

② 姜荣文搜集整理：《蜻蛉梅葛》，云南人民出版社 1993 年版，第 167—168 页。

四 统筹发展与生态安全问题

（一）加强重大地质灾害防控

针对安宁河流域、雅砻江德昌段以及冕宁、会东、美姑、越西、西昌等地质灾害高易发区，加强地质灾害巡查、排查、监测、预警、应急等。实施隐患点与风险区双控策略，推进人防+技防模式。加强部门之间沟通联系与信息共享，形成防控合力。

（二）加强森林草原灾害防控

针对盐源县北部、西昌市中部及西南部、会理市中部等森林火灾易发区，强化防灭火基础设施建设，全面提升预防、科学处置森林草原火灾能力。全面落实林长制、巡山制、联防制等制度，巩固凉山州森林草原火灾指挥体系、响应体系与扑救体系建设成果。加强对松材线虫等重大林草有害生物的防控。

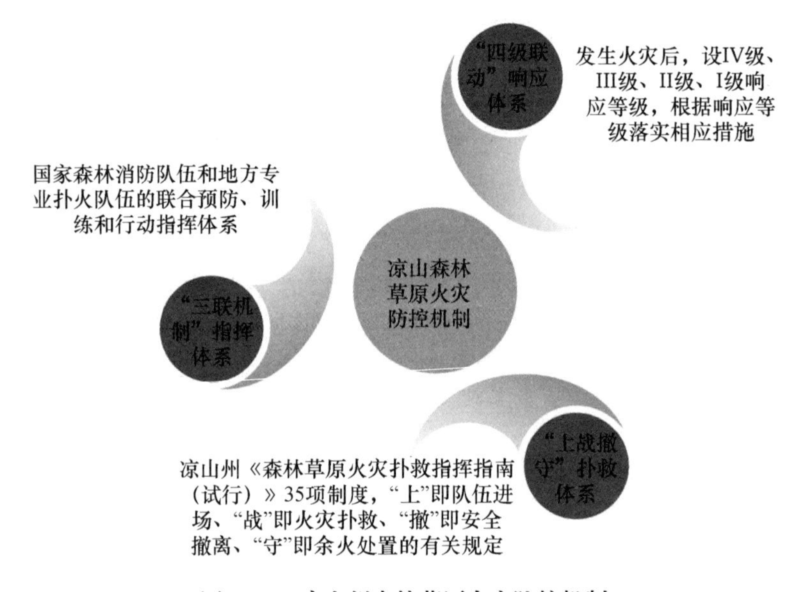

图7－2 凉山州森林草原火灾防控机制

（三）防范牧业超载引致风险

针对全州牧业超载严重导致草原退化和生物灾害风险，努力实现草畜平衡。一是以村为单位测定草原牧草生产能力，核定承包草原理论载畜量，并利用牲畜防疫和畜产品安全追溯体系进行监测；二是落实草原生态补奖政策，制定符合实际的超载牲畜出栏奖励办法，推动草畜平衡。

（四）加强地震灾害风险防范

控制安宁河—则木河活动断裂带影响范围内的建设活动，防范大型水电站建设有可能带来的潜在地震风险。强化地质灾害监控，形成行政单元内地质灾害分类分级布局图。在凉山全域普及防灾减灾新理念，增强民众风险识别、规避与防范能力。

第二节　增强环境系统减污提质能力

本节围绕四川凉山州大气、水、土壤污染及固废等突出环境问题，从源头、过程、结果等全生命周期出发，提出深入推进治污攻坚，提升环境系统减污提质能力的重点举措。

一　源头减污

（一）大气污染源头减排

推进资源型产业转型升级，引导钢铁、稀土、化工、建材等重点企业开展绿色技术改造、强化清洁生产、创建绿色工厂，提高能源资源利用率，提升循环利用水平。减少并淘汰落后和过剩产能，清理违规产能，加快传统产业绿色动能改造。加强矿区露天采矿场和矿区排土场废渣收集治理。常态化开展涉气环境问题排查整治，制定详细管控方案。

（二）水污染源头防治

强化河长、湖长及志愿者制度，加大巡查力度，对河道、水库、水源地周边的养殖场等污染源，做到及时发现及时整治，划定可养区、限养区，切实保护好水源地环境。严格控制高耗水、产生有毒有害水污染项目，引导现有企业进园区，配套建设污水处理设备，实行废水集中收集处理与循环利用。对农村面源污染、畜禽污染加强源头防治。在加强内河治理、管网修复等硬件建设的同时，开展节水型社会建设活动，人人都可能是污染源，但也是污染防治的重要力量。

（三）土壤污染源头防治

对冶金矿山等土壤环境影响较大建设项目，严格实行土壤环境影响评价，在环评阶段开展用地土壤质量现状监测，明确提出土壤污染防治预防措施。强化企业主体责任，签订企业或单位需落实污染防治主体责任书。推进农业化肥、农药等投入品减量控害、节本增效。

（四）危废源头监管防治

新建涉及危废项目要严格落实环评等要求，筑牢危废源头防线。落实产生源企业主体责任，严格执行危废申报登记、转移联单、经营许可等制度，规范生产、贮存、运输等全过程监管，多渠道提升固废资源化水平。

二　综合治理

（一）大气污染综合治理

1. 促进多污染物协同减排。协同控制和减少细颗粒物（$PM_{2.5}$）和臭氧（O_3）浓度，协同挥发性有机物（VOCs）和氮氧化物（NOx）减排。夏秋重点控制对 O_3 生成影响较大的挥发性有机物，秋冬重点控制 NOx 的排放，协同减少 SO_2 等的排放。

2. 重点行业污染治理。督促钢铁等重点企业开展超低排放改造、挥发性有机物（VOCs）和废气深度净化，促进工业炉窑治理，实施煤改电（气）等。对化工、涂料、包装等行业实施低 VOCs 含量产品替代。针对钒钛磁铁矿、稀土矿资源开发导致的三废问题，通过技术、工艺升级提高综合利用率，促进产业内循环，实现绿色发展。

3. 城乡面源污染治理。推进城乡大气面源污染治理，重点加强扬尘综合治理、餐饮油烟治理、机动车污染治理、农业源氨排放控制以及秸秆综合利用等。

（二）加强“三水统筹”

1. 实施水资源保护。保护和修复水源涵养空间，强化污水再生利用以及雨水收集利用设施，实施用水总量和强度双控，严格控制水资源超载或临界超载地区用水管理。以邛海、泸沽湖等为重点推进湖泊、河流流域综合治理，创建一批美丽河湖。

2. 开展水环境治理。推进工业、城镇、农业农村水污染防治，强化城乡面源治理，建立完善入河排污口“查、测、溯、治”管理，建立清单台账，防范水环境风险。规范建设集中式饮用水水源地。重点整治稀土采选、冶炼、铁矿采选、马铃薯淀粉加工等项目的水污染治理。

3. 提升水生态功能。落实“河（湖）长”制，重点抓好安宁河、邛海、泸沽湖、马湖水环境综合整治和保护。加强流域源头、河口及重要生物栖息地保护，修复受损的河湖生态空间，加快生态小流域建设，严格控制江、河、湖污染物排放总量。分类实施春季禁渔与全年禁渔规定。

（三）土壤污染综合治理

以有色金属采选、冶炼产业集中地为重点，开展名录企业绿色化提标改造。从重点行业企业排污许可、企业拆除活动监管、渗漏泄漏预防、新改扩建项目企业用地选址调查等方面，细化规章制度制定、监管能力提升等管理措施，开展有针对性的污染防控。加强尾矿库安全管理，防范尾矿库进入农田风险。加快会东等重点与试点区域农田土壤重金属污染治理与技术应用。

（四）尾矿库综合治理

制定尾矿库排查整治清单、污染防治方案、风险评估报告，实行“红（具有重大风险隐患）、黄（具有较大风险隐患）、绿（无重大风险隐患）”环境分级管理，建立一个尾矿库配置一个库长、一个环保专员、一个安全专员的“一库一长两专员”机制，配置综合监管信息平台，实行动态、闭环管理。

三　环境监管

（一）加强环境监测

建立大气环境精细化管理支撑平台，形成网络监测全覆盖，实现空气质量精细化监管的可视化、智能化。充分运用走航、无人机、卫星、雷达等科技手段，开展点源排查。完善生态环境质量监测网络。常态化开展大气污染防治督察行动。

（二）强化应急管理

动态更新大气污染源排放清单，建立清单管理机制。对可能出现的污染天气提前发布应急响应，充分利用重污染天气应急预案，落实应急管控措施，不断提升重污染天气应急管控能力。强化突发环境事件应急管理，完善应急管理体系，提高处理处置能力。

（三）建立长效机制

持续加强环保投入，完善相关制度建设，加强环保人才培养，注重环保宣传引导。加强环保部门与公安、检察、法院等部门的联动，发挥环保警察、法庭和监督员的积极作用，开展分级联动的网格化执法。

第三节 增强碳减排与固碳增汇能力

自从我国提出“双碳”目标以来，降碳已经成为推进生态文明建设以及经济社会全面绿色转型的重要战略方向。本节从碳减排、碳吸收以及减污降碳协同三个层面，结合四川凉山州自身基础与重点领域，提出能力提升措施。

一 碳减排

（一）供给端发展清洁能源

有序推进金沙江、雅砻江流域水电开发，加快推进风能、太阳能开发利用，推动风、光、水多能互补，建设清洁能源产业集群。

结合电网送出和市场消纳条件，有序推进凉山风电基地及光伏基地建设。大力发展分布式光伏发电和集中式复合光伏发电，鼓励建设光伏与新一代互联网智能电网、先进储能技术结合的多能互补示范项目，创新开发合作模式，提升并网消纳能力，显著扩大光伏发电规模。

（二）消费端降低高碳能源

推进气化全州、电能替代、清洁替代等项目，推进绿色能源替代高碳能源，提高电能占终端能源消费比重，实现“缅气入凉”攀枝花—凉山段建成通气。推动以电代煤、以电代油。加快新能源汽车充换电设施建设，推广应用新能源交通运输设备，促进绿色交通的发展。

（三）重点行业的节能降碳

推动重点行业节能降耗，建立能耗“双控”预算管理机制，全面推进电力、钢铁、化工等行业节能降耗技改升级，提高清洁能源替代比例，推进资源高效循环利用，降低单位产品能耗和碳排放。鼓励企业积极申报国家和四川省能降碳标杆企业、能效“领跑者”。引入差别化电价等市场调节手段，强化节能监察、目标考核、监督执法等，加强政策协同支撑。

（四）新型储能与共享能源

围绕可再生能源消纳、发展分布式能源和智能微电网等领域，推广应用新型储能模式。将共享能源理念贯穿于能源生产、消费和储存等诸环节，提升开放共享能力。

二 碳吸收

（一）碳捕获以及碳循环

碳捕获、利用与封存，是指对温室气体进行捕集、分离、封存或资源化利用。二氧化碳作为一种取之不尽的化合物，可以作为“资源”转化为新的物质。2021 年 9 月，中国科学家用二氧化碳人工合成淀粉，同月，Pangaia 推出了由回收的二氧化碳制成的太阳能镜片。另外，二氧化碳在食品、塑料制品、建筑材料、替代化石燃料等领域的重要作用和应用场景日渐被发现、利用，并有可能实现商业化落地。目前这块的技术成本较高，但随着技术进步与规模化，前景看好。

（二）生态系统固碳增汇

森林、草原、绿地、湖泊、湿地等是生物固碳的重要载体，是碳循环中的巨大碳汇。在“双碳”目标下，四川凉山州应围绕提升固碳增汇能力，加强林业碳汇、湿地碳汇、土壤碳汇等项目储备，围绕森林蓄积量、碳储量、碳密度等全面提高生态系统固碳增汇能力。推进碳排放权交易市场建设，探索建设碳中和示范基地。

三 协同减污降碳

主要污染物排放与温室气体排放在结果上呈现强相关性，源于二者具有高度同源性且过程重叠。基于此，我国将“实现减污降碳协同效应”作为污染防治攻坚的总要求，这也对四川凉山州生态环境保护提出了更高的要求。我们认为，减污和降碳仍然需要在要素层面进行融合，而不是在减污之外重构降碳体系。

（一）制度层面融合协同

制度层面的融合是当前最迫切，也是最容易见效的工作。可以考虑在现有的生态环境保护制度中，融入降碳目标并衔接已有的减污制度，促进二者协同增效。如在源头防控环节，将控制排放增量纳入环评制度，将减少能源消耗纳入能评制度；在过程控制环节，结合清洁生产，深度推进过程减排；在末端治理环节，在目标责任制度中强化降碳责任约束，在生态环境治理激励性政策中赋予降碳更丰富的激励手段。

（二）重点领域融合协同

构建高效低碳循环的工业体系是推进减污降碳的重点，要大力推进凉山州钢铁、钒钛、稀土等重点行业从源头减少资源浪费，从过程节能降耗，从末端综合利用，实现大气污染物和 CO_2 协同减排。围绕矿山矿企、“三磷”企业、河道砂石开采和小水电等重点领域，强化生态环境综合整治。

（三）探索协同治理路径

在治污攻坚的同时，协同应对气候变化与生态保护问题，实现减污、降碳、增绿、发展协同推进。围绕减污降碳协同治理，开展减污降碳技改示范工作，打造一批绿色低碳示范园区、近零碳排放区、碳中和企业等，积极探索碳中和凉山方案。

第八章

聚焦“四类主体”勠力提升“两山”转化推进能力

实现四川凉山州“两山”转化所需要的能力包括政府生态价值管理能力、市场生态价值转化能力、农牧民参与的可行能力与全社会协同共建的系统能力，它们在“两山”转化中相互协同，共同发挥能动性、创造性作用。本章围绕影响这些能力的关键因素，即制度环境、激励体系、资源保障、生态意识与知识技能，从社会、组织、个体三个层面展开论述。

第一节 提高政府生态价值管理能力

在四川凉山州“两山”转化中，政府既是战略领导者，又是制度供给的主体，还直接参与生态产品价值实现（尤其是具有公共产品属性的调节类生态产品），并履行管理服务职能，这四类职能对应不同的能力需求和建设重点，又相互促进。

一 生态理性、领导作用与战略管理能力

（一）增强政府的生态理性与政治觉悟

1. 增强政府生态理性与“两山”转化意识

政府要充分认识到凉山州担负的生态安全屏障以及“两山”转化的重要使命，提高政府生态理性，将践行“绿水青山就是金山银山”作为政府的重要职能和领导的重要责任。要在思想解放上有高度，生态环境敏感、脆弱和重要，表面看是对发展的限制，但也可能是推动凉山州发展特

色生态经济、实现经济地位攀升的助推利器。开展“两山”转化解放思想系列大讨论，强化“两山”转化意识，激发“两山”转化干劲，坚定“两山”转化信心。

2. 提升“两山”转化政治站位与民生意识

从政治与民生角度认识“两山”转化的重要性和必要性，一个真正负责任的政府、具有战略眼光的政府，必然是统筹考虑国家和民族长远效益的政府，是有生态理性、生态精神与生态情怀的政府。从而把“两山”转化要求与自身能力相对照，找短板，明思路，思举措。

3. 履行政府生态保护与“两山”转化职能

尊重经济规律、社会发展规律和自然规律，积极履行生态保护的职能，平衡经济效益、社会效益、生态环境效益，避免人与自然的对立。将“两山”转化纳入相关部门职能，加强部门协同。

表 8-1　　政府生态环境保护及“两山”转化主要职能

类别	主要部门	主要职能
各级党委政府职责	各级党委	贯彻上级决策部署，加强领导，完善考评与责任追究机制，实行严格问责与一票否决制
	各级政府	对自然生态环境质量负责，推进生态价值主流化，制定相关政策，协调解决相关问题，加强能力建设
党委职能部门职责	组织部门	将相关指标纳入领导班子与干部考核，将相关法律法规纳入领导干部教育培训
	宣传部门	宣传国家相关方针政策，营造良好舆论环境和社会氛围
	机构编制管理部门	协调推进相关行政管理体制改革以及职能配置、人员编制等
主要政府职能部门职责	生态环境部门	推进相关规划、计划、目标、区划、制度、执法信息发布与宣传教育
	自然资源部门	建立健全自然资源资产产权制度和用途管理制度，编制国土空间规划以及多规合一，开展土壤污染治理。
	发展改革部门	规划和制定产业、能源等政策，做好相关项目审批、完善价格机制以及节能减排综合协调

续表

类别	主要部门	主要职能
主要政府职能部门职责	产业部门	制定农林牧业、工业、文旅、新兴产业等相关产业发展规划，指导生态产业化与产业生态化发展，在发展中保护，在保护中发展
	教育卫生医疗部门	加强教育培训、卫生监管与健康监测
	科技信息人力部门	促进技术、信息与人力资源发展
	水利等基础设施部门	推进基础设施建设以及基础设施的绿色化
	住房与城乡建设部门	纳入城乡规划，加强建设监管与建筑节能等
	财政税收部门	加大财政投入，落实税收政策，完善生态补偿机制，制定财政、税收与经济政策
审判、检察机关职责		加强环境执法、检察监督

资料来源：凉山彝族自治州政府主要部门公开发布的“三定”方案。

（二）提升政府“两山”转化的领导力

1. 树立新的生态领导者形象

政府是生态环境保护的第一责任人，杰出的生态领导者所需特质包括生态意识、风险承担意识、适应能力等，能力包括洞悉未来的战略眼光、务实的管理创新、结果导向的目标管控、提高他人的参与度以及不确定性管理。

2. 对标先进区域生态领导力

对标“两山”转化的先行地区，学习借鉴其成功经验，认真研究自身特点，克服发展中不会转化的畏难情绪、方法欠缺和能力不足问题，切实把“两山”思想转化为具体行动。

3. 勇于做“两山”转化探路者

“两山”转化对凉山州而言是一次难得的换道超车机会，应积极争创国家生态文明示范区与“两山”实践创新基地，将四川凉山州建设成为民族地区生态产品价值转化示范区。

（三）增强“两山”转化战略管理能力

1. 明确“两山”转化区域定位

将四川凉山州“两山”转化与区域发展战略密切结合，明确“两山”

转化区域定位。根据对四川凉山州的调研和思考，我们建议四川凉山州“两山”转化的区域定位为：民族地区绿色跨越示范区。在此定位之上，应基于清洁能源优势突出“碳达峰、碳中和”的凉山贡献，基于民族地区生态富民突出“绿水青山就是金山银山”的凉山示范。

2. 完善“两山”转化系统设计

围绕“两山”转化，体系化构建战略体系、规划体系、标准体系、制度体系、人才体系等，体系化推进绿色空间、绿色生态、环境治理、绿色产业、绿色消费、绿色城镇、绿色生活、绿色文化、绿色社会等的建设，形成常态化、制度化、内生化落实机制。

3. 促进“两山”转化的主流化

将“两山”转化纳入政府和部门的法律法规、政策、战略、规划，融入科技、扶贫、文化建设、环境保护、机构建设等，并推动“两山”转化深入企业的规划、建设与生产过程以及社区的建设与公众的日常生活等。

二 政策制定、政策执行与监管评估能力

（一）转变政策制定逻辑

推进环境政策制定从事后逻辑转向事前逻辑，加强源头预防以及环境政策前置是提高环境治理效能的重要内容。建立“两山”转化政策专家咨询机制，鼓励利益相关者多元参与，共同推进“两山”转化科学化决策。同时，政策制定要在多重目标中寻求动态平衡，如盲目限电或是停产限产就会导致某一种商品供给短缺和价格失衡，从而影响供应链和产业链。政策也不能一刀切，如对高耗能行业，高耗能不一定高排放，凉山州占据清洁能源优势，对高耗能产业不应“一刀切”。同时，限制高耗能高排放产业，要统筹考虑能源替代、技术创新的空间，稳住可能会影响经济安全运行的环节。

（二）完善相关制度供给

借鉴浙江丽水市生态产品价值实现的制度分类，本部分将四川凉山州“两山”转化制度供给分为四类：“基础性制度”围绕评价基础、产权基础、空间基础，构建包括生态产品价值核算制度、自然资源资产产权制度、国土空间规划制度等；“主体性制度”围绕开发、生产、交易、补偿等核心环节，构建资源有偿使用制度、市场主体激励制度、生态产业扶持

制度、生态产品市场交易制度与生态补偿制度等；保障性制度包括法律法规、执法监督、追责赔偿制度等；引导性制度包括生态信用、消费引导、示范引导、教育引导制度等。

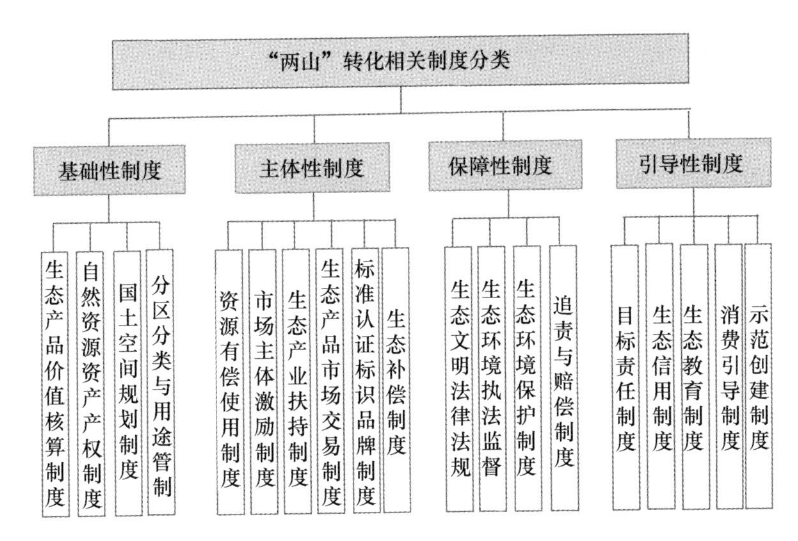

图8－1　“两山”转化相关制度需求分类

表8－2　“两山”转化相关制度供给示例

制度类型	制度内容	具体制度示例
基础性制度	生态系统服务价值评估	GEP核算及其结果应用制度
	自然资源资产产权制度	确权登记、自然资源资产负债表编制制度
	国土空间管制制度	“三线一单”，生态红线生态空间用途管制制度
主体性制度	资源有偿使用制度	土地及矿产有偿使用，探矿权采矿权有偿出让
	资源权益交易市场	林（草）权、承包土地经营权等
	环境权益交易市场	区域水权、排污权、用能权、碳排放权等交易制度
	市场主体激励制度	社会资本参与生态修复激励制度、国有企业生态文明建设业绩考核，污染物排放许可制度，环境污染责任保险制度，生产者责任延伸制度

续表

制度类型	制度内容	具体制度示例
主体性制度	全民参与制度	生态环境信息公开制度，生态环境保护重大行政决策公众参与制度，生态社会组织的培育机制
	生态产业扶持政策	环境权益融资、碳中和债券等
	生态补偿制度	中央转移支付、区域发展权补偿、政府购买等
保障制度	法律法规	环境保护法、长江法、循环经济促进法等
	执法监督	生态监测评估预警制度，生态环境保护监督执法制度，考核督查问责制度，环保督察制度，实行污染物排放许可和总量控制制度，生态环境保护专项监督长制度
	生态环境保护制度	长江十年禁渔制度等
	追责与赔偿制度	自然资源资产离任审计，生态环境损害赔偿制度，生态环境损害责任终身追究等
引导性制度	目标责任制度	生态文明考核评价制度、河湖长制
	生态信用制度	生态信用行为正负面清单
	示范创建制度	“两山”实践创新基地、生态文明试点示范
	生态教育制度	干部培训、国民教育、环境宣传等

（三）创新核心政策工具

“两山”转化过程中生态产品公共物品属性、交易成本、信息不对称等因素会导致市场失灵，需要政府通过多种政策工具对其成本与收益进行干预。当然，政策工具的使用主体并不完全是政府，是包括政府在内的多元主体。且政策工具之间不是相互排斥或相互替代的，更多时候需要综合运用而不是在不同政策工具间进行选择。

我们尝试引入环境规制领域常用的政策工具分类方法对“两山”转化政策工具进行分类：（1）命令控制型；（2）经济激励型；（3）信息引导型；（4）自愿参与型。我们将每类政策工具的含义、优缺点以及主要内容以图 8－2 的方式展现。为了进一步细化政策工具，我们将财政税收政策单独拿出来，形成表 8－3。

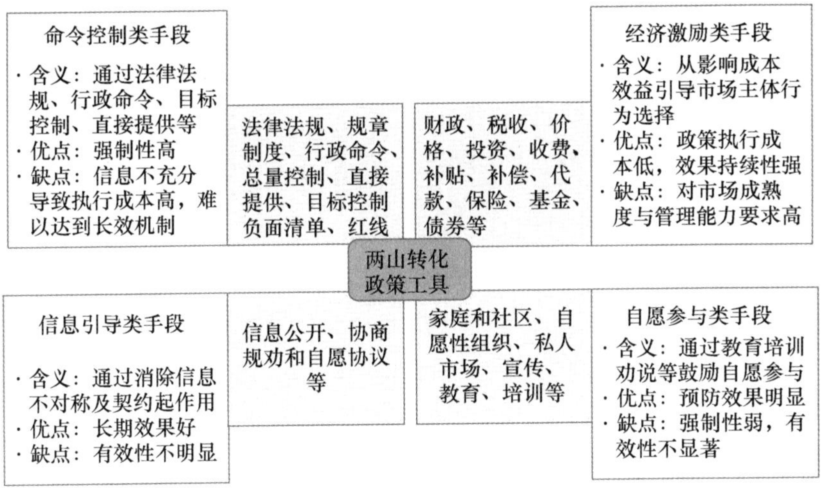

命令控制类手段

· 含义：通过法律法规、行政命令、目标控制、直接提供等
· 优点：强制性高
· 缺点：信息不充分导致执行成本高，难以达到长效机制

法律法规、规章制度、行政命令、总量控制、直接提供、目标控制负面清单、红线

财政、税收、价格、投资、收费、补贴、补偿、代款、保险、基金、债券等

经济激励类手段

· 含义：从影响成本效益引导市场主体行为选择
· 优点：政策执行成本低，效果持续性强
· 缺点：对市场成熟度与管理能力要求高

两山转化政策工具

信息引导类手段

· 含义：通过消除信息不对称及契约起作用
· 优点：长期效果好
· 缺点：有效性不明显

信息公开、协商规劝和自愿协议等

家庭和社区、自愿性组织、私人市场、宣传、教育、培训等

自愿参与类手段

· 含义：通过教育培训劝说等鼓励自愿参与
· 优点：预防效果明显
· 缺点：强制性弱，有效性不显著

图8－2　“两山”转化核心政策工具分类及示例

表8－3　　生态环保领域政府财政税收政策工具示例

具体领域	主要政策工具
大气、水、土污染防治	水污染防治资金 大气污染防治资金 土壤污染防治资金
重点生态功能区转移支付	均衡性转移支付 专项转移支付 完善奖惩机制
财政奖补政策	退耕还林还草补助 天然林保护全覆盖政策 草原生态保护补奖政策 生态保护修复工程试点中央奖补 矿山地质环境恢复治理专项资金
财政政策引导	工业企业结构调整专项奖补资金 新能源汽车推广补助 光伏、风电等发电实行度电补贴 循环化改造资金

续表

具体领域	主要政策工具
税收政策	扩大消费税调节范围 优化增值税引导机制 实施企业所得税优惠 强化关税的调节作用 全面推进资源税改革 征收环境保护税

资料来源：财政部自然资源和生态环境司《财政支持生态文明建设成效显著》，《中国财政》2019年第19期。

（四）提升综合协调能力

1. 资源整合与优化配置

政府具有市场主体不可比拟的资源调配能力与间接整合作用，要加强政府“两山”转化规划的权威性、科学性和前瞻性，为市场主体创造良好的市场环境，集聚创新要素，促进资源优化配置。构建“两山”转化公共信息服务平台，以数据资源整合赋能生态资源优化配置。

2. 利益协调与部门协同

自然资源和生态环境部门是“两山”转化的主体职能部门，应增强协同配合意识，加强沟通联系与信息共享，建立相关协作机制，形成促进转化的合力。同时，组建由多部门组成的“两山”转化部门联席会议制度，明晰其他部门参与“两山”转化的职能、方式和重点任务。

3. 危机反应与应急处理

增强国家安全意识，加强对公共卫生健康事件、生物安全事件、突发环境事件、森林草原火灾等的防范与应急处理，强化全链条防控。

三 主导调节类生态产品价值实现的能力

（一）政府生态产品购买

具有公共性质的生态产品，一般由政府购买或公共支付实现。我们以重点生态区位商品林赎买和公共性生态产品采购来说明政府在调节类生态产品价值实现中的主导作用。虽然凉山州目前尚未开展此项工作，但从发展的视角来看，其也应成为政府推进工作的重要组成部分。

1. 重点生态区位商品林赎买

重点生态区位商品林赎买是我国林业改革的重要内容，各地的改革探索早已开始，如海南省、福建省将重点生态区位内禁伐商品林，通过政府直接购买、租赁补助、置换、入股、合作经营等多种方式调整为生态公益林，开展经营活动，推动“两山”直接转化。四川凉山州12个重点生态功能区所在县，应加快探索重点生态区位商品林赎买改革。借鉴福建等地改革的先进经验，通过合作、托管、入股等方式提升森林效益。

2. 公共性生态产品政府采购

针对调节服务类生态产品的非竞争性与非排他性，建立公共生态产品政府采购制度非常必要，政府部门在制订制度、搭建平台与市场方面担负重要职责。如浙江县政府授权县财政局向生态产品所在乡镇生态强村公司采购基于GEP核算的调节服务类生态产品，用于开展生态环境保护与修复、生态资源储备与交易、生态产业培育与经营、生态文化传承与创新、生态福利惠民与帮扶、生态信用建设与奖励、农村生态环境整治以及其他生态相关内容。①

另外，政府采购作为政府重要的经济和社会管理手段，针对环境标志产品出台政府绿色采购制度，既可以激励相关市场主体，又可以起到社会示范效应。根据财政部数据，2020年，全国政府采购规模为36970.6亿元，占全国财政支出和GDP的比重分别为10.2%和3.6%，具有相当大的绿色采购发展空间。要充分发挥地方政府采购中心在实现绿色采购的过程中的重要作用，进一步增强四川凉山州政府采购政策作用，发挥其支持绿色发展、支持“双碳”目标的重要作用。

（二）政府主导的生态补偿

1. 国家重点生态功能区纵向生态补偿

2008年中央设立重点生态功能区转移支付，2020年已覆盖全国31个

---

① 缙云县人民政府办公室：《缙云县公共生态产品政府采购办法（试行）》，2020年9月30日。

省（区、市）818 个县域，累计投入超过 6000 亿元。[①] 2020 年，中央对四川省重点生态功能区转移支付 48.58 亿元，中央、四川省对凉山州重点生态功能区转移支付 10.3892 亿元[②]，这是目前四川凉山州推进“两山”转化的主要实现方式之一。

2. 流域横向生态补偿与区域多元合作

新安江流域横向生态补偿是我国跨区域政府间开展的典型生态补偿机制，由浙江、安徽和中央财政共同出资，目前已经进入第四轮试点，补偿方式由单一资金补偿向产业共建、多元合作转变，补偿范围由水质对赌向全要素拓展，“两山”转化通道进一步拓展。四川凉山州目前正在开展的主要是由四川省政府主导的安宁河流域横向生态补偿。

（三）政府配置自然资源附带生态条件

1. 土地出让锚定制度

政府在出让辖区国有经营性建设用地时，可以规定部分土地出让收益用于支持政府购买生态产品，或建立国有土地出让指标与生态产品提供锚定的制度，即附带提供生态产品的限制条件，如附带土地用途要求、配建生态空间，为公众提供生态产品等。

2. 强制性损害补偿

建立针对负面开发行为的强制性生态补偿制度，对有可能导致生态环境质量下降的开发行为出台生态补偿强制性管制要求。

（四）政府管控创造需求并培育市场

1. 权益指标交易

包括排污权、用能权、节水量、节能量、碳排放权等环境权益类指标交易，一般是由政府规定总量控制目标，然后开展初始量分配，再通过交易市场实现生态产品价值。

2. 责任指标交易

对森林覆盖率等纳入政府目标考核的生态资源指标，通过管控、设定

---

① 刘桂环、文一惠、谢婧等：《国家重点生态功能区转移支付政策演进及完善建议》，《环境保护》2020 年第 17 期。

② 凉山州统计局：《2020 年中央省对凉山州税收返还和转移支付补助执行情况表》，2021 年 6 月 13 日。

限额等方式，创造权益交易的供给和需求，引导和激励相关利益方通过交易市场实现生态产品价值。

四　履行“两山”转化管理服务的能力

（一）基础设施保障能力

1. 提升传统基础设施建设

补足四川凉山州交通基础设施的历史欠账，为生态产品生产、流通、消费奠定交通基础；强化城乡供水基础设施建设，增强防洪减灾能力，促进水资源高效利用；加快建设电力外送通道，完善城乡输配电网，合理布局建设加气站、新能源充电桩（站），增强能源对经济社会发展的服务保障能力。

2. 加强环境基础设施建设

补齐四川凉山州环境基础设施建设短板，统筹污水、垃圾、固废、危废处理处置设施建设，推动环境基础设施由城市向镇村延伸覆盖。在优化环境基础设施布局的基础上，提高监测监管能力。

3. 加强信息网络设施建设

加快建设5G网络、数据中心、人工智能、区块链等信息基础设施，发展数智赋能的交通、能源、水利、市政等融合基础设施，赋能经济社会高质量发展。在推进新型基础设施建设的基础上，促进内容、数据等与硬件相结合，形成各种各样的生态产品价值实现应用场景。

4. 健全产业配套基础设施

除了传统的旅游基础设施，还应围绕生态旅游、自然教育等新业态，加强科普教育设施、解说系统以及各种安全设施、环卫设施、互联网等的建设，推进自然教育场馆、户外体验路径、野外生态营地等生态服务设施建设。

（二）公共服务保障能力

增强生态类公共服务产品保障能力。以满足群众对优质生态产品的需求为目标，增加对公园、绿道、优良水质等生态环境公共品质提升的投入，深入推进治污攻坚，不断提高优质生态产品生产能力，为社会提供科普、教育、体验、游憩等生态类公共服务。

为“两山”转化提供公共服务保障。将提高基本公共服务作为民生保障的重点任务，强化公共服务供给能力建设，织密扎牢民生保障网。如阿土列尔村（“悬崖村”），政府在山上山下配备卫生室和全科医生，才能确保村民急病就医；政府在山上设立幼教点，山下设立幼儿班和村小并实施寄宿制管理，才能确保适龄儿童全部入学。

（三）市场监管服务能力

围绕政府市场监管职能，通过制定 GEP 核算规范，打造区域公用品牌，推进生态认证，加强标准化建设，支撑四川凉山州“两山”转化。

加强政府规划管控，统一市场准入制度，规范市场秩序，建立公开透明的市场规则，为市场主体营造公平、公正、公开的投资环境。

五 实施政府“两山”转化能力发展行动

（一）社会层面

1. 通过建立健全生态文明目标责任制度、领导干部自然资源资产离任审计制度，强化凉山州政府在“两山”转化中的主导作用与第一责任主体地位，引导树立“绿色政绩观”，激发主动担当与主动作为的积极性。

2. 在现有政治激励体系中，强化对凉山州领导干部生态文明建设的正向激励。增加对积极履行环境保护职能的干部有利的指标，增加环保部门官员流动和升迁机会。

（二）组织层面

1. 组织干部深入学习中央关于绿色发展、生态文明与“两山”转化的指示精神，深入理解党和国家顶层设计与总体部署，将其贯彻落实到自身工作中。

2. 以部门为单位，对本单位的部门职能、岗位职责进行绿色化完善与提升。由各部门对照生态文明建设及绿色发展要求，自查岗位生态责任、生态功能、生态任务以及可调配的推进绿色发展的政策资源、工具与手段，在讨论、分析、研究的基础上加入绿色发展要素，完善各部门的职能和岗位职责，形成以绿色岗位为单位的绿色化组织结构。将“两山”转化相关要求和任务融入地方政府现有的组织结构中，融入的过程同时是对政府部门组织结构进行绿色化改造和提升的过程，通过组织结构的绿色化，提升四川凉山州组织结构资本以及“两山”转化能力。

3. 列举在“两山”转化中的部门作为，自查能力不足的方面，提出提升能力的具体举措。

（三）个体层面

1. 提高公职人员关于“两山”转化的认知能力和态度、学习能力和业务工作技能。党政干部全面、系统学习生态文明相关理论以及重大政策制度，将“两山”重要思想列入干部培训的主体班次和必修课程。继续加强针对民族地区生态环境执法培训，开展四川民族地区生态环境执法业务能力培训班。

2 将凉山州政府“两山”转化能力提升与现有主题教育等干部队伍能力素质提升相结合。引导各级干部、公职人员深入学习贯彻习近平生态文明思想，自觉与上级对表看齐，确保各项“两山”转化决策部署落地生根。

3. 强化公职人员自身绿色行为，改善服务质量、提高工作效率、降低行政成本。带动践行低碳出行、光盘行动、减少一次性用品使用等。

表 8－4　　政府“两山”转化能力提升工程

针对群体	方式	目的
领导干部	专家授课＋专题研讨＋案例	提高思想认识，剖析趋势政策，探讨体制机制，提升决策层系统统筹能力
部门工作人员	理论教学＋参访调研＋专题培训	全面提升部门创造力和执行力
基层工作人员	线上线下相结合＋内部外部学习相结合＋学习落实相结合	鼓励创新，提升技能，激发基层政府工作人员积极性、主动性、创造性

第二节　提高市场生态价值转化能力

在四川凉山州“两山”转化中，以企业、机构、集体、创业者为代表的市场主体是生态产品投资主体、生产主体、经营主体、服务主体，同时也是获利主体以及生态保护的责任主体，其面向市场的生态价值转化能力，是“两山”转化最为直接、根本、可持续的能力。本节围绕主体培育、动机激励、资源配置与价值实现等能力建设的关键环节，立足四川凉山州，提出相应的路径与措施。

一 聚力生态价值转化多元市场主体

（一）培育生态产品开发经营市场主体

1. 培育有市场竞争力的生态产品开发经营市场主体

生态产品市场经营开发主体，以企业、集体组织、专业机构、创业者为主。不断增强其发展实力、经营活力和带动能力，对推进生态产品生产、经营、销售具有重要意义。鼓励社会企业参与凉山州生态产品开发经营，鼓励企业与集体组织、合作社、农户合作开展生态产品生产经营，鼓励各类社会组织、专业机构以及返乡下乡人才参与生态产品开发经营的不同环节，支持生态产业协会、合作社等组织发展，促进生态产品产业生态不断完善。

2. 促进各类新型生态产品市场开发运营主体创新发展

在各地“两山”转化实践中，涌现出了“两山”公司和“两山”银行等新型生态产品市场开发经营主体和市场化交易主体，是解决生态产品供给主体和市场交易主体缺失问题的重要创新举措。“两山”公司以乡镇为单位，由各行政区村集体根据生态资源占比入股组建，负责生态环境保护修复、自然资源开发管理，既提供生态产品，也提供价值实现渠道以及引入社会运营企业。“两山”银行采用集中统一收储碎片化生态资源的方式，规模化整合，引入社会资本投资，将资源变成资产和资本，并搭建融资担保、市场化交易和可持续运营平台。

培育生态产品运营主体。鼓励以县域或乡镇（街道）为单位成立生态产品价值实现机制运营载体（如强村公司等），推进生态资源保护修复、整合转化、产业培育与品牌运营等，促进凉山州生态产品持续稳定增值。

（二）吸引社会资本参与“两山”转化

吸引社会资本参与“两山”转化，尤其是在生态修复领域，各地都在积极探索中。对于凉山州而言，一是加强政府规划引领和管控，如关停特殊区域采石场，将修复后的采矿区规划为生态文化旅游区。二是通过产权激励、节约指标交易、资源综合利用、土地增值收益等方式使得社会主体在生态保护修复中获得收益，如利用依法依规取得的自然资源资产使用权或特许经营权从事相关生态产品开发，修复后产生的结余建设用地指标可流转，参照城乡土地增减挂钩政策执行，并获取修复后的周边土地增值溢价收益等。三是共治共享，共同发展。通过引入社会资本带动本地环境改善、产业发展、就业增收等，实现政府、企业、社会和当地居民共同发展共同获益。四是实施生态环境导向的开发模式，运用政府和社会资本合作等方式吸引社会资本进入“两山”转化领域。

（三）引导金融机构创新绿色金融服务

1. 鼓励各类机构积极参与绿色金融创新业务

除了银行等传统金融机构，鼓励政府金融工作局、融资租赁公司、环境权益交易平台、绿色企业、投资集团、科技平台公司、咨询公司等各类机构参与绿色金融改革创新。如中节能咨询有限公司深度参与了广州法人金融机构环境信息披露试点的信贷客户碳排放核算，广州环境权益交易所构建了绿色资产评价体系“绿创通”助力企业融资增信，简单汇信息科技有限公司创新“绿色碳链通”实现了供应链低碳融资等。

2. 增强金融机构支持“两山”转化内在动力

积极为金融机构提供生态产品价值核算、环境信息、信用评价、风险管控等制度保障以及金融大数据等信息支持，鼓励政府性融资担保机构为生态产品经营者提供融资担保服务，给予担保补助。建立政府补偿资金，用于绿色贷款贴息与绿色保险补贴，增强金融机构参与“两山”转化的内在动力。金融机构也应解放思想，拓展绿色金融业务范围，创新绿色金融产品，提高生态产品融资效率，减少绿色融资费用，为生态产品价值实现项目提供资金支持。

（四）引进“两山”转化相关技术主体

首先是与专业技术团队合作，开展 GEP 核算，建立生态产品价值台账，拓展应用场景；编制生态产品目录清单，放贷进度定期上报汇总，形成生态产品资产包。其次是在生态产业化与产业生态化各个环节，引进并推广绿色使用技术与减污降碳领先技术，促进绿色发展与创新发展在要素、结构层面的深度融合，通过技术结构分析和生态化技术改造来培育新型生态产业，促进传统产业转型升级为高效生态产业。

（五）积极引入生态环境综合服务主体

培育环境治理市场主体。将“两山”转化生态环境治理投资项目设置成流域水环境综合整治、废弃矿山生态环境综合治理等项目工程包，引入环境治理第三方服务机构。引入包括生态环境大数据智能化综合解决方案服务商、全生命周期“一站式”生态环境综合治理服务商等在内的生态环境综合服务商。

二 激发市场主体生态价值转化动机

（一）增强企业的绿色领导力

鼓励大型企业集团引入绿色领导力管理思想，联动上下游合作伙伴和社会力量推进生态环境保护与“两山”转化。推进企业积极参与国家“双碳”目标、乡村振兴、生态文明等战略实践，在履行绿色发展社会责任的同时，彰显企业时代担当，不断提高绿色领导力。

（二）加强企业环保信用管理

建立环境信用制度可以激励市场主体积极履行环境责任，加大环保力度、自觉实行清洁生产与主动减排；约束不良环境行为并惩戒失信行为。一方面是要推进企业环境信用等级评价，建立环境信用档案、正负面清单，强化信息公开与互联互通；另一方面是强化信用评价结果应用，完善相应的信息公开与联合奖惩政策，如联合金融机构为守信企业增加授信额度并开辟绿色通道，而对于破坏生态环境、超载开发等失信行为及主体则加强约束与惩戒。

（三）在履行责任中增生价值

履行环境风险管理不仅是应对环境问题的主要手段，还可以创造直接经济效益。如国际社会普遍接受的“责任关怀”理念，倡导企业不仅满足于遵守法律法规，还要在生产中顾及环境、安全与健康，将自然风险纳入企业风险管理以及业务流程，这实际上是一种企业层面的绿色化改造、创造绿色价值并实现业务增值的过程。进一步释放凉山州企业实施责任关怀的内在需求和外在动力，可促进持续、有效的价值创造。

（四）参与环境公益强化价值

鼓励凉山州企业以捐赠、绿色公益采购、绿色志愿者、团建、购买碳汇等多种形式参与环境公益，通过参与环境公益，在践行社会责任的同时，充分展现一个企业的价值观和影响力，从而提高企业拥有的绿色社会资本与资源配置能力。如“蚂蚁森林”项目，通过“能量转换”生态环境公益方式，将手机中的虚拟树一一对应转化为现实实体树。2016—2020年，蚂蚁森林造林超过2.23亿棵，造林面积超过290万亩，预估GEP达113.06亿元人民币。①

（五）解决社会问题创造价值

彼得·德鲁克早在1984年就已经指出，企业可以通过创新创业解决社会问题并创造社会价值来获得经济效益。② 如极飞科技企业将无人机、物联网、智慧农业系统等应用于农业生产，在减少作物损失、节水降碳、农药化肥减量、生物多样性保护等方面取得显著成效，同时也为企业带来了C轮15亿元人民币的融资。

三 增强市场主体生态价值运营能力

（一）两大环节提升增值能力

1. 价值创造

将生态农产品从种植养殖向初加工、精深加工、综合利用、服务与农旅融合延伸，并拓展制种、研发等前端产业链，推进生态农产品多元化开发、多层次利用、多环节增值。将战略性资源开发向综合利用、产业链和价值链高端延伸，推进生态工业提质升级。通过农业生产、生态、休闲、景观等多功能拓展带动产业融合，促进乡村多价值发掘与多业态类型创新。

2. 产品创新

植入新生态要素，丰富生态产品形态，开发特色化、多样化产品，提升特色产业的附加值。如在邛海景区引入观鸟活动，可带来一系列诸如鸟类观测、摄影、短视频、科普、文创等增值活动。围绕“两山”转化，可以形成更多的绿色新供给，产品创新空间巨大。

（二）两大要素决定溢价能力

1. 品牌

借助地理标志和生态品牌获取溢价收入。针对生态产品普遍存在的信

① 世界自然保护联盟、中国科学院生态环境研究中心：《蚂蚁森林2016—2020年造林项目生态系统生产总值（GEP）核算报告》，2021年。

② 转引自李伟阳《企业社会责任经典文献导读》，经济管理出版社2011年版。

息甄别障碍以及随之带来的“劣币驱逐良币”现象，实施品牌化战略是提高生态产品溢价能力的重要方式。如“丽水山耕”品牌价值达到26.59亿元，产品溢价率超过30%。

2. 载体

通过门票、住宿及关联产品获取溢价收益。有些生态产品虽然难以计价，但可以通过载体实现其价值，完成“两山”转化，比如景区良好生态环境的经济价值通过门票收入来实现。在西昌市，已经将生态环境价值嵌入民宿价格，实现生态环境溢价。更多的地方通过环境治理，带动周边土地增值。

（三）三大模式实现价值最大化

1. 技术模式创新

生态产品的经营开发需要技术支撑，并不断推进技术创新。如在对生态产品进行价值核算、权能交易时，需要利用数字化技术进行科学调查、评价与监测；生态修复、环境治理、循环经济、碳中和都需要大量的技术支撑；生态产品生产过程中需要利用提质增效技术、碳中和技术等，流通销售端需要利用电子商务技术等。而技术模式的创新也会给生态产品带来更大增值空间，如华为通过传感器、物联网，运用ICT技术实现智慧养猪；马云利用数字ID标签、ET农业大脑平台实现AI养猪，带动降本增效与乡村致富。在生态农业领域，鼓励发展适合凉山州的“桑—蚕—菌—肥”等生态种养综合循环技术模式等。

2. 商业模式创新

商业模式创新是当前新经济形态下实现增值服务的普遍方式，尤其是“互联网+”形成的新商业模式创造了若干新赛道，如共享出行、餐饮外卖、在线教育等。很多公司增值业务也在商业模式创新中实现跨界融合，如红星美凯龙，既是家具零售公司，更是类地产公司（收租），还是类金融公司（利用延迟付费做金融投资和房地产）。

生态产品开发经营中的模式创新，更加注重市场需求与商业应用为导向的产品构建、技术研发与生产经营。四川凉山州在生态农产品发展中，可以探索订单生产、定向销售、认种认养、直采直供等模式。在生态旅游发展中，可以探索主客共享模式，推进观光游览逐渐形成互动体验的新方式，由景点旅游向全域旅游转变。

3. 运营模式创新

生态银行模式。依托生态资源资产化平台，实现生态资源集中收储，市场化引入专业运营商，实现生态资源价值增值和效益变现。根据经营对象的不同，很多地方又有多种形式的创新，如森林生态银行、文化生态银行、农业生态银行、古厝生态银行、水资源生态银行、茶生态银行、金土地生态银行、矿产生态银行等。

特许经营模式。在国家政策支持下，越来越多的自然保护地采取特许经营模式，将私人资本引入生态产品经营领域，在特许经营范围内盘活自然资源资产，开展生态教育、生态旅游、环境解说等高品质、多样化的“两山”转化活动，并通过雇工、入股、分包等方式带动周边居民增加就业与收入，在提供更好休憩服务的同时促进当地经济发展。

（四）打通供需循环激发市场活力

1. 激发“两山”转化投资活力，搭建生态产品资源方与投资方桥梁

依托现代生态农业园、绿色工业园区、文旅集中发展区促进绿色新投资，制定促进绿色投资推进生态产品价值实现的政策措施或行动方案。促进绿色金融发展，引导金融机构向绿色投资转型，关注绿色产业领域投资机会，培育绿色投资者。线下依托国家或区域重要会展品牌积极参加生态产品商务与投资峰会、推介展销博览会，线上通过生态产品云招商等活动，推进生态产品资源方与投资方的高效对接。

2. 培育“两山”转化消费市场，搭建生态产品供给方与需求方桥梁

加强凉山州生态产品市场营销和产品推广，积极参加农交会、西博会等重大生态产品推介、交易和展示展销活动，支持行业协会、专合组织等开展各类生态产品推介活动，通过区域性生态产品消费节扩大市场影响力。在第一书记代言、直播带货、自制小视频等推介方式上加强创新，结合新旧媒体，提高“大凉山”系列特色生态产品的品牌知名度。抓住扶贫协作、定点帮扶、对口帮扶等政策机遇，建立工作联系机制，推动凉山州特色生态产品与县外、州外、省外的批发市场与综合超市建成合作关系，拓展市场销路，快速获得经济效益；加强与物流企业和电商的合作，组织和引导龙头企业与大型电子商务企业合作，开展网络展销活动，借助电商扶贫，开辟线上线下的销售渠道。如昭觉与京东建立合作，京东将油橄榄纳入自营体系，在品牌店销售的同时，还提供人才培训、金融服

务等。

3. 建立信息数据共享智慧平台，畅通生态产品供应链各环节

生态产品供应链是供应端、物流端、消费端、回收端和数据端的闭合链条，搭建信息数据共享平台，可以直接连通多个端口，降低流通的盲目性。西昌目前已经建成攀西农特产品智慧运营中心，提供农产品展示、交易、结算、集散、电商、冷链、仓储、物流、加工、科研培训、供应链金融、产品检测等多种产业服务。吸引了阿里巴巴数字农业采购中心、盒马鲜生、鑫荣懋、京东7FRESH等行业渠道商到场对接，实现了“产地+渠道”的精准对接。

四 市场主体“两山”转化能力提升行动

（一）社会层面

1. 制定绿色低碳循环发展导向的资源定价、财政补贴、税收约束激励等政策，鼓励企业参与“两山”转化，积极开展绿色技术研发、生产与应用。

2. 出台支持企业参与地方“两山”转化的政策文件，给予政策上的激励和制度管控规范。

3. 培育鼓励市场主体参与“两山”转化的文化氛围，让企业成为“两山”转化的主体力量和坚实社会基础。

4. 政府、企业和机构联合建立绿色资源和技术共享网络，如绿色产业联盟等。建立绿色产品、技术、服务、供应链、产业链目录，协同推进绿色标准认证，降低绿色信息、资源与技术的搜寻与获取成本。

（二）组织层面

1. 在企业文化中植入绿色发展理念，培育企业环境责任、社会责任与绿色领导力，树立绿色企业形象。以“两山”理论为指导，瞄准生态产品价值实现市场机会，开展绿色投资、生产与经营，积极参与生态产品价值实现，使企业成为凉山州生态环境保护与绿色经济发展的中坚力量。

2. 对企业生产流程、业务流程进行绿色化再造与数字化提升，对企业产品链、供应链、产业链、价值链、技术链进行结构化系统分析，完善节能环保降碳措施，寻求绿色市场机会与盈利点，创新商业模式，寻求绿色合作伙伴，将生态产品价值实现落实到企业经营的每个环节。

3. 设置绿色岗位（如首席能源师等），吸引各类人才参与生态产品市场开发与经营。

4. 实施碳中和行为，如参与企业碳标签，参与碳汇交易，投资生态产品等。

5. 督促企业落实职工培训制度，足额提取教育培训经费，用于职工绿色发展能力提升。

（三）个体层面

1. 对企业家进行绿色领导力培训。

2. 对企业人员进行环境友好、节能减排降碳等方面的生态文明教育培训。

3. 提升企业人员功能型绿色技能与专业型绿色技能。

4. 制定个人绿色人生发展规划。

5. 鼓励个人以入股、捐赠、参与经营等方式投资“两山”转化相关产业活动。

第三节 提高农牧民参与的可行能力

四川凉山州农牧民，对应国际语境下的“土著居民和地方社区”（IPLCs），但不完全局限于“土著居民”，是“两山”转化能力的重点关注群体。提升农牧民参与“两山”转化并获取利益分享的机会和能力，基于可行能力又可不断拓展可行能力。

一 激发农牧民参与“两山”转化的主体性积极性

（一）明确农牧民在“两山”转化中的地位与作用

当地农牧民是“两山”转化建设者、评价者与成果获益者。绿水青山的专有性和不可替代性，决定了凉山州是以农牧民为主体的生产体系、生活方式和文化形态。脆弱的自然生态系统、独特的人文与生产方式也决定了凉山州不能承受过度的工业化、规模化、资本化开发。因此，虽然参与“两山”转化的主体众多，但增强农牧民主体性从而激发其自主性、能动性与创造性等功能特性，具有不可取代和不可忽略的重要意义。农牧民是“两山”转化的建设主体，是生态产品生产者与供给方，在“两山”

转化中发挥积极能动性。农牧民也是“两山”转化成果的受益者，因而也是“两山”转化成效的评价者，只有农牧民获得合理的收益，并作出积极评价的“两山”转化，才会是以人民为中心的转化，才会是可持续的转化。

（二）激活农牧民“两山”转化主体意识与能动性

加强政策引导，突出农民是一种职业分工，而非身份标签。提高农牧民职业荣誉感，建立职业农牧民制度，健全培育工程，探索农业职业教育。增加农民收入，减轻农民负担，让农民获得看得见、摸得着的实惠，有获得感。探索本土文化支持的本地化、根植性“两山”转化模式。如激活传统生物多样性知识与朴素的生态保护理念，创新生态自然修复技术与生计模式。如基于本地资源禀赋，在传承传统产品品质特色和风味不可替代性的基础上，加强加工工艺与提质增效方面的技术创新与集成应用。

（三）将农牧民可持续生计能力纳入“两山”转化

四川凉山州农牧民的身份认同、文化、精神与生活方式与当地的生物多样性、生态系统保护密不可分。以他们为基础的保护和治理机制在“两山”转化中的可持续成效往往是通常的保护措施所不能及的。通过建立社区保护地等措施，尊重他们与自然之间牢固的经济、文化和精神关系，以及有助于保护生物多样性和可持续利用自然资源的传统管理做法和知识。

在生态保护修复中考虑农牧民替代生计。在实行长江禁捕退捕以后，凉山州利用安置保障政策，采取一系列转产就业的创新举措，如免费的技能培训、公益性岗位、创业贷款与补贴等。我们在西昌市昌州街道芦塘村调研中发现，原来的老渔民如今已经成为草莓种植大户。

探索制定自然保护地特许经营管理办法，对当地居民参与自然保护地相关的项目经营、劳动就业及其他经济活动给予政策倾斜。试点自然保护地社区共建，对当地居民开展专业技能培训，提升其发展和产业生态经济的能力，促进当地产业转型升级。

（四）培养新型农牧民典型代表以重塑尊严与自信

头雁效应对凉山州农牧民能力发展具有突出作用。依托四川省新型职业农民标兵（首届凉山州入选 7 人）、农业科技服务能手（首届凉山州入选 8 人），加强对优秀事迹的宣传，弘扬先进理念、推广经营模式，进一步完善激励措施与保障政策，以重塑四川凉山州群众尊严与自信。培养更多有从事农业的情怀、善于学习和钻研技术、能够务实创新经营的新型职业农牧民，为实施“两山”转化提供有力的人才支撑。

表8－5　凉山新型职业农牧民代表

昭觉县特布洛乡谷莫村吉克失西是彝绣能人，通过参与凉山州妇联“绣·出彝区”彝绣研发设计培训班，不仅实现居家灵活就业，还带动谷莫村妇女学习彝绣，丰富旅游产品，促进全村共同发展。
西昌市月华乡红旗村边恒是新华油桃水果专业合作社社长，率先引进“千年红”油桃新品种，试种成功后，带动周边村民种植“千年红”油桃，对接客商与电商推广月华油桃，入选“首届四川省百名新型职业农民标兵”。
昭觉叶思阳农业科技有限责任公司总经理陈阳，合作创立多家养殖合作社和种植合作社，打造“大美彝风”品牌，开设网店销售彝区农产品，建立综合性农业基地，带动了一大批贫困户脱贫。
会东县姜州镇新乐村李兴富，返乡后成立了会东县晶品石榴专业合作社，通过“公司＋合作社＋农户”的模式，带动当地农户发展石榴产业脱贫致富，入选“首届四川省百名新型职业农民标兵”。
……

二　赋予农牧民市场化参与“两山”转化机会能力

（一）农牧民市场化参与“两山”转化的有效方式

经营（直接经营）。包括自主经营、合作经营、托管经营等多种形式。

收租（租地到户）。农牧民通过土地流转、房屋出租等获取稳定的租金收入。

入股（包种到户）。农牧民利用土地、资金、农产品、闲置农房、宅基地等资源或生产资料入股，通过公司或者合作社的经营收入分红获得资产性收益。收益依赖于公司或合作社的经营状况。

劳务（用工到户）。农牧民按照公司或合作社标准参与生产，或参与到公司或合作社的经营中，类似于产业工人，获得劳务收入。

（二）农牧民市场化参与“两山”转化的组织模式

1. “公司＋合作社＋农户”为基础的产销合作

在生产环节，“公司＋合作社＋农户”在“两山”转化中最为普遍，既是一种生产经营模式，也是利益链接机制。通常由公司通过土地流转获取土地使用权再分包给农户实行标准化种植，为农户提供技术指导并支付劳务费；或以农户为单位签订种植养殖合同实施订单农业，合作社收购销售，将农牧民纳入产业化经营链条，打通加工、流通、销售、旅游等环节。在这一模式基础上，也有研究所、协会、党组织等多种主体共同参与。

在产销环节，公司不再局限于生产企业，可能是一些电商平台或购销公司，如哈尼梯田红米既在种植生产经营环节引入这一模式，也在销售环节引入这一模式，借助互联网平台，通过电商公司、粮食购销公司、合作社与农户合作形成产销新模式。

2. 以村集体为主体组建各种类型的集体企业

生态资源资产平台公司。最典型的是上文中提出的生态强村公司，可以是由村集体独资、多村联合、村企合作等多种方式组建，也可是县级平台公司的子公司、分平台，由村民入股，开展公司化经营，通过市场化手段运营村级资产资源发挥集中分散资源、促进剩余劳动力就业、壮大集体经济等作用。

由政府、村集体、企业合作成立公司。这种形式以旅游公司和传媒公司最为常见。如昭觉县支尔莫乡阿土列尔村与中泽公司合作成立合资公司（各占股 49% 和 51%），引入油橄榄种植，农户通过股权分红、土地流转、务工等实现增收；与川投集团、成都天友旅游集团合作成立悬崖村文化旅游开发有限责任公司，带动文化旅游发展。

（三）农牧民市场化参与“两山”转化的利益链接

探索凉山州多种形式的利益链接模式。在安宁河谷组织化程度较好的区域可以采用订单合同、保底收购、土地流转、优先选聘、股份合作、服务协作、二次利润返还、村企合作、产业化联合等多种模式。在二半山组织化基础较差的区域，对有种植养殖意愿和能力的农牧民鼓励自行种养，对于有意愿有资金而无场地的可以采取投资入股或加入合作社的方式由机构代为种养，对于缺乏劳动力的可以采取将产业挂靠公司、大户等方式建立利益风险共担机制，对于自养条件稍弱的还可以采取与亲朋好友合作贷款合作种养的模式，对于无种养意愿又具有劳动力的可以采取劳务合作模式，从而形成多种利益链接方式。

探索凉山州多种形式的利益链接机制。从单一的原材料、产品供销关系拓展到产权、股份等多种合作方式，从提供单一的生产资料向科技、金融、保险、融资担保等全产业链、全要素、全流程服务拓展，从主要与生产企业合作扩展为与平台公司、行业协会、研究机构、技术团队、金融机构、社会组织、市民组织等多种主体合作。

三　增强农牧民“两山”转化就业创业与增收能力

（一）生态管护类岗位职业化

整合生态管护员岗位，借鉴“多员合一”生态管护员制度设计，将生态护林员、森林巡火员、土地管理员、道路养护员、农村保洁员、河湖库巡查员、水利巡管员等整合为专业生态管护员队伍，统筹相关资金设立生态环境管护专项资金，使工资性收入成为农牧民的主要收入来源，让群众享受保护生态环境带来的福利。借鉴贵州省林业局引进保险机构开发设计的针对生态护林员的意外伤害保险和见义勇为险等，如珠峰财险开发了生态保护区巡护人员团体意外伤害保险及其附加意外伤害住院津贴、附加意外伤害冻伤保险、附加急性高山（原）医疗保险等产品。[①] 全面增强生态管护员能力建设。

（二）通过生态工程获取收益

通过实施生态工程实现转移性补偿收入，或是通过发展替代生计实现增收，是提高农牧民“两山”转化增收功能的重要途径，也是实现生态扶贫向生态振兴转变的重要举措。退耕还林是四川资金量最大的惠民直补政策，是生态补偿的重要资金来源。四川甘孜州泸定县利用退耕还林政策，通过坡耕地连片种植花椒、核桃、苹果等后续产业，获取政策性补助收入、转移劳动力务工收入、出售新选水果干果收入以及发展生态旅游收入等多种收入。

（三）实现多样化技能与就业

培育凉山州农牧民多样化技能。积极引导农牧民从事生态农副产品生产经营，掌握直播带货等数字技能，培育直播带货网红。开发观光农业，掌握大田景观营造等技能，变传统的种植、养殖为现代的景观营造；保护

① 国家林业和草原局：《“关于加大巡护员保险等生态保险保障的提案”复文（2020 年第 0371 号（财税金融类 060 号）》，2021 年 1 月 25 日。

民间手工艺人，发掘民间手工艺，尤其是民族手工艺，开展民族手工艺品生产、体验式消费与劳动教育；举办火把节、丰收节、戏剧节等活动，活态演绎民俗活动，培育农牧民艺术家。如悬崖村村民莫色拉博，因其攀岩技能而成为户外旅游、攀岩领队和旅游向导。

促进凉山州农牧民多样化就业。在“两山”转化理念下，乡村应该是百业兴旺的，对应农牧民的就业形态也应该是多样化的，除了传统一产就业，也可以在民宿、餐饮、民族手工业、文创、研学教育、会展等服务业实现就业。同时，对应“两山”转化多种途径和方式，农牧民也将获取多元化的就业身份，如业主、股东、创业者、产业工人、生态工人、电商合伙人、创客、播主等，实现脱贫致富。

（四）“两山”转化创新创业

在“两山”转化中推进生态型创业。积极鼓励、支持脱贫人口到林草相关园区领办、创办各类经营主体，围绕乡村旅游、农创、文创产品的开发与销售等生态友好型产业，开展创新创业。

在“两山”转化电商环节创新创业。在链接产销供应链的中间环节把握机遇点，如运输冷链、村级物流等。会东县铁柳镇三村返乡人员李晓伟夫妇利用网络直播销售软籽石榴，2019 年帮全村卖出 4 万斤，2020 年突破 10 万斤。

利用东西协作开展“两山”创新创业。凉山州雷波县张官贵，利用浙江象山与雷波东西部协作机制，借力“产学研”帮扶，依托列入“消费协作”采购清单的马湖莼菜，加工后销售到浙江，实现创新创业，并带动莼菜产业发展与多村致富。

在“两山”转化中寻求创新创业机会。西昌市高草回族乡返乡女大学生，租用了 104.5 亩土地养殖蚯蚓。“蚯蚓工厂”这一项目有效处理各种粪便、污泥等废物 3 万吨，园林绿化树枝秸秆等有害植物 2 万吨，年创收数百万元，实现生物资源循环利用，并利用蚯蚓粪便拓展种植、养殖业，实现经济、社会、环境效益共赢。

四 增强农牧民可持续生计与绿色生活能力

（一）社区共管模式

可持续社区共管机制。以社区共管理念和方法，通过发展有利于发挥当地人力资本优势的社区产业，如彝族传统手工艺等与生态环境保护相结合的替代生计，实现农牧民家庭的多元生计来源，减少对采伐、放牧等的单纯依赖。引入“社区—文化”支持系统，以生态文化传承与生态多样性保护为核心开展社会共管，重点培育社区自我发展替代生计的能力，找到社区自身的内生发展策略，形成以生态文化传承为基础的可持续发展能力。

社区协议保护机制。借鉴三江源等地实施的“社区协议保护机制”，政府管理部门（如保护区管理局）与社区居民签订“管护协议”，当地居民承担保护责任、提高保护能力并从中获益。培训社区居民发展传统手工艺，开发生态友好型产品，实现社区保护与保护区保护的链接。

（二）绿色生产生活

生产方式。在保护自然环境和文化遗产原真性的基础上，开发各类主题性自然体验产品。包括传统工艺类的民族乐器制作、传统工艺展示等活动；自然野趣类的捉鱼掏鸟赶鸭、采摘、挖虫草等活动，民俗类的织染布、漆器、彝绣，以及节庆歌舞等体验性活动。

生活方式。倡导厚养薄葬、邻里互助、文明清洁、勤俭节约、遵纪守法等新风尚。大力推广“里鲁博超市”（彝语“里鲁博”意为“树新风”），开展积分制管理，引导村民创建洁美家庭，建设美丽乡村。

（三）绿色交往能力

内部社会参与。在社会交往方面，四川凉山州多以血缘、亲缘和家支为纽带建立社会关系。彝族家支，由血缘关系形成，是彝族传统社会结构的基本组织。而现代化的绿色交往则更多是指参与各类正式的社会组织，形成以业态、活动为主要纽带的社会关系，比如社区、村集体、合作社、产业联盟、创业沙龙等。

外部社会参与。为访客介绍本地生物多样性、民族文化民俗，提供绿色农家饭和民宿服务等。让每个村民都了解本地的生物多样性，都能讲述本地动植物与民间故事，争做生态旅游代言人。

绿色活动空间。赋予乡村公共空间作为公众绿色活动空间与生态文明教育基地的功能，开展各种各样的公共文化服务，以及特色鲜明的绿色生态体验活动，如读书、歌舞、戏剧、音乐、电影、演讲、文创、集市、美食等。

五 农牧民“两山”转化赋权赋能与自我发展能力

（一）党建引领与社会合作

1. 党建引领。基层党组织是面向凉山州农牧民的核心力量，以党建带动妇联、共青团、民兵等组织，既可以加强基层治理，又可以在“两山”转化中增强社区内聚力，为农牧民赋权赋能。如在凉山州三河村，充分利用35名党员的带头作用，率先由两委班子试种新品种，推动种植业提质改良。探索以党支部、集体经济组织、新型经营主体和农户的合作模式，组织化推进特色资源实现高附加值转化。

2. 社会合作。加强社会企业、社会组织及志愿者合作。引入社会企业开展各种村企合作，争取国际国内社会组织与志愿者参与凉山州“两山”转化，如与“蚂蚁森林”开展植树造林公益项目，与中国绿色碳汇基金会合作开展碳汇林公益项目等。如昭觉县日哈乡与香港小母牛等社会组织合作，通过赠送牲口改善生计、培训提高能力、援助凝聚社区、发展合作社培育产业、传递礼品促进互助等，激发农牧民增收致富的内生动力。

（二）赋能赋权于特殊群体

1. 城归群体。包括返乡农民工、大学生、退伍军人、企业家、乡贤等，也包括有乡建情怀的专家技术人员、退休人员、市民等。他们是四川凉山州乡村振兴与“两山”转化的新鲜血液，承担着搭建城乡资源流动桥梁、促进知识和技术下乡、发展多功能农业、实现乡村多元价值等多种功能。虽当前尚未形成主流，但应该贯彻落实国家、省、州关于返乡下乡人才各项政策，创新人才流动措施，赋能赋权这一群体，更好地为凉山州“两山”转化服务。

2. 女性群体。女性是现代环保运动的发起者、推动者与自觉的实践者，蕾切尔·卡逊被誉为“生态之母”，著名的印度“抱树运动”也是典型案例。未来，女性更是培育低碳新一代的主角。四川彝族女性需要获得相当的赋权手段和社交网络覆盖面，才能实现自我创造价值。要充分关注彝族女性的土地权、教育、营养，以及财政、金融资源的获得权利，能够接入互联网，有能力利用互联网和知识改变生活方式，实现在经济上为女性赋能的性别平等目标。开展生物多样性和生态保护的知识与技能培训方面，需要充分考虑农村女性的习惯、需求和能力。

（三）新型农牧民能力提升

拓展培育类型。高素质农牧民包括专业生产型、技能服务型、经营管理型、创新创业型等多种类型，涵盖新型经营主体、服务主体、领军人才、农牧业经理人、创新创业新青年、乡村企业家、电商达人和乡村治理带头人等。

丰富培训内容。以生态产业发展为立足点，以生产技能和管理水平提升为主线，开展种养技术、经营管理、污染治理、数字技能、直播带货、法律法规等方面的培训。

创新培训方式。探索集中学习、线上学习、实习实训、案例观摩交流等多种培训方式，确保培训实效。依托农业企业建立实训基地和农民田间学校，方便农民就地就近接受培训。加强“两山”案例考察与学习，引导凉山州农牧民开拓视野，重新认识身边资源的价值，在保护的基础上创新价值实现方式。

强化政策扶持。支持高素质农民创办领办新型农业经营主体，享受土地流转服务、设施农业用地、涉农项目和财政补贴等方面的扶持政策。鼓励农担公司针对高素质农民开展融资担保服务。畅通农业技术人员职称申报渠道。

（四）特殊群体的能力提升

消除语言障碍。对于不识字且缺乏普通话能力的青壮年，要大力开展推广普通话与识字扫盲，减少其与外界联系以及外出务工的语言障碍。对于留守的青壮年妇女，增强孩子学会普通话对家庭的语言反哺能力，带动她们学说普通话。还可以利用手机识字或普通话 APP，增强其识字能力。从手机娱乐和社交功能入手，逐步提高她们的识字能力与数字技能。

卫生习惯养成。从妥善处理自发迁居、人畜分离等问题入手，加大生活环境整治。引导彝族群众从小事做起，逐步改掉不良卫生习惯，崇尚文明新生活。开展卫生检查评比，筹建“新风超市”开展环境积分兑换活动。

要充分意识到对于特殊群体而言，能力提升是一个缓慢而长期的过程，是不能通过扶贫攻坚短期内就得到彻底解决的。如果没有持续的帮扶和投入，即便是已经形成的意识、习惯和能力，也很快回到原点。

六 农牧民参与“两山”转化可行能力的提升行动

(一)社会层面

1. 加强对农牧民自然资源资产确权，完善盘活闲置资源政策，保障农牧民自然资源资产的财产权利。

2. 支持集体企业参与政府投资基建项目。

3. 完善加强农牧民劳动技能技术培育、数字技能提升的政策措施，培育新型职业农牧民。加强农民夜校等载体建设。

(二)组织层面

1. 提高农牧民组织化程度，规范提升农牧民合作社，推进集体经济实体化。

2. 依托凉山州现有党建工程，通过“党建月会”等机制学习掌握“两山”转化政策要求，分析研判、部署落实“两山”转化重点任务。

3. 依托驻村帮扶力量，运用农民夜校、坝坝会、火塘夜话等载体，到组到户宣传“两山”理念与就业创业知识。

4. 开展《玛牧特依》《尔比尔吉》等彝族优秀典籍学习研讨活动，引导群众在优秀典籍中汲取丰富的精神营养，更深刻地理解地方性知识。

5. 按村选树创业致富典型人物和先进事迹，教育引导更多村民自力更生、就业致富。

(三)个体层面

1. 重新看待自然，善待自然，守护本地优良生态环境，积极参与保护自然行动，在人与自然和谐相处中谋发展。

2. 增强自身参与生态环境保护与发展可持续生计的能力，变被动学习为主动学习。并遵循“有知识差距就可以传播”的理念，促进知识传播与知识更新。

3. 支持家庭成员获取更好的教育，建设美好院落，传承发扬优秀文化，积极融入现代文明。

第四节 提高全社会共建的系统能力

提升四川凉山州“两山”转化能力，需要厚植社会基础，提升全民人力资本素质，将“两山”转化融入生产生活，培育特色生态文化，将绿色生态内化为人的发展需求并与防艾禁毒、控辍保学、移风易俗相结合等，以能力建设统筹乡村振兴与绿色发展，以“两山”转化场景集聚社会力量。

一　培育具有凉山特色的生态文化

（一）培育四川凉山特色生态文化

有着悠久发展历史的彝族群众在长期生产生活中与自然环境和谐相处，形成了独具特色的生态文化，如“万物有灵”的自然崇拜以及守护“神山森林”信仰赋予保护绿水青山神圣的地位，严格禁止狩猎和食用以动物肉为主食的生物物种的禁忌，“大封”“小封”传统保护法（类似划定休渔休猎期、划定禁猎区），农牧兼营的传统生计方式和立体种养等。

传承彝族在与大自然千百年和谐共处中积累的丰富知识，以及一整套与自然共生共荣共进共退的生态文化思想。挖掘弘扬彝族优秀文化基因，将现代先进文化、国家主流文化先进成分与彝族优秀传统文化相结合，提高彝族社会适应能力，丰富中华民族文化多样性，铸就凉山州共同精神家园。文化的传承，不仅仅是一个文化过程，更是一个教育过程。文化传承方式要从过去依靠家庭教育和社会教育等非正规教育转变为学校教育等正规教育，将传承民族文化作为民族教育的重要内容。加强凉山民族风情园、凉山民族文化艺术中心、安哈彝族风情旅游区等文化传承载体建设。

将凉山州非物质文化遗产保护传承与生态哲学、生态美学、生态伦理等现代生态文化理念相结合，在彝族火把节、国际戏剧节等平台推出反映生态文明思想的歌舞、戏剧专场，形成具有时代特征、凉山特色的生态文化体系，培育具有凉山特色的“两山”文化名牌。

（二）营造“两山”良好社会氛围

充分利用报纸、广播电视、网络、新媒体等，加强“两山”重要思想的宣传教育，教育引导公众树立“两山”意识。以各类接地气的“两山”实践活动，广泛发动、组织动员全区各界群众积极投身“两山”实践，推行绿色生活，形成全社会共同参与生态保护的良好风尚。推进“两山”理念深入机关、学校、企业、社区与农村，增强凉山州民众生态意识、环保意识、节约意识与生物多样性意识，着力提高全社会对生态文化的认同度、接受度和践行度。

传承彝族生态保护习俗，全面推行生态文明乡规民约，制定“生态十条”，引导村民和企业自觉参与生态环境保护。通过开展花样新寨创建、美丽庭院评比、文明户评选活动，举办世界环境日、国际生物多样性日等主题宣传日活动，发送生态文明公益短信等举措，让生态文明理念深入民心。充分结合党员活动日、学雷锋纪念日、五四青年节等节日，发动党员、青年团员、在校学生等开展环境整治行动，大力宣传生态文化。依托旧祠堂、古书院宣传生态文化，增强村民的生态自律意识，让宣传生态文化成为凉山州践行“两山”科学论断的一种自觉。

（三）加强“两山”宣传教育培训

1. 宣传教育

媒体宣传。利用网络、自媒体等新媒介，强化“两山”宣传教育。

社区宣传。编制社区环境教育读本，开设社区远程网络教育课程，建立固定生态文明宣传橱窗，利用社区内巨幅标语、展板、挂图等，积极开展社区生态文明宣传活动。

移动宣传。利用交通运输工具等开展绿色出行与“两山”宣传活动。

设施宣传。强化公共设施生态文明宣传，积极利用公益广告柱、公园、绿道及各类宣教设施等宣传生态文明。

建立载体。借助党群服务中心等阵地，建设一批“两山”转化宣传教育示范基地或平台，发挥党群服务中心引领作用，为公众提供环境宣传教育场所。

2. 教育培训

党政干部生态文明教育。通过现场授课、网络授课等方式多渠道提升覆盖面，确保党政领导干部参加生态文明培训的人数比例保持100%。开展多层级生态文明学习、调研、研讨活动，提升生态文明建设工作水平。

企业生态文明培训。定期组织对各大企业负责人进行生态环境教育培训，增强企业的社会责任感和生态责任感。开展企业绿色技术培训，结合企业各自的实际情况，重点培训与企业节能减排、清洁生产、绿色技术创新相关的环保技术和管理方法，提高职工绿色生产的意识和技能。开展生态文明模范企业、生态环境友好企业、绿色企业等评选活动，推动企业在生态文明建设中争先创优。引导企业在文化建设中突出生态文化内涵与绿色社会责任。

学校生态文明教育。继续将生态文明教育纳入中小学课程计划，开展中小学义务教育阶段的生态文明课外读本的编写和相关课程的设置工作。在学校组织开展生态环保讲座、生态环保主题班会等活动，充分利用黑板报、校报、广播室、宣传窗等阵地，以及在有条件的学校建设环保暨生态文明宣教展示馆（区）等多种方式开展校内生态文明宣传教育。加强学校与社会各类环境教育基地、生态文明教育基地之间的联系，积极开展生态文明教育校外实践活动。大力推动绿色校园建设，挖掘校园中的绿色资源，充分发挥环境育人作用，在潜移默化中提高师生生态文明意识。

家庭生态文明教育。将生态文明教育融入家庭教育，帮助家长树立生态文明理念，倡导家长以身作则，教育好、引导好孩子践行绿色生活方式。

全民生态文明教育。把生态文明教育纳入各类成人教育、继续教育与社区教育体系，营造生态文明社会氛围。

（四）加强生态文化设施与品牌建设

完善生态文化设施，规划布局植物园、动物园、博物馆、美术馆、非遗展示馆、图书馆、大型文化综合体等公共文化设施，以满足公众服务需求。以凉山州全域实景博物馆为载体，在展现凉山州从一步跨千年进入社会主义社会，再到全面建成小康社会的历程的同时，展示自然生态到现代文明逐渐过渡的分镜面貌，建成爱国主义教育与生态文明教育基地。

聚焦民族文化、红色文化、科技工业与生态文化，创作文学作品、文艺作品、舞台艺术、广播影视、新闻出版等多元化文艺精品。开展群众性文化活动，打造开海节、帆船赛、国际马拉松赛、冬季阳光音乐节、大凉山国际戏剧节等文化活动品牌。

二　绿色生态内化为人的发展需求

（一）激发人的绿色需求

绿色需求由人的自然属性决定。人具有多元属性，一是社会属性，在社会生活和交往活动中，具有和谐人际社会关系的强烈需求；二是经济属性，即追求自身利益最大化的利己本质，即“理性经济人”属性；三是自然属性，人来自自然，依赖自然生存发展，具有追求人与自然和谐的强烈需求。而在工业革命以来的经济高速发展中，人不断追求物质财富的经济属性被充分开发，成为推动人类文明前进的强大动力。而人的社会属性，尤其是自然属性并没有得到高度重视，其推动人类文明前进的潜力被严重低估。进入生态文明新时代，尤其是在“两山”理念与“甜甜圈”理论的指导下，有必要回归人的多元属性，深入挖掘人的多元需求，让追求社会包容和谐与绿色生态成为人生价值所在。

绿色需求贯穿于需求的各个层级。从马斯洛的需求层次理论来看，人具有生理、安全、社交、尊重和自我实现五个由低层级到高层级的需求，而绿色需求贯穿了各个层级。在生理需求层面，干净的水、清洁的空气等良好生态环境已经成为基本生活需求，对于彝族群众而言，生计更依赖于自然；在安全需求层面，生态安全、食品安全、卫生安全已经成为民众最热切关注的领域，凉山恰恰是生态安全的天然屏障、食品安全的守护区、卫生安全的回旋空间；在社交需求层面，回归自然，与自然和谐相处已经成为一种归属感和表达爱的方式；在尊重需求层面，爱护自然、保护环境，已经成为一种时尚和社会风尚，越来越多的民众参与到生态文明建设中去；在自我实现层面，已经有很多人将绿色发展作为发挥个人价值，实现个人抱负的人生追求。

（二）加强绿色需求引导

政策引导。党的十八大以来，党和国家从顶层设计、制度完善与政策引导方面，在生态环境领域先后出台或修订30余项法律法规以及40余项政策文件，持续改善生态环境质量，不断满足人民群众对美好生态环境的需求。

行为引导。通过公众可持续生活指南、企业可持续发展行动倡议等方式激发民众绿色需求，引导民众绿色行为，如世界自然基金会发布《可持续生活指南》，联合国环境计划署发布《改变世界的170个行动》以及《懒人的救世指南》等。另外，完善碳普惠的考核激励机制也是一项重要经济措施。探索构建覆盖企业、社会组织和个人的生态积分体系，引导市民绿色出行、低碳生活。

（三）与防艾禁毒相结合

毒品、艾滋是困扰四川凉山发展的顽固泥沼，也是造成外界对凉山刻板印象的重要因素，关系民族的前途命运。如今，造成毒品、艾滋问题的历史制度因素与贫困封闭的地理阻隔已经不复存在，而思想观念和价值观层面的改造却是一个长期的系统工程。在现有强有力的禁毒防艾法治化、制度化推进基础上，要以绿色生态的人生理念以及积极向上的价值追求，依托妇女健康文明引导队，开展广泛的健康教育，增强防病意识和自我保护能力，营造“我要防艾”“远离毒品”的氛围。引导脱毒人群绿色就业，在“两山”转化中找到自我价值。

（四）与控辍保学相结合

凉山州在脱贫攻坚阶段大力开展控辍保学工作，实行一票否决制。在强化目标责任、协调联动机制等的基础上，还要正视“劝得返留住难”以及厌学情绪、不良习惯等内生因素，增强家庭教育、生命教育、绿色教育与人生观教育，引导学生们拥有绿色生命、绿色生活与绿色生涯。

（五）与移风易俗相结合

四川凉山州一些落后的习俗观念根植较深，如薄养厚葬、高价礼金、封建迷信、盲目攀比、卫生习惯差、“等靠要”等。移风易俗，要以文化人，破除贫困文化的根基。我们之前也在呼吁应在凉山“形象扶贫”“板凳工程”和健康文明新生活运动中，加强人居环境整治与精神风貌重塑，植入生态型产业业态，进而改变人民群众的思想观念和行为习惯，凝聚跨越发展的内生动力。尤其是在彝家新寨等搬迁区，将加强生态文明教育作为移风易俗和社会治理的重要内容。

移风易俗的同时也要大力宣传和弘扬优秀彝族文化传统，如互助合作、尊老爱幼、敬畏自然、勇敢勤劳等思想精神。将文明新风内容融入彝族歌舞创作中，做到以文化人，以文育人。引导更多妇女参与家庭文明习惯培育与文明家风建设，发挥学龄儿童及青少年的积极作用，通过教育好一个孩子，来带动一个家庭，影响整个社会。

三　激励全社会参与“两山”转化

（一）为专家团队开放实践场景

四川凉山州不仅在脱贫攻坚上具有典型样本示范意义，在乡村振兴、“两山”转化、数字跨越等方面也都具有典型意义和实践价值。应该面向专家团队开放各类研究与实践场景，吸引更多专家团队关注凉山州，为凉山州“两山”转化提供新的理念、模式和路径。目前国内有较多的团队在深入开展乡建实践，并取得了较好的社会反响。如北京大学俞孔坚教授团队在江西上饶市婺源县赋春镇严田村下辖的巡检司村，开展望山生活实验，传播生态新理念，带动生态农业、全域旅游、研学旅居、文创艺术等的发展，“望山郭顶”茶可以卖到4000元/斤。[①] 以李昌平为核心的中国乡建院在鄂尔多斯市达拉特旗树林召镇开展的“集体经济+村社内置金融”模式，构建了“一村四社”联合体系，以及三级交易市场体系，促进产业、生态、治理升级。[②]

（二）智库、委员会与社会监督

建立“两山”转化专家智库。依托定点帮扶的专家资源，集聚生态、环境、资源、经济、法律等领域的专家、学者、技术团队及社会各界资源，深入开展“两山”理论研究和实践探索，系统总结和梳理“两山”转化模式，打造“两山”转化品牌，推动科学决策。

组建“公众评议委员会”。对“两山”转化重大决策、改革方案、重大项目开展公众评议，对生态环境违法行为进行监督。发挥工会、共青团、妇联等群体组织带头作用，积极培育参与“两山”转化的志愿者。

强化社会监督与公众参与。在制度层面不断完善公民监督举报制度、信访制度、听证制度、公益诉讼制度等。加强新闻舆论监督，畅通监督举报渠道。

（三）创新多样化社会参与机制

“生态修复+社区矫正”。借鉴国外将社区生态环境整治等相应抵扣交通违章罚款等的做法，将生态修复植入社区矫正工作，对社区矫正人员适用生态修复机制的，针对性地制定矫正方案，监督社区矫正人员积极履行生态修复义务，将社区矫正人员在生态恢复方面的悔罪表现作为量刑情节并纳入综治和社区矫正管理范畴，从而达到修复生态与改造社区人员的双赢效果。

志愿服务制度创新。加强引导公众参与“两山”转化志愿服务的制度创新，如“公益存折”制度。湖南省常德市武陵区芦荻山乡设立村级

---

① 李嘉宁、周妍等：《基于自然的解决方案之六：江西省婺源县巡检司乡村振兴的望山生活》，2021年5月10日，https://mp.weixin.qq.com/s/A0cLDed6eSM8vjl2qeJECw，2022年5月11日。

② 李昌平：《乡村振兴战略及策略选择与树林召实践探索》，2020年8月25日，https://www.163.com/dy/article/FKSP3T7G05385QJ1.html，2022年5月11日。

“公益银行”，将公益劳动折算成标准公益工，标准公益工可兑换现金补贴。通过制度创新，激发村民参与环境保护的积极性，带动以党员、妇女为主力的志愿服务组织的发展。

碳普惠制度。碳普惠主要面向小微企业、家庭及个人，将减碳行为量化并赋予碳币或碳积分等价值形态，并与商业激励、政策激励、公益激励、公共服务激励相衔接，是一种正向减排激励机制。碳普惠的推进，需要类似“绿普惠云”的数字化绿色生活减碳计量底层平台，把公众“衣食住行游”的减碳行为，通过对应场景的数字化平台，自动生成个人碳账本，并与物质、精神激励相对价。

社会认种认养。在林木、果树等的种植、建设和管护环节，引入“认种认养”的市场化模式，通过协议管理，明确认种认养的数量、期限及权利义务。如钉钉群的合种树木就是一种社会认种认养模式（如图8－3所示）。

图8－3　钉钉班级群落地凉山的合种冷杉

图片说明：来自班级钉钉群中合种树木截图。

基本理念
1.良好生态环境是人类健康生存和发展的基础。 2.环境与健康息息相关。 3.环境污染和生态破坏是影响健康的重要风险因素。 4.环境与健康安全不存在“零风险”。 5.防范环境健康风险要以预防为主。 6.良好的行为习惯能减少环境污染、降低健康风险。 7.保护生态环境、维护健康人人有责。

基本知识	基本技能
8.暴露是环境健康风险的决定因素。 9.不同人群对环境危害因素的敏感性不同。 10.空气污染会对呼吸系统、心血管系统等造成不良影响。 11.清洁水环境和安全饮用水是维护公众健康的基础。 12.土壤污染影响土壤功能和有效利用，危害公众健康。 13.海洋污染危及海产品安全，影响海洋生态系统和人类健康。 14.保护生物多样性，维护生态平衡，有利于人类健康和可持续发展。 15.气候变化对生态环境的负面影响增加健康风险。 16.辐射无处不在，但不必谈“核”色变。 17.合理分类和处置生活垃圾，既保护环境也利于健康。 18.保持生活环境的卫生可减少疾病的发生与传播。 19.工作和生活中不当使用或处置有毒有害物质会带来潜在健康风险。 20.噪声污染干扰正常生活，影响身体健康。	21.践行公民生态环境行为规范，减少污染产生。 22.选择低碳出行，践行绿色消费。 23.掌握生活垃圾分类知识，正确分类投放垃圾。 24.保护野生动植物，革除交易、滥食野生动物陋习。 25.主动了解生态环境信息和法律法规标准，学习环境健康风险防范知识。 26.会识别常见的危险标识及生态环境保护警告标志，保护自身健康和安全。 27.根据环境空气质量信息和个人、居家情况，采取有效防护措施。 28.发生环境污染事件并可能危害健康时，按照政府部门和专业人员的指导应对。 29.通过“12369”举报污染环境、破坏生态影响公众健康的违法行为。 30.主动参与生态环境保护，维护公共环境权利和个人健康权益

图8－4 中国公民环境与健康素养（30条）

资料来源：生态环境部《中国公民环境与健康素养》（公告2020年第36号），2020年7月23日。

（四）相关素养培育与知识更新

提高公众生态环境类科学素养。《中国公民生态环境与健康素养》（如图8－4所示）明确了公众生态环境与健康素养的基本理念、基本知识和基本技能。应在凉山州进一步筑牢基本理念，加强基本知识传播，使民众掌握基本技能，尤其是农村居民和青少年等重点人群。

发展公民数字技能与创新技能。政府应支持凉山州民众发展数字技能和创新技能，培育具有适应性、灵活度和创新理念且能够解决问题的各类人才，从而培养未来的劳动力大军，并且推动实现终身学习。发展数字和创新技能不仅仅是为弱势群体提供创新，而且要增强这些群体的权能，从而使其发挥自身的创新潜能。

四 全社会共建能力提升若干行动

（一）社会层面

1. 出台保障公众和社会组织参与绿色低碳发展与“双碳”相关决策的法律法规，明确公众的利益、责任和权力。

2. 动员公众践行绿色生活方式，倡导绿色消费方式。

3. 全面实施碳排放信息公开制度，建立公众监督机制。

（二）组织层面

1. 以机关、企业、学校、社区为载体，开展丰富多样的生态文明宣教活动。

2. 开展针对具体问题的项目设计，如针对建筑、产物、景致、风貌、生物多样性、人群等多元绿色生产力要素进行挖掘和运营的社区营造活动。

3. 紧密联合宣传、统战、教育、文化、工青妇等部门开展环境宣教活动，建立常态化合作机制，构建环境保护“大宣教”格局。

（三）个体层面

1. 普及绿色人生规划方法与技术，制定绿色人生发展规划，践行绿色人生。

2. 参与碳排放配额交易，如蚂蚁森林的绿色能量交换活动。作为个人投资者参与碳汇交易，或是通过碳普惠机制将个人的低碳行为折算为减碳量并转化为碳币，再用碳币购买“碳汇＋”普惠产品，通过个人低碳行为实现碳汇消纳。

3. 倡导绿色生活方式，落实到衣、食、住、行、游各方面的实践行动中。

4. 消费生态产品，包括生态标识产品。

5. 全民义务植树。植树是中华民族优秀文化传统以及文化符号，更是新时代的文明风尚，是传播生态文明理念的载体。将尽责形式、尽责场所与城市公园建设、乡村“四旁”植树等结合起来，在增加造林绿化基础上提升全民生态文明意识。

6. 注重承诺的力量。如承诺自己做一个什么样的人，养成什么样的习惯等。当公开宣讲出自己的承诺时，就会体会到履行承诺变成了一件要紧事，体会到责任感。然后在生活学习中，就会时常提醒自己：我是个言而有信之人，我是一个对自己、对人生负责的人。

7. 提升公众绿色素养。

表8－6 绿色人生规划示例

分类	内容
绿色生命规划	1. 个人愿景：对生命最大的渴望是什么，期望的寿命 2. 优劣势分析：实现绿色生命有哪些优劣势、机遇和挑战 3. 行动措施：面向愿景制定适合自己的行动举措
绿色生活规划	1. 吃得健康：优先购买本地当季水果蔬菜、有机或绿色食品；不铺张浪费吃不完打包；自带餐具或不使用一次性餐具；不买过度包装过度添加的食品；不吃野生动物；不酗酒不抽烟；减少畜产品消费；不暴饮暴食 2. 穿得适体：优先购买环保材料衣物；不买不必要或不适合的衣物；不穿戴野生动物皮毛制作的服饰；捐赠或赠送多余闲置衣物；尽量少使用洗衣水和洗衣剂；不烫发不染发；不追逐名牌过度消费 3. 住得清爽：简单、节能、环保装修；使用节能家电产品；采用自然采光与自然通风；节约用电适时断电；室内外养花种草或房前屋后栽树；节约用水 4. 用得适度：优先购买绿色产品；注重废物利用；重复使用环保口袋；减少过度包装；常备手帕减少纸巾使用；节约用纸尽量无纸办公或双面印刷；不盲目追风电子产品快速更新换代；回收废旧电池、电器等，生活垃圾分类 5. 行得低碳：尽量乘坐公共交通、骑自行车或步行；少开车或拼车；遵守交通规则减少交通事故；避免旅游污染；坚持有氧运动 6. 学成习惯：养成每天读书的习惯；关注绿色生活资讯、知识；传播绿色生活理念、方式与习惯；做环保志愿者；反对奢侈浪费，享受俭朴生活
绿色职业生涯规划	1. 自我认识：利用优缺点平衡表、好恶调查表、现任职务自我评价等工具，利用系统的观点，由内向外从个人的人格特征、知识能力、组织环境和外部条件等方面进行现状分析，认清现状与目标的差距。采用多种方式进行自我剖析，勇于将自己的缺点暴露出来与同事、家人、朋友进行探讨 2. 明确目标：包括职业目标、学习目标、业绩目标、收入目标、职位目标、健康目标等 3. 选择策略：遵循绿色发展要求，在喜欢做的事情、社会需要做的事情、适合并有能力做的事情相交部分中确定 4. 制定计划：对现状与目标的差距分析要准确，职业路径要清晰，措施和实施方案要具体可行。包括读书计划、接受教育计划、工作能力的提升计划、福利待遇的提高计划，以及其他的具体计划 5. 反思评估：所有的计划是否与绿色生命和绿色生活相契合，并体现了绿色人生的宗旨

第九章

围绕“五型转化”聚力提升“两山”转化实施能力

丰富多彩、生动鲜活的“两山”转化活动既是能力的功能性体现，也是能力提升的载体。对于四川凉山州而言，在转化过程中提升能力，在提升能力中促进转化，是必由之路。本章综合国内外“两山”转化实践经验，结合四川凉山州实际，设计各类“两山”转化活动，目的是解决“两山”转化渠道不通畅、模式不丰富、交易不充分、补偿不到位等问题，提升凉山州各类转化活动的实施能力。从过程视角，本书将“两山”转化类活动分为五个类型，即保护型转化、生产型转化、交易型转化、服务型转化和补偿型转化。同时，对应第八章围绕四类主体的推进能力，将围绕转化活动过程的能力统称为实施能力，强调能力提升要贯穿于“两山”转化全过程，并在落地实施中呈现。

第一节　提升保护型转化活动实施能力

保护型转化活动主要包括四类：一是围绕生态系统保护、培育、修复、重建、更新而显化其正外部效应的转化活动；二是围绕环境治理、污染防控、废弃物资源化而产生环境效应溢出的转化活动；三是针对已经形成的各类绿色生态空间价值的转化利用；四是从惠益分享机制实现价值转化。生态建设与保护型转化关系密切但着力点有所差异，生态建设是保护型转化的基础、前提和依托，但因其经济效益常常不可见，导致资金掣肘、动力不足等问题。保护型转化，作为生态建设的补充和拓展，更强调将生态保护修复产生的经济正外部性显现化，有效破解投入与激励的问题。

一 生态修复型转化

（一）依托重大生态修复工程发展特色产业

四川凉山州多数特色产业是依托重大生态修复工程发展起来的，如越西县依托长江防护林建设工程的以工代赈政策，经济林从 1995 年的 6.5 万亩、产值 750 万元发展到 2020 年的 20 万亩、产值 9295 万元。凉山是全国、全省最先启动退耕还林工程的地区，依托退耕还林等重大工程政策，凉山由传统农业延伸出科技农业、林下经济、文旅产业等。其经验在于将重大生态修复功能与特色产业发展相结合，这是提升“两山”转化能力的重要方式，也是国家赋能与区域自生能力的有机结合。

（二）增加生态修复类生态产品的供给能力

矿山生态修复产品。《四川省历史遗留矿山生态修复三年行动计划（2021—2023 年）》涉及凉山州的有四个历史遗留矿山生态修复区，共 83 个矿山，面积为 317.87 公顷。通过修复废弃矿山逐步复原地方自然景观，化“废弃矿山”为“绿水青山”。同时，在修复的过程中结合产业发展，形成生态修复产品，获取生态产品产业收益，以及腾退的建设用地指标流转收益，带动地方财政收入增长，促进经济快速发展。

湿地生态修复产品。首先，明确湿地权属，可通过“以租代征”的方式将湿地公园集体土地经营管理权交予管理部门，既可减少农业对湿地的挤占，农户又可从土地租金和湿地公园发展中获取收益。其次，以湿地生态环境指示性物种（如萤火虫、珍稀鸟类等）为卖点，举办赏鸟赏虫类研学、露营、集市、文创、摄影、短视频创作、论坛、美食、民俗等系列活动。泸沽湖退化湿地修复工程是系统治理的典范，实现了湿地修复、环境治理、文化传承与相关产业的联动发展。

水生态修复产品。将四川大桥水库水生态修复与治理工程（凉山）开发成为高品质水利风景区，增加水利科普、生态教育、观光游憩、文化体验、运动休闲等多种功能。推动彝海—安宁湖—灵山景区（彝海风景区）升级为 5A 旅游景区，充分利用湖泊风光、红色文化、彝族风情等资源优势，开展森林游憩、河湖观光休闲、登山探险、户外徒步等活动。该项目已纳入凉山彝族自治州生态水利总体规划阶段性成果及新增重点项目，建设主体为凉山州大桥水电开发有限公司，项目预计总投资3亿元，建设时间为2023—2025年。

草原生态修复产品。推动草原资源利用方式由传统单一放牧向生态观光旅游功能扩展，探索建立草原自然公园，促进草旅结合、牧旅结合、农旅结合、文旅融合，举办草原音乐节、美食节、运动会等特色节会，发展草原游、赛马节、彝家乐、牧家乐等，丰富草原生态产品供给，促进牧区绿色发展。

森林生态修复产品。在保护重要生态区位天然林、水源涵养林、防护林的同时，以可持续方式建设经营商品林、储备林、经济林等。开展林下中药材、养殖、森林食品、森林康养等林下经济，发展林产品精深加工，促进林业废弃物循环利用，多元利用非木质林产品，发展林业碳汇。我们在调研中发现，在林下养鸡基础上，增加林下拣蛋等亲子活动，有助于将区域特色做成旅游产品。

沙化、荒漠化修复生态产品。如宁南县进行的分区植绿，在二半山区种核桃、高海拔地区发展草地畜牧业、低海拔地区集中连片发展桑园，生态治理和农业发展一举两得。

（三）显化生态修复产生的正外部经济效应

根据规划用途，以“打捆”形式，将生态修复前后土地使用权、经营权和收益权，一并确定同一修复主体，从而吸引社会资本参与生态修复，也就是将修复产生的正外部性显化。对于修复后形成的补充耕地指标、建设用地指标等，探索建立可让渡、可交易的机制，以获取收益。

始于2018年，全国最大规模的土地综合整治项目——乌蒙山土地整治，涉及凉山州8个彝族聚居县（普格、布拖、金阳、昭觉、喜德、越西、美姑、雷波）。该项目的实施不仅实现了农田良性生态循环，有效增加了耕地面积和综合产能，还通过发展产业、土地流转、就近务工等获取多重收益，如昭觉县洒拉地坡乡的土地整治项目还在施工阶段土地流转费用就从每亩200元涨到1500元，布拖县拖觉镇石咀村通过土地整治实施了万亩高原蓝莓全产业链项目。

（四）探索“生态保护修复+”的多元模式

探索“土地综合整治+”模式。以土地整治项目为载体，通过对绿道、水系、农田、农业、文旅、研学等的功能整合，推动土地要素优化配置，统筹土地整治相关生态链、产业链，获取土地溢价收益，实质是产业导入。也可以将复垦形成的结余指标以“飞地模式”纳入工业区进行统一开发，从而获得收益。

探索“矿山生态修复+”治理模式。探索实施“生态修复+土地综合利用+废弃资源再利用+产业融合”的生态修复新模式，通过土地整治将废弃地变为有用地，促进空闲、低效土地的二次利用，增加耕地、林地、草地等的面积。加强三废治理与废弃资源利用，通过产业转型将矿业转为新兴产业，通过景观重建将工矿区转为村镇或文旅区，提升区域潜在经济价值，助推地区招商引资、人才引进，促进社会经济发展。

（五）基于自然解决方案的生态修复模式

根据基于自然的解决方案框架（如图9－1所示），人类不仅是自然利益的被动受益者，也可以积极主动地保护、管理或恢复自然生态系统，为应对重大社会挑战做出有目的的重要贡献。在实施上可以分为三个层次：一是保护、恢复和管理自然生态系统；二是将自然生态系统引入人工系统；三是仿效自然来改造和重塑人类社会组织方式。基于自然的解决方案已经成为我国实现“双碳”的十大行动之一，广泛运用于国内生态修复实践中。

二 环境治理型转化

（一）环保促进发展

大气污染防治促发展。如浙江德清华杨科技有限公司对标严格的生态环境标准开展技术升级改造，将表面喷涂改用静电喷粉，从源头解决VOCs排放问题，并提高产品档次，节约客户维护成本和社会资源。

水污染治理促发展。将流域水环境治理转化为民生工程，增加河道绿化功能、居民休闲以及健康功能，改善居民生活质量。如河南洛阳借助洛河治理，系统推进水源涵养、水质净化与湿地公园建设，增加公共性生态产品供给。

土壤污染治理促发展。遵循土壤污染治理规律，通过规模化种养、联养有益土壤治理的动植物和微生物，在治理土壤污染的同时，增加农民产业与劳动收入。成都市崇州通过循环种养、测土配方施肥、绿色防控、废旧农膜回收处置等举措实现土壤改良，2021年新增可安全利用土地17000

图9－1　基于自然的解决方案框架

图片来源：IUCN《基于自然的解决方案全球标准使用指南》，https：//portals. iucn. org/library/sites/library/files/documents/2020－020－Zh. pdf，2022年5月11日。

平方米。

生态环境整治促发展。通过垃圾分类、屋场整治、乡村美化工作，用山水林田湖草综合治理思路统筹破解城乡生态环境治理困局。

（二）环境倒逼转型

完善生态环境标准倒逼产业结构升级。环境规制通过创新补偿效应促进产业结构向高度化演进，这在四川凉山州产业结构调整升级中也得到了充分验证。提高环境准入门槛，可以促进新增产能布局与结构优化，预防新增低端落后产业及防范过剩和落后产能转移，促进企业技术创新、生产工艺升级与产品更新，从而实现工业结构优化升级。完善生态环境标准也可以促进环保产业市场扩容升级，比如环境第三方治理等，增强绿色动能。总量减排也可以为经济增长腾出更多环境承载空间。

（三）环境价值转化

人居环境综合整治。优美的人居环境已经成为美好生活的重要内容，也是居民生态福祉与生活质量的必然内涵。通过污水垃圾集中处理、厕所革命和风貌整治，建立人居环境长期管护机制，可以促进环境价值有效转化，同时提高居民卫生意识和文明健康素养，带动生态旅游发展，促进当地发展与群众增收。在较为偏远的彝族聚居区，要加大环境整治力度，培养良好的卫生习惯，使彝族群众人畜分离，居家环境卫生整洁，治脏与治愚相结合，扭转人居环境与生态环境的错位与反差。

三 绿色空间价值转化

（一）在城市绿色生态空间注入新业态新功能

在绿色生态空间及其周边区域植入新兴业态与新兴消费功能。西昌市依托邛海湿地绿道，利用其良好的生态环境和配套公共服务设施，整合周边商业资源，发展文创、旅游、运动、美食、音乐、会展等新兴业态，赋予其新的消费功能。

打造多元新场景集聚地。借鉴“场景营城”理念，围绕“生态产品价值实现”，着力打造彝绣等非遗体验场景、凉山美食体验场景、“沉浸式”彝族风俗文化体验场景、特色小镇商业街区旅游场景、节庆活动新场景、绿色消费新场景、邻里生物多样性场景等。

（二）促进乡村休闲、居住和创业功能的释放

在特色小镇，依托地域特色和地域文化，打造特色美食街区、酒庄、茶庄、染坊、特色民宿与影视基地。如在西昌安哈镇，将道路两旁的房屋用独具彝族标识的红、黄、黑三色绘上彝族故事、传说和生活场景，依托良好生态环境和民俗活动，发展彝家乐等特色民宿，推出四季不同的节庆、民俗活动和特色饮食，充分释放乡村休闲、居住与创业功能。

（三）依托生态环境载体来实现生态产品溢价

土地溢价。一种情况是在土地拍卖环节，在原地价基础上，竞拍人需要对该地区优质生态环境附加价值付费。另一种情况是区域生态保护与环境治理，带来周边土地以及房产等的溢价增值。

景区门票。景区的生态环境价值需要依托门票、酒店以及附着特许经营项目等实现，也是生态产品价值的实现方式。2021 年国庆期间，凉山州 A 级旅游景区累计接待游客 818241 人次，门票收入 468. 602 万元。

民宿经济。良好生态环境产生的溢价可以体现在房价中，如丽水市精品民宿“宿叶民宿”明确将生态产品价值植入房价。也就是说，体现民宿经济的已经不仅仅是住宿服务，也包括了良好的空气、风景和环境等优

质生态产品以及独特的生态文化。这恰恰是四川凉山州的优势所在。

(四) 通过多元功能综合开发来实现土地增值

以创新思维应用TOD理念，对西昌铁路站场及其毗邻地区土地进行综合开发，有利于提高铁路建设项目的资金筹集能力和收益水平，促进铁路可持续发展；有利于“站、产、城、人、文”融合发展，创新铁路价值链，重构城市有机形态，重塑区域经济地理版图，释放现代城市新动能；有利于将铁路单纯通勤转化为产业融合、功能复合、站城一体、生活枢纽、文化地标、艺术典范的新型应用场景。

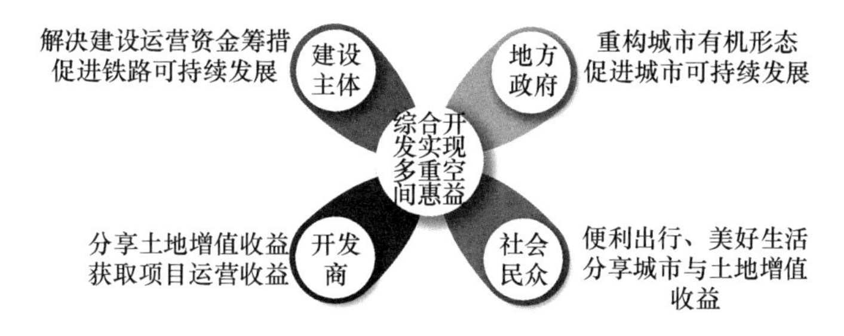

图9－2　TOD导向站场及毗邻地区土地综合开发多重惠益

(五) 利用特殊的地理标志获取品牌价值增值

凉山州已经开发出“大凉山”这个具有地域标识度的区域公用品牌。其实，凉山州还有很多待开发的地理意义上的标识，可通过文旅途径实现价值转化。如“泸亚线”“黄茅埂”等。“泸亚线”是一条极限越野经典线路，而黄茅埂，在凉山州虽不是最大也不是最高的山，但因为是第一代“毕摩”阿苏拉则的修炼之地而成为彝族群众心目中的“神山”。同时，黄茅埂作为一道地理标志，把凉山分成了大凉山和小凉山。

四　惠益分享型转化

(一) 遗传资源的惠益共享

四川凉山州是我国生物多样性富集区，种质资源丰富，尤其是地方畜禽品种数量居全省之冠，国家级畜禽遗传资源保护品种有3个，省级畜禽遗传资源保护品种有9个。在2021年11月23日农业农村局正式发布的新一轮全国农业种质资源普查中，凉山黑绵羊被认定为畜禽十大优异种质资源。应着力推进市场主体与当地农牧民公平、公正分享遗传资源产生的经济效益，协同生物多样性保护与地方经济发展。

（二）传统知识的惠益共享

根植于彝族传统生活方式中的生物多样性传统知识，具有较大的经济开发价值且有待发掘。传统知识的生态惠益分享也是一种“两山”转化机制与生态产品价值实现形式，更是传承生物多样性传统知识的重要途径。在广西龙胜各族自治县红瑶寨，女性用淘米水加中草药洗发的传统被认为是古老养发奥秘。广州御泥坊化妆品有限公司使用其古方，研发出“红瑶桃雨”养发产品。

应推动国家层面出台强制性的生物资源有偿获取与遗传资源惠益分享制度，以确保生物资源规范获取和有偿使用。

第二节 提升生产型转化活动实施能力

生产型转化是“两山”转化最为普遍的类型，核心是生态产业化和产业生态化（简称“两化”）。本节立足“两化”，分析四川凉山州在生产过程和产业发展中如何不断提升“两山”转化能力。

一 生态产业化

生态产业化的重要标志是生态产品市场化，要丰富生态产品形态，做大生态产品规模，培育生态产品市场。

（一）生态农业

1. 特色种养殖业

四川凉山州已经形成粮、畜、烟、果、薯、蔬、林、桑、药、花等优势特色产业，并具有“早、优、丰、稀、特、绿”等突出优势。推进“两山”转化，需要在种植养殖业产品形态、产业业态以及产业链上下功夫。下图以蚕桑资源产业化为例，展示其加工产业链及产品形态。

2. 林下复合种养

我们在调研中了解到，四川凉山州具有丰富的林地和生物资源，林下经济是具有较大潜力和发展前景的优势产业。推动林下种植、林下养殖、采集加工和森林景观利用等多种发展模式融合，实施农、牧、草、药等立

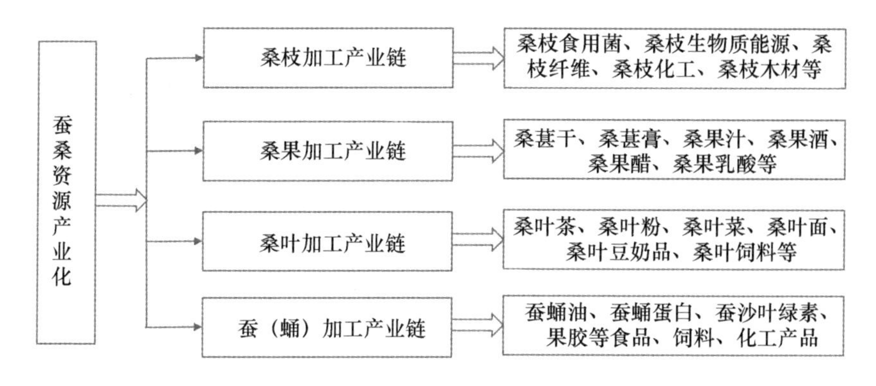

图9－3　蚕桑资源产业化及其产品形态

体复合经营，因地制宜开展香料、药材、食品等林下种植与林下特色养殖，积极发展森林景观利用产业。

3. 大水面资源利用

大水面养殖是一种既可以发挥渔业生态功能，又可以促进"三产"融合的产业。发挥渔业净水、抑藻、控草等多重作用，按照水生态环境保护要求，因地制宜在雅砻江、邛海发展大水面生态养殖，在冕宁、宁南、会东等地水库发展库区生态养殖，进一步提升生态水产品附加值。利用大水面景观资源、生态渔业设施，促进文化、旅游、体育、垂钓、观光、餐饮、康养等新业态深度融合发展。

（二）文旅康养

1. 围绕文化服务发展生态文旅业

丰富旅游业态。依托金沙江大峡谷，大力开发"探险之旅、飞行之旅、康养之旅、科普之旅"等旅游高级形态。培育"赏彝乡美景、尝彝家美食、宿彝家新寨、品彝族文化、购彝乡特产"等民俗旅游新业态。

开发旅游产品。依托凉山州高原优美自然风光，开发探险、自驾、科考、研学、体育、冰雪等专项生态旅游产品，增加创意产品、体验产品、定制产品，持续增加生态旅游产品有效供给。

打造旅游场景。整合全域文化服务类生态产品，打造类似西昌乡村十八景、越西乡村十景等丰富的乡村旅游场景，形成旅游品牌。

2. 围绕康养资源发展大康养产业

依托凉山州森林生态资源、景观资源、阳光资源、温泉资源、文化资源，发展森林康养、田园康养、温泉康养、湖滨康养等多种康养业态，充分利用彝医、彝药、彝餐等地方资源和民俗文化资源，融入医养、药养、食养、气养、水养、禅养、心养、文养、观养、住养、动养等多种产品形态，布局避暑康养旅游、康养农副产品加工、康养娱乐、康养体育、康养地产、康养产品研发及技术服务等康养产业。

3. 开发大峡谷生态旅游经济带

着力开发建设金沙江大峡谷沿江旅游经济带，形成世界级大峡谷旅游品牌，打造西部自驾游及水上黄金旅游线。着力开发建设雅砻江大峡谷，整合雅砻江流域旅游资源，以线路统筹，全力打造世界级的峡谷生态旅游产品。

4. 促进线路资源开发与价值转化

泸亚线。即“泸沽湖”直达“稻城亚丁”的线路。曾经的泸亚线是连接亚丁和泸沽湖两大景区的网红景点、最具挑战性（无导航无信号）的川西秘境越野穿越线路，号称比 G318 更美，比丙察察更刺激。泸亚线沿线风景原始神秘，穿越原始森林和许多少数民族聚居区，道路险峻，随处可见雨季塌方、土泥路、炮弹坑，加之深谷、悬崖、峭壁，让人望而却步，是真正的“身在地狱、眼在天堂”的极限越野线路。目前泸亚线主要由亚三公里路、屋角乡至依吉乡通乡通村道路以及亚泸路（泸沽湖至屋角乡段）组成，全程 280 千米。2020 年，泸亚线实现道路硬化工程。该线路不仅可以体验泸亚线的原始越野路段，更可以饱览 317 川藏北线（成都—马尔康），以及 318 川藏南线（新都桥—理塘）的观光线景观。

归祖线。“昭通—永善—雷波—黄茅埂—美姑”是彝族先民迁徙的线路，沿着这条线路逆行归祖，曾经是许多“毕摩”举行彝人归魂祭祀的线路，这是一条了解彝族历史的重要线路。联合云南昭通，打造一条由归魂祭祀文化习俗形成的旅游线路。

生态步道经济带。建登山健身步道，深化“步道 +”经济模式，带动民宿、农副产品销售、户外品牌赛事、户外用品制造等产业发展。

（三）生态工业

1. 环境敏感型工业

利用空气清新、水质清洁等生态优势，培育引进先进制造、高端制药、食品饮料等绿色产业。浙江省将这类绿色产业称为“环境敏感型产业”，如浙江国镜药业有限公司，得益于龙泉优良生态环境，实现水纯化处理成本降低50%，空气处理成本降低15%，提高了产品竞争力。贵州由于常年低温、电费便宜，吸引腾讯、华为、苹果大数据中心来此布局。阿里云河源数据中心，则采用河源深层湖水制冷降低能耗。

2. 大数据产业

凉山州具有质优价廉的绿色电力供应、良好的气候和空气质量、便捷的交通条件等优势，为建设大数据中心提供了有利条件。“十四五”期间大数据产业有望得到突破性发展。增强大数据应用场景建设，着力在智慧农业、智慧乡村、智慧交通、区块链与信用体系、视联网与公共服务等方向开展示范应用，为凉山州发展大数据产业提供重要应用支撑。

3. 高载能低排放产业

从全生命周期来看，高载能产业并不一定是高污染产业，如光伏组件在矿石开采和电站建设端耗能高，但整个生命周期产出的清洁能源远远高于其总耗能。从能源投入端看，如果是清洁能源，高载能产业同样不一定是高碳排放产业。国家明确支持符合环保、能效要求的高载能行业向西部清洁能源优势地区转移集聚，凉山州具有天然的发展高载能低排放产业的突出优势，应致力于打造高载能产业低碳发展典范。

（四）清洁能源相关产业

1. 清洁能源产业

水风光一体化。积极推进三江流域“风光水”多能互补开发，探索新能源开发与水电开发协调发展、打捆外送的有效路径。推进以新能源为主体的新型电力系统建设，加速弹性电网建设，全面提升清洁能源消纳送出能力。

氢能源产业链。以德昌产业园区、雷波化工产业园区为基础，探索富余风、光、水能源制氢，通过“风光水氢储”一体化发展解决弃水弃风弃光问题；积极参与氢储、运、加注以及氢燃料汽车等氢能源综合利用，开展燃料电池汽车示范和氢化工产业试点。

生物质能源。凉山州的林业生物质能源适生树种主要有小桐子、油桐、黄连木和山桐子等，潜在能源林发展用地总面积可达20万公顷以上。

对生物质能源，建立并完善就近收集、就近转化的分布式商业开发模式，加强燃料乙醇、生物质柴油及其衍生生物基产品的高效生产利用技术研究，推动生物质资源的多级利用、完全利用和循环利用。

2. 清洁能源利用及相关产业

积极推进清洁能源消纳园区建设。加快智能科技型消纳产业园建设，建立西昌、宁南、会东等水电消纳产业示范区以及会东县海坝水电消纳大数据产业项目、智慧城市大数据中心；鼓励绿色转型类消纳产业园建设，围绕州内建材、纺织、冶金等传统高能耗产业的绿色转型，鼓励在冕宁、德昌、会理、雷波等相关产业园区加大对清洁能源的消纳，解决弃水弃风弃光问题。

拓展清洁能源配套产业发展。通过清洁能源开发，引进风电机组、光伏组件、电池组件等能源装备制造业，配套发展新能源研发、检测、供应链管理等服务业。创新发展以“清洁能源+”为核心的清洁能源应用模式，通过农光互补、牧光互补、林光互补，以及水库、风电基地与旅游业联动发展，提高光电项目所占土地的综合开发效益。

（五）特殊资源产业

1. 废弃资源再生开发

对废弃物资源进行再生资源化是“两山”转化的重要形态。在农业领域，提高秸秆、畜禽养殖场粪便以及农副产品加工废弃物综合利用率；在工业领域，建设钒钛磁铁矿大宗固废综合利用基地，拓展固废制砂、固废路基材料、固废基胶凝材料等利用用途；在生活领域，加强垃圾回收、发电、堆肥等资源化处理。

2. 临港岸线资源开发

结合乌东德、白鹤滩、溪洛渡翻坝转运工程，合理利用岸线资源，开发、建设、完善航运设施，打造沿江经济发展先行区。重点打造白鹤滩—溪洛渡临港产业带、雷波溪洛渡临港产业带、金阳山江物流园、布拖交际河产业小镇、宁南白鹤滩物流基地。建设农产品物流基地，服务于特色农业，对接长江经济带，带动产业发展。

3. 沟谷特色资源开发

依托海花沟、乐跃沟、老鹰沟等多条沟谷特色资源，谋划建设全景化立体式沟谷经济示范区，打造各具特色，功能多样的沟谷乡村阳光康养旅游度假地。探索沟谷产业融合、生态经济发展模式。选取具备合适生态条件的沟谷作为示范区，探索沟谷产业融合的发展模式，如“水稻＋特色水产（稻蟹、稻虾）＋乡村度假”的产业发展模式。

4. 传统村落等特色资源

依托传统村落、彝家新寨的特色建筑等资源，带动生态农业、旅游与保护协同发展。日本岐阜县白川乡合掌村就是一个很值得学习借鉴的案例。该村依托合掌建筑这一世界遗产，一是观光与购物相结合，面向游客销售当地健康食品；二是旅居相结合，发展民宿经济，民宿外形保留传统，内装现代化，使游客在旅居中体验乡土；三是与企业联合建立自然环境保护基地，开展以自然环境教育为主题的研学教育。

二　产业生态化

产业生态化是针对存量产业的生态化提升，通过减少生态空间占用、资源减量化与循环化、污染减排等形成绿色新动能，实现结构效益与高质量发展。环境内生型、创新驱动型、低碳循环型、资源高效型等产业各美其美，构建“两山”转化产业新体系。

（一）农业绿色发展与价值增值

推进农林牧渔产品多元化开发、多层次利用、多环节增值，拓展延伸生态产品产业链和价值链。

1. 农业立体种植养殖与循环增值

（1）推广立体化种植养殖

根据特有地形地貌与气候特征，发展立体种植养殖一直是四川凉山州农牧业发展的重要特色。河谷地带以晚熟南亚热带水果和早熟亚热带果蔬为特色，二半山以生态养殖、粮油蔬菜、烤烟、药材、林果为特色，高寒山区以半农半牧、春薯秋菜、畜牧养殖与优质苦荞为特色。每个县域也形成了自身立体循环的产业特色，如在金阳县，低山河谷经济带青花椒套种白魔芋；二半山经济带核桃间种红花椒，套种白（花）魔芋；高山经济带华山松套种牧草套养畜禽，推广春薯秋菜。

（2）构建生态循环产业链条

通过秸秆还田、种植覆盖作物等措施，可以减少土壤养分流失；通过作物轮作、套种等举措，可以改善土壤质量；通过发展农牧循环等可以增

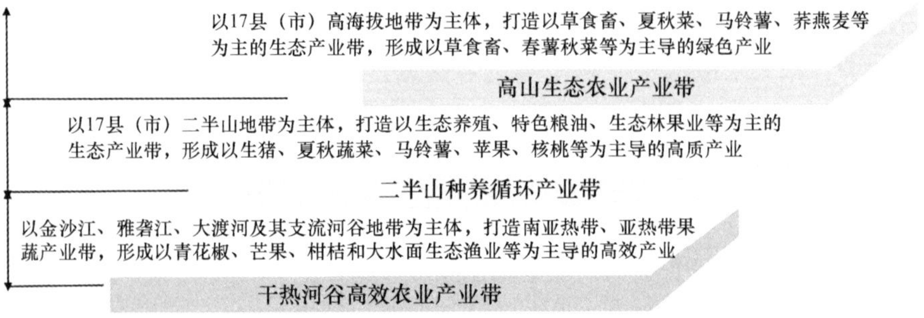

以17县（市）高海拔地带为主体，打造以草食畜、夏秋菜、马铃薯、荞燕麦等为主的生态产业带，形成以草食畜、春薯秋菜等为主导的绿色产业

高山生态农业产业带

以17县（市）二半山地带为主体，打造以生态养殖、特色粮油、生态林果业等为主的生态产业带，形成以生猪、夏秋蔬菜、马铃薯、苹果、核桃等为主导的高质产业

二半山种养循环产业带

以金沙江、雅砻江、大渡河及其支流河谷地带为主体，打造南亚热带、亚热带果蔬产业带，形成以青花椒、芒果、柑桔和大水面生态渔业等为主导的高效产业

干热河谷高效农业产业带

图9－4 凉山州立体循环产业带分布及发展重点

资料来源：凉山州农业农村局《"大凉山"优势特色产业五年行动方案（2021—2025年）》，2021年9月。

加土壤碳汇。这些生态循环农业模式在四川凉山州得到广泛应用，畜禽粪污、农作物秸秆、果皮果壳等都有循环利用，并形成以"鱼塘—桑树—蔬菜（花卉）—牲畜"为代表的种养循环、现代养殖与现代林业园区配套融合的林养循环等多种模式。为了防止耕地过度非粮化，凉山州大力推广葡萄—豆类粮食间、套作模式（每亩可增收800—1500元），以及蔬菜、玉米轮作模式，截至2022年3月，西昌市已经有460亩试点，主要分布在安宁镇、经久乡和裕隆乡。

2. 全品类开发与全产业链拓展

全品类开发是纵向拓展农产品价值的重要手段，最有代表性的是安吉全竹生态高效利用，已开发3000余品种。四川凉山州在全品类开发上具有广阔市场前景，如青花椒可开发微囊青花椒粉、青花椒麻素、青花椒精等精深加工产品，形成青花椒香水、花露水、祛痘乳、沐浴液、去头屑止痒香波、保健牙膏、保健酒等系列高附加值产品。魔芋也具有多种产品形态，魔芋精粉、魔芋复配米、魔芋胶、纯化粉、雪魔芋、魔芋毛肚、魔芋粉面、魔芋饮料、魔芋零食等。

全链条开发是横向拓展农产品价值的重要手段。如葡萄产业全业态产业链，即葡萄种植观光、葡萄酒酿制、葡萄酒文化体验与美食休闲等的一体化；生猪全周期产业链，即前端繁育、饲料加工、有机肥加工，后端屠宰及食品加工、冷链流通、粪污资源化利用等的"接二连三"发展。四川凉山州全产业链拓展的痛点在深加工环节，围绕果蔬粮等大宗农特产品，建设苹果汁、核桃汁、桑葚汁、石榴汁、苦荞浓缩汁、桑茶饮料等林果饮料加工产业；苦荞、核桃等食品干果加工产业；菜籽油、橄榄油等油类加工产业。

3. 农业多种功能与多业态发展

拓展凉山州农业农村在绿色食品保障、休闲康养、生态涵养、民族文化传承等方面的多种功能，拓展循环型业态、体验型业态、文创型业态、智慧型业态，形成产加销一体化、产学研用深度融合新模式，规模化发展农产品加工业、乡村休闲旅游业、农村电商等，大幅度提升农业价值。

（二）战略资源开发与产业深化

1. 产业结构高端化

深化钒钛资源综合开发利用。围绕钒钛产业链，布局建设一批综合利用和关联产业，加快开发钒钛高端制品、功能材料、特色零部件等，发展钒钛新材料和电子信息产业。

提高稀土深加工规模水平。重点发展高纯稀土金属等新材料及下游产业，形成“采、选、冶、加、研”完整的稀土产业链和产业集群。

2. 空间结构集约化

空间模式由零转整，打造战略引领型园区（四川西昌钒钛产业园区）、创新集群型园区（会理有色、冕宁稀土、德昌特色三大省级园区）、特色发展型园区（成都·大凉山农特产品加工贸易园区、会东特色产业循环经济园区、雷波工业集中区、甘洛工业集中区），促进县域工业集中区和飞地园区绿色融合发展，以集中居住区3000人以上为标准布局农产品加工点，形成“1+3+4+N”空间格局。

3. 资源利用循环化

凉山州在资源利用循环化上已经奠定了良好基础，西昌钒钛产业园是四川省第一批循环产业示范园区、省级绿色制造示范单位。推动符合条件的园区积极开展绿色化、循环化改造。积极发展废弃资源与废旧材料综合回收加工业，并逐步向复合材料固体废弃物回收利用产业化方向发展。

三 产业融合跨界发展

（一）产业融合增值

1. 全产业链融合发展

在农业领域，要按照全产业链融合发展的要求，围绕主导产业，发展农林产品初加工、精深加工和综合利用加工，延伸产业链条、提高附加值。支持大型龙头企业在同一区域内布局全产业链，推行育、繁、养、宰、加、销一体化融合发展新格局。

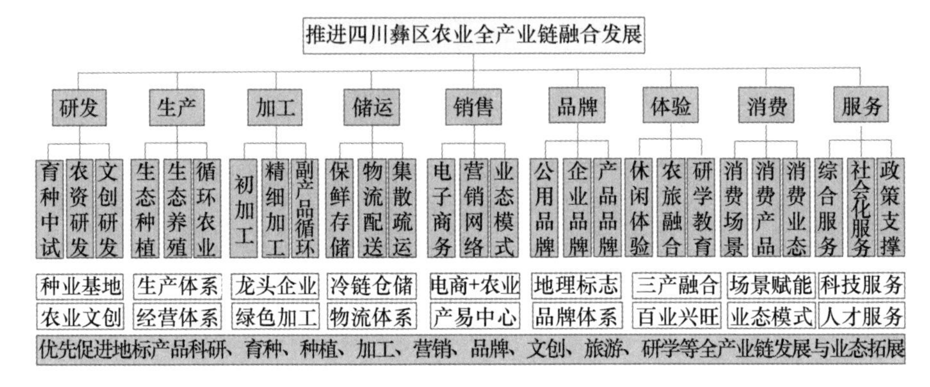

图9－5 农业全产业链融合发展

2. 三次产业融合发展

通过体验经济，将文化旅游与种植业、制造业融合，形成观光农业、工业旅游等新业态。如中药材＋保健养生、林业＋森林康养、牧场＋牧场体验、果业＋采摘体验、农田景观＋摄影文创，山地＋康养运动，文创＋产品研发制造等多种模式。

3. 自然生态要素融合

山水林田湖草沙冰等自然生态要素构成生命共同体，要素之间的融合既是生命共同体系统修复、协同治理的需要，也是生态保护与经济发展和谐共促的不二选择。如在凉山州林业发展上，既要做到林水平衡、协同治理，也要加强林草融合、林田协调与林碳互促。

4. 生态产品形态功能的融合

四川凉山州大多是生态良好、民俗风情浓郁的旅游目的地。要进一步促进创意旅游产品的丰富化，如开发观光、休闲、度假、民俗、养老等新旅游产品，融合现代农业、度假养生、生态体验、文化民俗、研学教育等新业态。是现代服务业、制造业、现代农业的融合，更是与新型城镇化、乡村振兴的多元融合。

5. 清洁能源产业的融合发展

大力发展分布式光伏和农（林、渔）光互补等生态复合型光伏电站，打造乡村清洁能源综合供能体系。一是水电产业融合发展，对接凉山州“三江”国家水电公园建设，水电开发与生态恢复、产业融合协同推进；二是水风光互补发展，建设水、风、光互补一体化清洁能源基地，促进集中式与分布式相兼顾，集中送出与就地消纳相结合，清洁能源生产消费相协调；三是挖掘风光牧景观价值，以蓝天、白云、阳光、花海为背景，发展独具特色的风光牧新生态旅游景点，实现自然与现代工业的有机结合。

（二）产业跨界增值

产业跨界是新经济背景下产业融合的一种重要形式，产品跨界、技术跨界、市场跨界、资本跨界、产业跨界等，是新科技革命和消费升级催生的新型产业组织方式，不同产业前后、上下、左右之间要素重组、渗透、消融、借力，形成新的业态、模式与产业生态，如互联网与零售融合产生盒马鲜生；大数据技术、互联网平台与租赁融合产生共享单车与滴滴打车等；视频直播与线下教育结合开创线上教育；还有传统服务业与互联网、大数据等技术融合，产生电子商务、智能出行、远程教育、智慧医疗等新产业。

1. 依托平台开展跨界融合

文化、科技、信息、创意、资金、市场、人才、品牌、渠道等产业要素通过聚集创新形成融合发展模式，如文创产业、艺术商业、影游联动等。要素聚集创新依托于一定的平台，如平安文旅荟，跨界整合金融、商业、地产、艺术、健康与旅游等行业龙头品牌，构成跨界融合平台。引进平台企业是四川凉山州“两山”转化的关键之举，有利于优化生态产业资源配置，提高运营能力与水平。

2. 产业价值链的穿透重组

传统旅游产业价值链一般为“资源供应—产品服务—渠道—用户”。在资源供应上嵌入休闲、教育、康养等元素和功能，形成休闲度假、研学旅行与生态康养等业态和产品，并嵌入互联网营销渠道与交互形式，不断扩大用户范围更增加了用户价值，从而重塑了旅游供应链、产业链。

制造业也从以产品为中心向服务端延伸，形成制造共享、延伸服务、多功能开发、供应链管理、服务型制造、柔性化定制等新业态和新模式，如金沙江进行水电开发的同时延伸出观光体验、教育科普等多功能旅游产品。服务业也嵌入制造环节，形成服务衍生制造、研发设计、供应链服务、质量技术服务、金融服务等类型，如物流、快递企业融入制造业等环节，实现降本增效。

第三节 提升交易类转化活动实施能力

提升生态产品交易能力是以市场化方式推进“两山”转化的核心能力，其交易活动包括物质类产品与权益类产品交易。物质类生态产品产权清晰、交易成本低，可直接进入市场交易；景观类生态产品可以借助门票、住宿及关联性产品获得溢价收益。本节不再专门探讨物质类生态产品交易，而是基于国内外权益类生态产品交易经验及发展趋势，立足四川凉山州资源基础与潜在优势，着重以可进入市场交易的自然资源权益为载体，以增强市场化实现手段为目标，探讨“两山”转化的交易类路径及其能力建设。

一 自然资源资产产权流转交易

（一）耕地产权流转：以地票为例

重庆是地票制度的首创地，本书所说的“地票”制度是指拓展了生态功能的新地票制度，即复垦形成的益林宜草地在验收合格后申请地票交易，依据是国家城乡建设用地增减挂钩制度。在饮用水源保护地、生态保护红线区、易地搬迁迁出区等承担重要生态功能或生态脆弱区域，将原有建设用地复垦为林地、草地等生态用地，节余指标以“地票”入市交易，收益由农户与集体组织按比例分配，既增加了生态空间与生态产品，又提高了农民财产性收入，也促进了城乡用地协调和城镇反哺乡村。

（二）林地产权流转：以林票为例

林票制度在福建三明市得到了很好应用。林票是一种按占有份额制发的股权，量化权益后由农民自主选择出让经营、委托经营、合资造林、林地入股等多种经营方式，同时赋予林票交易、分红、质押、兑现等权能，较好解决了林业发展中融资、流转、变现、提质等难题。三明市还在林票基础上，创新林业碳票制度，赋予其交易、质押、兑现、抵消等权能，相当于林业碳汇权益资产交易的“身份证”。

（三）生态修复产权流转

生态修复产权流转在前文已经提及，是针对生态修复后形成的可让渡产权的流转和交易，新增耕地可以用于占补平衡，节余建设用地还可以用于增减挂钩。另外，社会资本投资修复并依法获得的土地使用权等相关权益，修复后可依法依规流转并获得相应的收益。当前，会理县城北街道全域土地综合整治试点项目是经自然资源部批准实施，是凉山州唯一一个整乡推进国家级全域土地综合整治试点项目，力争获得增减挂钩节余指标1.2万亩、占补平衡指标3万亩，实现指标交易收益15亿元以上。

二　自然资源角度的权益类交易

自然资源角度的环境权益交易包括水权、用能权、节能权、绿色电力证书交易等。

（一）水资源产权相关交易

水资源产权交易是指水资源使用权流转，包括区域水权交易、取水权交易以及灌溉用水户水权交易。[①]《凉山州推进供给侧结构性改革补短板实施方案》（凉府办发〔2017〕35号）、《凉山彝族自治州“十四五”清洁能源产业发展规划》都提到探索水权交易。四川也提出在攀西经济区试点农业用水水权回购和转让机制，由政府或其授权的水行政主管部门、灌区管理单位可予以回购其节水量。

（二）用能权与节能权交易

根据《四川省用能权有偿使用和交易管理暂行办法》（川发改环资规〔2018〕527号），四川省根据国家下达的能源消费总量控制目标，合理分解各市州能源消费总量控制目标，再确定用能单位初始用能权确权。配额内的用能权以免费为主，超额用能则有偿使用。不足部分可向其他持有用

① 水利部：《水权交易管理暂行办法》（水政法〔2016〕156号），2016年4月19日。

能权指标的主体购买，由交易方集合竞价方式形成交易价格。[①]

节能量交易是指用能单位将超过年度节能量指标的节能量，比如通过节能改造和淘汰生产装置的能耗削减，经第三方认定注册后，在交易平台进行转让交易，以获取收益。节能量交易分为申请、交易和结算三个环节。

另外，节能项目投融资交易和合同能源管理项目收益权交易也是一种市场交易形式。

（三）绿色电力与证书交易

绿色电力交易通过市场机制反映绿色电力的电能价值与环境价值，可提升绿色电力产品收益。在试点中形成了直接交易购买和向电网企业购买两种交易方式，绿电交易还包括绿电超额消纳量和绿证两类衍生品交易。2021年9月7日，我国绿色电力交易试点正式启动。新增可再生能源不纳入能源总量控制的要求进入落实阶段，购买绿电成为企业缓解能源“双控”压力的一个重要选项，市场需求将大幅增长。

四川凉山州是绿色电力的主要供给方，绿电消纳需求将大幅提升，参与主体广泛，很多专家学者也在呼吁将水电纳入绿电交易范围，可以预见，四川凉山州将迎来重大利好。截至2022年4月5日，凉山州已有一些绿电项目纳入绿证认购平台产品库，包括布拖县火烈风电场项目、昭觉县依达风电场项目、昭觉洛尔风电场项目、昭觉县特口甲谷风电场项目、安宁河峡谷风电场（一期）项目等，其中安宁河峡谷风电场（一期）项目已售完。

三 环境容量角度的权益类交易

环境容量角度的环境权益交易包括排放权、排污权和环境容量交易等。

（一）排污权交易

排污权是以排污许可证形式予以确认的一项环境权益。排污权交易是排污单位以有偿方式获得初始排污权，在总量控制下开展排污单位之间的市场交易，包括定额出让排污权和公开拍卖排污权。排放交易制度的核心

---

① 四川省发改委：《四川省用能权有偿使用和交易管理暂行办法》（川发改环资规〔2018〕527号），2018年12月7日。

是环境容量资源的财产权化，以激励企业低成本减排。

四川凉山州首先要推进排污单位依法申领、按证排污，禁止无证排污或不按证排污，加强西昌钒钛等重点企业温室气体排放监管。其次是开展排污权有偿使用和交易试点工作，建立以重点企业为单元进行总量控制和排污权交易机制。随着排污权初始分配制度的完善，不断创新有偿使用、预算管理、投融资机制。

（二）碳排放权交易

碳排放权交易通过将碳排放的外部性内部化从而为高排放单位增加额外成本，同时为减排投资和技术创新提供激励。交易的产品主要是碳排放配额，具有行政许可特征，又具有物权特征和商品及资产属性。目前参与全国碳市场的仅限于发电行业，2019 年四川凉山州只有攀钢集团西昌钢钒有限公司（自备电厂）纳入重点排放单位名单。四川凉山州要主动融入全国与成渝地区双城经济圈碳排放权交易市场，推进其他行业逐步参与碳交易市场。

（三）放牧配额交易

由村（小组）根据长期放牧经验和近期草场生长与降水等情况确定总放牧配额（即全村组草场能够承载的牲畜总数），制定配额家户分配依据、配额交易规则、监督和纠纷解决机制等，实现放牧配额确权到户，鼓励配额交易以及牲畜代养等方式。放牧配额成为一种可以增值的资产，从而激励牧民参与保护草场资源，同时也鼓励了牧民参与社会治理，如协商制定、分配、实施、监督、保护和管理放牧配额权。基于放牧配额的草场管理制度，有利于弥补草场承包经营权“重利用轻保护”的缺陷，更有利于草畜平衡，成为生态产品价值实现的一种可行方式。

（四）生态容量交易

江苏省溧阳市生态容量交易是生态产品交易的一个典型案例。从 2020 年 8 月起溧阳市将低效养殖的青虾有序退养后形成的生态效益容量，按照每亩 6500 元（含养殖区当年虾苗赔偿）由生态产品交易市场集中收购，由产业业主购买，形成了“政府创造生态容量需求市场—市场化收购—市场化交易”的闭环。在实践中，还有生态容量占用责任许可付费、生态容量产品券（币）等市场化手段。

四 政府管控下的指标限额交易

（一）绿化增量等责任指标交易

借鉴其他区域责任指标交易试点经验，探索责任指标交易实现方式。如以山区农村新增水域储备为基础，根据水域占补平衡要求，通过市场交易，推进新增水域面积转化为经济产品。通过将污水处理厂的可再生水转让给有需要的市场主体进行生态和绿化用水，创造基于清水增量责任指标的水权交易市场。

（二）森林覆盖率等指标交易

借鉴重庆森林覆盖率等资源权益指标交易，推动四川尽快出台森林覆盖率指标交易实施办法，将森林覆盖率达到目标值作为每个市州统一考核目标，构建基于森林覆盖率指标的交易平台，使四川凉山州承担更多造林任务并通过协商交易获取更多的森林管护资金。

（三）基于 GEP 核算的生态产品采购

浙江丽水市率先探索了基于 GEP 核算结果的生态产品采购机制，从而实现了生态产品市场化交易。如云和县政府按照调节服务生态产品价值的 0.1%—0.25% 进行政府采购；国家电投集团企业向大洋镇生态强村公司支付 279.28 万元，用于支付区域调节服务类 GEP 的 5% 和项目生态溢价价值的 12%。

五 林业碳汇交易等减排量交易

根据《联合国气候变化框架公约》的定义，碳汇是从大气中清除二氧化碳等温室气体的过程、活动或机制。目前我国已形成竹林、草地、森林、耕作等 6 种方法学用于碳汇核算及交易，目前应用案例主要仍集中在林业板块。

（一）四川凉山是较早参与相关碳汇项目的地区

“诺华川西南林业碳汇、社区和生物多样性项目”于 2010 年在四川正式启动，计划投入 1 亿元人民币，预期周期 30 年，可吸收 120 万吨二氧化碳，涉及四川省凉山彝族自治州的甘洛、越西、昭觉、美姑、雷波五个县以及申果庄、麻咪泽、马鞍山三个大熊猫自然保护区。该项目已注册为联合国清洁发展机制项目，入选“生物多样性 100 + 全球典型案例”。

2011 年至 2019 年，项目区村民人均增收约 2160 元。

还有自然保护区碳汇项目。北京山水自然保护中心与一汽大众奥迪合作在四川省凉山州营造 5000 亩碳汇林。项目地点位于凉山州冕宁县冶勒自然保护区及金阳县百草坡自然保护区，项目按照自愿减排熊猫标准进行开发，预计在 30 年计入期内产生约 8 万吨二氧化碳减排量。

（二）未来凉山将成为全省碳汇交易的重点区域

凉山州是我国重要的碳汇资源库和潜力区，碳汇项目得到四川省级层面的高度关注和大力支持。《四川林草碳汇行动方案》明确支持凉山州乡村振兴等林草碳汇项目示范。2021 年 6 月 27 日，四川省林草局生态处专题组织研究凉山州森工企业林草碳汇发展工作。

2021 年 9 月 2 日，会理市与四川国源农投公司林业碳汇项目签约，该项目是凉山州首个林业碳汇签约项目，项目开发面积约 85 万亩，覆盖全市国有林场，项目开发成功最长可以享受 60 年的收益，每年估算收益为 500 万—800 万元。2021 年 12 月 21 日，国家电投四川公司与美姑县政府签订《“乡村振兴 + 林草碳汇”项目战略合作协议》。

（三）积极探索碳汇项目方法学并参与上市交易

林业碳汇项目从开发到销售，一般包括林业碳汇资源开发、备案登记、核证签发和平台销售等环节。必须明确的是，林业具有多种功能和多种价值实现方式，并非碳汇一种，而且目前碳汇交易所占碳市场份额还比较小，但依然是有必要的，一是碳汇开发和交易具有较大的发展潜力，也是低碳发展的未来趋势；二是碳汇交易是有成本的，包括项目设计、监测和第三方审定、核证等投入。目前，国内外主要减排机制包括清洁发展机制 CDM 项目、国际核证碳减排标准 VSR、国家核证资源减排量 CCER 机制。四川凉山州要积极参与碳汇交易，加强碳汇资源收储，大力推进区域碳汇效益横向补偿和自愿碳中和行动，助力重点区域和单位、大型活动组织者、社会公众等资源购买碳汇实现碳中和。

第四节　提升服务类转化活动实施能力

“两山”转化必然带来大量服务类转化活动，一方面是围绕生态系统服务而形成的生态服务业，如以文旅为核心的服务业；另一方面是围绕

“两山”转化投资、生产、交易、流通、销售形成的生态服务业，如金融服务、认证服务、碳汇交易服务、综合能源服务等。

一 生态服务产业

（一）研学教育

打造凉山州自然教育、红色教育、劳动教育、遗产教育、生命教育等各类教育研学实践基地，开发全域研学线路，探索新时代研学教育内容与新模式。

（二）生态文创

以新文创理念，融合现代科技，打造四川凉山州生态文化 IP，采用新概念、新设计、新传播、新营销重构生态文创内容生态。创新品牌形象驱动、文化旅游营销、产业引领发展等模式发展新文创，推动凉山州生态文明商业价值变现。

（三）生态会展

积极举办健康产业博览会、花卉或园艺博览会、文旅博览会、农产品博览会等多种形式的新会展业。结合凉山州独特生态和文化资源，探索“会展 + 商贸”“会展 + 农业”“会展 + 旅游”“会展 + 康养”等发展模式，打造凉山会展品牌。

全力打造会理石榴、德昌桑葚樱桃、金阳索玛花、盐源苹果、会东松子松露等四川花卉（果类）生态旅游节。打造凉山彝族国际火把节、大凉山国际戏曲节等特色会展，形成环邛海湿地公园和泸沽湖国际马拉松、自行车等赛事会展。

（四）生态旅居

盘活闲置房屋，引进精品民宿品牌，吸引返乡下乡人才参与建设新民宿，打造高端民宿产业集群。出台凉山州民宿标准，提高民宿品质，发展生态旅居业。

二 绿色金融服务

自然资源资产具有金融属性，既可作为金融产品进行运营，也可作为手段支撑自然资源资产交易以及生态产品投融资。绿色金融工具和政策能够“内化”生态环境因素的外部性，以市场化方式动员和激励更多社会资本投入“两山”转化。

（一）重点领域金融支持

加大对特色优势农业以及休闲、观光等新型农业模式的金融支持。围绕绿色循环工业经济，加大对新材料、新技术、节能环保、特色农畜产品深加工和民族工艺品等产业的信贷支持和保险服务。重点加强对农文旅融合发展示范园区、民族文化产业集聚区等的金融支持。大力开展针对水、光、风等优势能源开发的信贷支持和保险服务，推进资源开发权作价入股，推动清洁能源碳金融项目交易。围绕重点生态功能区建设，加大生态保护金融支持，持续开展针对生态扶贫与生态振兴的金融服务。

（二）创新绿色金融产品

开发绿色信贷产品。充分借鉴吸收各地生态产品价值实现中的绿色金融创新。如针对生态产品供给市场主体融资需求，依托生态产品产权证书，以生态产品预期收益为质押物和还款来源，给予生态贷款授信额度和直接贷款的“生态贷”；将生猪等生物资产作为合格抵押品的“绿色养殖支持贷”；嵌入区块链技术以生态产品交易数据流水为授信依据的“茶商 E 贷”。支持金融机构结合凉山州发展情况积极开发适合的绿色金融产品。针对长江禁渔后渔民转产创业与转产就业融资需求，创新渔民转产贷等金融产品，根据资产抵押、渔民联保、个人信用等进行分类授信，在商业银行贷款享受优惠利率，实现贷款上门服务以及线上化办理。推广新能源贷款、能效贷款、合同能源管理收益权质押贷款等信贷品种。

发展绿色债券产品。鼓励银行业金融机构发行绿色金融债券，承销绿色公司债券、绿色债务融资工具、绿色资产支持证券、绿色担保支持证券等。鼓励企业发行绿色债券，推动中小型绿色企业发行绿色集合债。支持符合条件的绿色企业上市融资和再融资。

丰富绿色保险产品。绿色保险服务“两山”转化是通过保险产品将环境风险外部化从而分散部分风险。以环境污染责任保险为例，整合安全生产责任保险以及危险品运输保险等，建立覆盖全生命周期全流程的套餐式保险产品，并根据风险等级实行差异化定价，从而在防范经营风险的同时有效降低保费。探索健全森林保险制度，推进草原保险试点，完善灾害风险防控分散机制。探索设立地方特色险种，如价格指数保险、收购价格指数保险、目标价格保险等。

开展环境权益融资。鼓励以收储、托管等形式进行资本融资，用于生态环境提升与生态产业发展。支持发展以碳排放权、用能权和节能项目收益权等为质押的绿色信贷。探索使用环境权益作为担保增信方式，不断创新金融产品，突破生态产品抵押路径不畅的融资难题。

（三）集聚绿色金融业态

打造攀西绿色金融中心。把西昌建成攀西地区绿色金融中心，积极培引绿色保险、绿色证券、绿色投融资机构等绿色金融主体，创新开展三农金融、科技金融、绿色金融等应用试点。组建绿色金融联盟，强化绿色金融合作，提升金融在生态产品开发经营和产业发展领域的资源配置能力。

集聚绿色金融第三方服务。集聚发展绿色金融科技公司、数据服务公司、会计师事务所、资产评估、律师事务所、咨询培训研究机构等绿色金融生态企业，开展生态保护金融相关第三方服务。

三 生态认证服务

（一）绿色产品认证服务

我国从 2016 年开始实施统一的绿色产品标准、认证、标识体系，陆续出台绿色产品评价标准清单及认证产品目录。推进四川凉山州绿色认证服务，是提高生态产品溢价增值的重要途径。同时，要多渠道推广绿色认证产品并推动绿色认证产品的广泛采信。

（二）生态标志认证服务

生态原产地认证、国家地理标志产品认证等农产品类生态认证在凉山州已经得到较好推广，应继续拓展更多生态认证。森林可持续经营认证（FM），是生产性森林资源及林下经济产品市场溢价的重要手段，经过 CFCC（中国森林认证）认证的非木质林产品市场售价可提高 1.5—4 倍。目前 CFCC 和 PEFC（国际森林认证）已取得互认，也相当于开辟了森林产品的国际通道。其他还有国家青少年自然教育绿色营地认定等。

（三）生态品牌综合服务

生态品牌的打造可以形成较长的产业服务链条，涉及品牌战略咨询、知识产权、创意设计、质量征信、形象塑造、营销推广、品牌投融资等，积极引入专业机构，健全品牌专业服务体系。开展品牌孵化服务，为生态产品企业提供产品定位、包装宣传、渠道规划及市场营销等服务。

四　双碳相关服务

（一）碳汇交易服务

将碳汇资源开发成为碳汇资产（如 CCER 资产），签发流程复杂，需要专业的服务机构来进行开发和运营管理。碳汇交易市场的发展，会衍生出碳汇核证的中介机构、碳汇交易的研究机构、碳汇核证方法学的科研机构、碳汇绿色基金公司、碳汇交易平台公司等，将会形成高附加值、高技术含量的绿色服务产业。

（二）碳标签等服务

产品碳标签是一种碳信息披露机制，将商品全生命周期碳排放用量化指标形成信息标签。建议加快农产品碳标签方法学研究，构建碳标签标准体系，逐步推动低碳农产品碳标签实践。

（三）碳普惠制服务

针对小微企业、市民低碳出行、节约能源、垃圾分类、低碳消费等低碳生活场景减碳量，进行量化核算，并与碳币建立兑换关系，创造低碳激励机制，引导市民低碳生活，以消费端带动供应端、产业端的低碳转型。如广州市利用微信公众号绑定微信运动步数，将市民低碳行为换算为“碳币”，碳币可以用于在平台兑换购物券、骑行券等。

四川凉山州在脱贫攻坚阶段，为了引导群众移风易俗，激发内生动力，开展了诸如“青春扶贫超市”“新风超市”等载体建设，制定《评比积分明细表》，将正向文明行为和环境保护活动折算为积分，并可兑换小额生活品和生活家电。在一定程度上已经具备了一些碳普惠的功能，可以在此基础上不断创新完善。

（四）电力辅助服务

电力辅助服务中的调峰、备用等能力对于新能源发电消纳的作用至关重要，是支撑高比例新能源大规模接入电网的必要措施。因地制宜地探索转动惯量、爬坡、稳定切机、稳定切负荷等新型辅助服务，以市场方式确定辅助服务提供主体，降低系统辅助服务成本，促进新能源消纳。

（五）综合能源服务

综合能源服务是能源领域的新业态，也是培育壮大新增长点的一个突破口。根据中节能生态产品发展研究中心发布的《综合能源服务行业市场研究报告》，其产业链结构包括能源生产、转换、传输、存储、管理、交易、服务平台等，“十四五”市场潜力将增长到0.8万亿—1.2万亿，成为新产业赛道，不仅是能源企业跨界竞争的主战场，也是信息领域跨界能源产业的入口。

四川凉山州具有清洁能源生产的显著优势，提早培育综合能源服务产业将助力新型能源系统与源网荷储一体化，实现新能源广泛介入、电网灵活配置资源、终端负荷多元互动多能互补。同时为企业提供应对碳排放双控、绿电生产采购以及碳资产管理等解决方案。

第五节　提升补偿类转化活动实施能力

基于“绿水青山”的公共服务属性以及生态问题的外部性、滞后性，政府购买生态效益、提供补偿资金是通用做法，但政府补偿并不是提高生态效益的唯一途径，还可以使用激励和市场手段提高生态效益。

一　推动生态补偿提标扩面

（一）争取更多专项生态补偿

1. 重点生态功能区转移支付

进一步发挥重点生态功能区转移支付等财政种子资金的作用，注重生态产品价值实现的产业、制度等通道建设，推动12个重点生态功能区所在县提升优质生态产品的供给和转化能力。根据重点生态功能区转移支付系数以及补偿资金与破坏生态环境相关产业逆向关联机制，提高资金利用效率和效果。积极谋划将更多生态保护与修复重大工程纳入国家规划与政策统筹，如国家“双重”专项建设规划项目。

2. 流域横向生态补偿

完善安宁河流域横向补偿机制。流域横向生态补偿已经覆盖到凉山州，2019年、2020年攀枝花市分别向凉山州补偿资金1500万元、1300万元用于安宁河流域水污染治理和水环境保护。第一轮补偿协议已到期，亟须在第二轮补偿中回应国家2025年长江全流域建立起流域横向生态保护补偿机制体系的要求，推动四川省出台新一轮流域横向生态保护补偿机制与激励奖补政策。

表9－1　2018—2019年安宁河流域横向生态保护补偿奖励资金与政府间资金清算结果

市（州）	安宁河流域横向生态保护补偿奖励资金（万元）					扣减资金	清算结果
	资金来源	预拨奖励资金	应得奖励资金	奖励资金清算应扣减资金	奖励资金清算结果		
攀枝花市	中央资金	1500	1500	0	0	0	0
凉山州	中央资金	1500	1500	0	0	0	64

市（州）	安宁河流域横向生态保护补偿市（州）政府间资金（万元）				清算结果
	资金来源	资金筹措	资金分配	资金清算结果	
攀枝花市	政府资金	1500	1500	－750	－750
凉山州	政府资金	1500	1500	750	1249

数据来源：《关于清算2018—2019年沱江、岷江、嘉陵江、安宁河流域横向生态保护补偿资金的通知》（川财资环〔2021〕5号），2021年1月20日。

3. 生态要素补偿

在实践中还存在诸如针对大气环境、森林、草原、湿地、矿产资源开发区、农业区、旅游风景区的生态补偿，资金来源以中央、地方财政转移支付与专项基金为主，辅以市场化手段与社会捐赠等。加强四川凉山州以生态环境要素为实施对象的分类补偿，如针对长江十年禁渔，增加水生生物资源养护补偿。在健全生态公益林和重点生态区位天然商品林管护制度基础上，可以适时探索重点生态区位天然林赎买制度。率先开展人工湿地补偿试点，争取中央和省级财政资金支持，推进湿地保护与恢复等。

（二）拓展综合性的生态补偿

统筹生态补偿政策资金。适时制定凉山州生态补偿条例、生态补偿资金管理办法与实施细则，支持生态补偿政策创新。统筹整合不同类型、不同领域生态补偿资金，最大限度发挥政策和资金合力。一是将分散于林业、财政、自然资源、环境保护、住房建设、水利、农牧、扶贫等部门的生态保护职责进行系统整合；二是将分散于不同部门与生态保护相关的专项资金，按一定比例统筹整合，并与考核结果挂钩。

拓展更多生态补偿渠道。在政府补偿基础上，充分利用市场力量，探索企事业单位投入、生态银行（保险）、社会捐赠等其他参与生态补偿的渠道，引导社会资本进入生态补偿领域。

提高补偿资金使用效率。在保持转移支付资金分配基数不变的前提下，采用综合补偿系数进行二次分配。将补偿资金落实到重点生态保护和产业发展项目上。根据项目性质，创新采取财政补助、贴息、投资参股、贷款担保、以奖代补等多种方式，提高补偿资金使用效率。

实施“造血”补偿方式。补偿方式也不限于现金等实物，还应配合教育培训等能力建设措施，将补偿资金转化为技术项目，扶持替代产业，给予生态产业补助等，形成造血机制和自我发展机制。提升政府公共服务能力，促使四川凉山州医疗、卫生、文化、养老、社保等基本公共服务与全国平均水平保持一致甚至高于全国平均水平，促进人口流向县城和重点乡镇。

谋求多种合作方式。探索对口协作、绿色产业培育、生态旅游发展、人才培训、共建园区等方面的合作。发挥生态优势，主动对接成渝地区双城经济圈建设战略，积极谋划重大合作项目、构建重点合作平台，在清洁能源、健康养老、重大交通通道、高端生态农产品等方面寻求合作，推进“输血式”生态补偿向“造血式”生态补偿转变，推动单一的资金补偿向综合发展补偿转变。

（三）提高生态补偿政策效益

建立公益林补偿标准动态调整机制，激发群众增绿、护绿积极性。统筹生态领域转移支付资金，建立绿色发展财政奖补机制，将保护和发展林业的良种、农资纳入补贴范围，增强群众退耕还林发展生态产业的积极性。将财政补助奖励增减与考核结果挂钩。探索生态补偿群众参与新路径，如采取农村生活垃圾积分兑换机制破解乡村卫生治理难题。

二 探索能力导向生态补偿

（一）利用补偿资金发展生态惠民产业

鼓励村集体、合作社与农牧民以生态资源入股，加强政企农合作，开

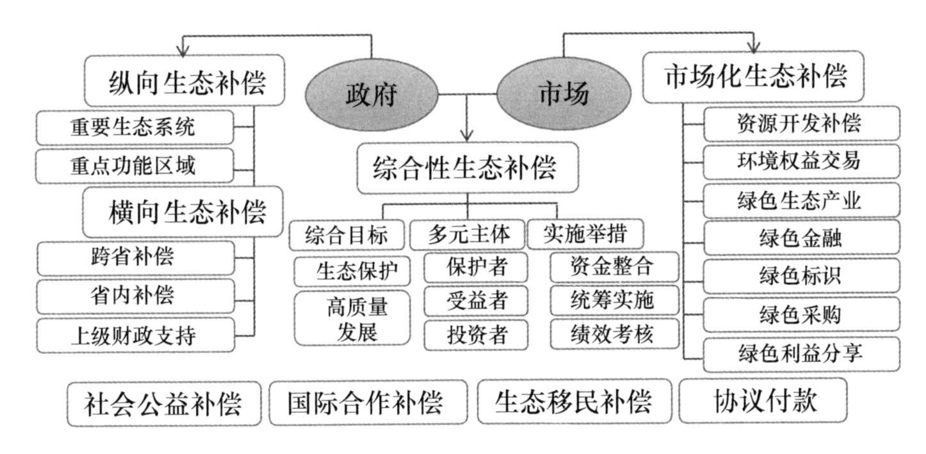

图9-6　生态补偿多元化方式

发乡村旅游新业态，推动古村、农房等闲置资源变为资产与资本，实施生态旅游入股补偿。对生态农业、林下经济给予资金奖补，对使用有机肥、生物农药的加大奖补力度，激发农牧民保护耕地、发展生态产业的积极性和主动性。实施生态工业就业补偿，完善生态工业利益链接机制。

（二）利用生态补偿开发生态就业岗位

因地制宜创新开发保护区巡护、森林防火等生态公益性岗位，统筹生态公益性岗位补贴资金，建立持续稳定的生态管护人员基本报酬补偿机制，优先安置就业困难劳动力群体和低收入家庭，增强群众参与生态保护的内生动力。

（三）建立生态项目与促就业联动机制

引导群众参与植树造林、农村厕所革命、河道整治等生态建设项目，开发灵活性就业岗位，促进群众就地就近就业增收。如吸纳水源地群众参与水源地保护项目，担任水源地巡护员。积极推进水资源有偿使用和水权交易，由受益方通过就业扶持、经济补偿、技术援助等给予水源供给地群众补偿。

（四）创新生态补偿资金益贫惠贫机制

对脱贫之后依然呈现较强脆弱性的地区和人口，加大生态工程及相关补助补贴。创新生态保护项目资金使用方式，增加生态公益性岗位，引导有劳动能力的相对贫困人口稳定就业。把新一轮生态保护工程实施与易地扶贫搬迁集中安置区后续产业发展相结合。对在乡村振兴重点县开发能源资源的新建设项目，可采取资源资产折价量化入股的方式进行多元化补偿。

三　探索“飞地”补偿模式

在“两山”补偿型转化中，还存在一种伴随着空间发展权转移的“飞地”补偿方式，主要是指生态受益地区与生态贡献区域之间的协同开发补偿。

（一）省内区域合作的“飞地”模式

凉山作为生态贡献区域，在省内开展的以“飞地”为主要形式的跨区域生态补偿，目前主要是指成凉合作园区。推动成凉合作园区升级为省级开发区，由省级统筹解决园区建设中的用地政策、产业定位、利益分配等问题。加快推进园区进入实质建设阶段，围绕农特产品精深加工、贸易销售、仓储物流、民族文化展示，发展绿色食品、临空服务、总部经济、与文化旅游，带动四川凉山州生态产品生产实现新的腾飞。

（二）州内区域合作共建“飞地”模式

支持越西、喜德、美姑、昭觉、金阳、布拖、普格、宁南、木里、盐源等重点生态功能区通过“飞地经济”形式逐渐将本地资源型产业的产业链条后端（制造业）布局于战略引领型园区与创新集群型园区内，延长产业链条，并减少工业发展对本地区生态环境的破坏。探索饮用水源涵养功能区等重要生态区所在行政村以“飞地”形式参与建设县城或重点镇村级集体经济产业园区，政府给予经济薄弱村村级入股补贴以及贷款贴息，使生态区域也可以参与经济开发获取经营性收入。

（三）跨省区域合作的“飞地”模式

凉山作为生态贡献区域，跨省区开展的以“飞地”为主要形式的生态补偿，最有基础的就是依托国家东西协作，探索甬凉飞地园区模式。可以是在凉山现有产业园区内建设“园中园”，引导宁波高新产业落户凉山，促进凉山战略资源开发的科技创新；也可以是在宁波建立“宁波总部＋凉山基地”的模式。支持生态产品跨省、跨国市场化交易。探索“逆向企业服务平台”，在宁波建立“反向飞地”办事处，为本地企业提供服务窗口，快速获取发达地区的人才、区位、资金优势。

（四）创新“飞地”模式共建共享机制

创新生态受益地区补偿方式。对于生态受益地而言，可以将传统的生态补偿资金变为给“飞地”园区提供土地、技术、资金、人才及招商项目支持，既减轻了财政负担，还能根据利益共享比例获得分成，有效解决了“飞入地”的激励问题。对于生态贡献区域而言，一方面破解了过度依赖财政转移支付、补偿标准不高和力度不够等问题，另一方面也是对其因保护而让渡发展权的有效补偿，实现保护又不丧失发展。更重要的是，飞地模式可以有效促进凉山州形成自我积累、自我发展的投入机制，实现生态补偿由“输血式”向“造血式”的转变。

四　推进赔偿补偿协同推进

（一）生态环境损害赔偿

加强该项制度改革领导小组的组织领导，增强队伍能力建设，2021年已较好地推进了金川公司黄磷厂项目等案件处理。探索在法院成立环保法庭，在检察院成立环保检察科，派驻“环保公益诉讼检察室”等生态保护机构，查处损害生态环境案件。建立农业污染损害赔偿制度，对农业项目设置绿色门槛。建立工业污染损害赔偿制度，动态监测企业绿色生产、节能降耗、排污处理等，对不达标企业坚决予以处罚并责令停业整改。

（二）生态环境收益补偿

生态环境收益补偿是由生态环境受益方发起的补偿。如国家电投集团在丽水大洋镇投资经营光伏发电项目，良好的生态环境可使光伏发电电板寿命延长将近5年，年发电量可增加10%，由此国家电投集团与当地签订调节服务类生态产品购买协议，企业向当地生态强村公司支付279.28万元。

（三）减少生态破坏补偿

减少生态破坏补偿是对减少生态破坏行为的补偿，如长江禁捕补偿制度。前文提到的溧阳市对容易导致农业面源污染的低效青虾养殖，政府给予一定的退出补偿，从生态购买角度看也是一种补偿方式的创新。

第十章

强化“六种赋能”借力提升“两山”转化驱动能力

政策、文化、数字、科创、品牌、开放等要素正在改变生态产品价值链，为生态产品价值增值和经济发展结构转型开辟新的渠道，成为“两山”转化的新引擎和动力源。借力关键要素赋能，目的是为“两山”转化注入新的要素和动能，本质是深度融合与协同创新。本章以提升四川凉山州关键赋能要素驱动能力为导向，以“连接—赋能—融合”为主线，以融合场景为载体，深入探讨政策、文化、数字、创新、品牌、开放六类关键赋能要素如何融入“两山”转化全过程，解决凉山州“两山”转化驱动力从哪里来，如何增能，如何驱动等问题。这里的“赋能”，强调的是通过新生产力要素来改造传统价值生成模式的过程，对于凉山州而言，这些赋能要素本身匮乏，起点较低，增能与驱动同等重要。

第一节　政策资源赋能“两山”转化

区域问题和问题区域是区域政策得以产生和存在的前提，四川凉山州是一种多重属性区域问题叠加的问题区域，是政策关注的必然焦点，也是现实中政策集聚程度最高的重点区域。从一定意义上讲，政策资源对凉山州“两山”转化而言，是第一赋能资源，其作用和意义不言而喻。用好用足用活这些政策资源，是提升“两山”转化能力的首要之举。

一　利用相关国家政策赋能“两山”转化

（一）党中央、国务院高度关注凉山

凉山备受党中央、国务院高度关注，承载着习近平总书记的殷切期盼。

1. 习近平总书记对凉山寄予厚望

凉山是习近平总书记始终牵挂的地方。在 2017 年 3 月 8 日参加十二届全国人大五次会议四川代表团审议、6 月 23 日主持召开深度贫困地区脱贫攻坚座谈会时，习近平总书记两次听取凉山工作汇报。2018 年 2 月 11 日，习近平总书记亲临凉山视察，作出一系列重要指示。2019 年新年贺词中专门提到看望过的彝族群众。习近平总书记对凉山的关心关注，给予了凉山干部群众强大精神动力，为增强“两山”转化的内生动力提供支撑。

2. 国务院及中央部委大力支持

1998 年 6 月，国务院批准四川省率先实施“重点国有林区天然林资源保护工程”，凉山州被首批纳入全省天然林保护工程试点地区。2011 年，根据中央领导指示，国家各部委专题研究凉山扶贫工作，凉山扶贫开发上升到国家扶贫开发战略层面，8 个中央、国家机关和有关单位定点帮扶凉山 11 个县。2021 年 4 月起，在新一轮东西部协作中，宁波接棒广东佛山对口协作四川凉山州，10 个区县（市）对口协作凉山 11 个县。[①] 借力东西协作，凉山在“两山”转化市场开拓、技术引进、数字赋能等方面获得大力支持。

国务院及中央部委合力实施科技扶贫、交通扶贫、生态扶贫、地质扶贫、自然资源扶贫、产业扶贫、教育扶贫、健康扶贫、消费扶贫、文化扶贫、就业扶贫、金融扶贫、社会保障扶贫等，全方位惠及凉山。2017 年原国土资源部出台《关于进一步运用增减挂钩政策支持脱贫攻坚的通知》（国土资发〔2017〕41 号），允许部分贫困地区的增减挂钩节余指标在东西部扶贫协作和对口支援省市范围内流转，其中包括凉山州 11 个深度贫困县。这一政策为凉山州通过实施增减挂钩项目筹集资金创造了条件。在农业农村部指导的脱贫地区农业品牌公益帮扶试点行动中，四川雷波被纳入首批 10

---

① 昭觉县、金阳县、甘洛县、越西县、喜德县、布拖县、普格县、盐源县、美姑县、雷波县、木里藏族自治县。

个重点帮扶县，为凉山品牌强农发展提供人才、技术、信息、平台等现代要素支撑。2021 年，国务院特批会理县晋升为会理市（县级市）。

（二）多项国家战略部署惠及凉山州

1. 攀西战略资源创新开发示范区

2013 年攀西战略资源创新开发试验区设立，并被列入国家循环经济试点园区，将钒钛、稀土等资源创新开发上升为国家战略。凉山是攀西战略资源创新开发试验区的核心区，一系列重大政策，大力推进了凉山州重大科技攻关、资源综合利用与产业结构升级。

2. “一带一路”与新一轮西部大开发

2013 年至今，我国与“一带一路”沿线国家经济交往更加紧密，为凉山州引进大型企业投资、拓展生态旅游与生态农产品市场提供了重要机遇，为对外开放注入强劲动力。

新一轮西部大开发对西部提出 36 条重大优惠政策。凉山应充分利用西部大开发基建投资倾斜、重点项目工程布局、绿色产业引导等政策利好，赋能“两山”转化。

3. 长江经济带与成渝地区双城经济圈

围绕长江经济带建设，国家出台 17 项财税支持举措、25 条绿色发展专项支持，以及十年禁渔、生态产品价值实现机制探索等一揽子政策，完全契合凉山“两山”转化。

成渝地区双城经济圈建设是凉山迎来的重大发展机遇，带动凉山基础设施、现代产业、开放创新、区域协同、绿色发展再上新台阶。

4. 重大生态修复与生态工程布局

凉山是停止天然林禁伐首提地与率先执行地，推动了四川率先实施“重点国有林区天然林资源保护工程”，并被首批纳入全省天然林保护工程试点区域。国家级重点生态功能区涵盖凉山州 12 个县，新的国家“双重”工程涵盖了凉山州全域。

（三）国家层面明确支持凉山的政策

1. 三区三州的支持政策

国家发展改革委、国家民委印发《关于支持四川省凉山彝族自治州云南怒江傈僳族自治州甘肃省临夏回族自治州加快建设小康社会进程的若干意见》，并设立“三区三州补助资金”。这是凉山州争取到的国家支持民族地区加快脱贫致富步伐、建设全面建成小康社会进程的一项重大支持政策。

2. 针对民族地区的政策

支持少数民族和民族地区加快发展是中央的基本方针。少数民族发展资金是中央财政设立的用于支持贫困少数民族地区推进兴边富民行动、扶持人口较少民族发展、改善少数民族生产生活条件的专项资金。2020 年，凉山州获上级部门拨付的少数民族发展资金 16093 万元。

3. 五年过渡期扶贫政策

国家设立巩固拓展脱贫攻坚成果 5 年过渡期，保持各项支持政策总体不变。凉山 10 个县纳入国家乡村振兴重点帮扶县，包括美姑县、布拖县、金阳县、昭觉县、喜德县、普格县、越西县、甘洛县、盐源县、雷波县，木里纳入四川省乡村振兴重点帮扶县名单。《支持乡村振兴重点帮扶县巩固拓展脱贫攻坚成果接续推进乡村全面振兴的实施意见》和《关于扎实做好乡村振兴重点帮扶村工作的实施方案》落地落实，综合运用财政、金融、土地、人才等政策措施，加强对 11 个国、省重点帮扶县和 597 个重点帮扶村的工作指导。四川省新一轮驻村帮扶力量调整轮换已完成，以木里为例，新的驻村帮扶力量覆盖 110 个行政村，96 个脱贫村和 2 个乡村振兴重点帮扶村，共调整轮换驻村帮扶干部 306 人。

（四）国家级平台以及改革试点示范

1. 试点示范赋能

四川凉山州承担与“两山”转化相关的国家级试点示范，包括学前学普试点、分布式光伏开发试点、电子商务进农村综合示范县、美丽乡村标准化试点、新时代文明实践中心试点等。

表 10－1　　四川凉山州重要试点示范赋能

试点内容	试点区域	重要意义
学前学普	2018 年 5 月，国务院扶贫办选择四川凉山州作为民族地区“学前学会普通话”行动试点，在昭觉县四开乡洒瓦洛且博村幼教点率先启动，之后在大小凉山地区推广	“学前学普”对阻断贫困代际传递，促进彝区群众思想观念变化起到积极作用。这一举措荣获“全国脱贫攻坚组织创新奖”，写入《人类减贫的中国实践》白皮书

续表

试点内容	试点区域	重要意义
分布式光伏开发试点	2021年9月，德昌县列入整县（市、区）屋顶分布式光伏开发试点	这对于创新分布式光伏开发利用，将凉山州丰富的太阳能资源转化为经济社会综合发展优势，增加凉山州群众收入并解决生活用能问题，具有重要示范效应
电子商务进农村综合示范县	截至2021年，凉山共14个县（市）纳入国家电子商务进农村综合示范县，分别是盐源县、雷波县、喜德县、普格县、甘洛县、美姑县、金阳县、昭觉县、布拖县、木里藏族自治县、越西县、西昌市、会理市、德昌县	对培育农村网络消费市场，提升生态产品外销能力具有重要意义
美丽乡村标准化试点	国家第三批农村综合改革标准化试点项目——德昌县“美丽乡村标准化试点”项目于2021年顺利通过考核验收，成为凉山州首个国家级美丽乡村建设标准化试点县	这将有力推动四川凉山州“两山”转化相关标准化工作
新时代文明实践中心试点	2019年，西昌市、甘洛县纳入新时代文明实践中心第二批全国试点名单	新时代文明实践中心建设对于凝聚凉山州群众，培育新彝人，以文化人、成风化俗，具有重要意义

2. 重要功能赋能

四川凉山州在国家级重点生态功能区、中国特色农产品优势区、国家级非遗整体性保护区、国家级旅游业改革创新先行区、国家级工业资源综合利用基地等方面承担重要功能，这些重大功能为凉山州“两山”转化提供重要赋能资源。

表10－2　　四川凉山州重大功能赋能

重大功能	涵盖区域	重要意义
国家级重点生态功能区	凉山州有12个县纳入国家重点生态功能区	享受国家重点生态功能区转移支付扶持政策，明确不考核GDP，重点发展生态经济、全域旅游、特色农牧业等绿色产业
中国特色农产品优势区	四川省凉山州凉山桑蚕茧中国特色农产品优势区与会理石榴中国特色农产品优势区，分别入选第三批和第四批中国特色农产品优势区	对发挥凉山州农业资源优势，为全国提供更多绿色供给，提升特色优势农产品生产能力具有重要意义
国家级非遗整体性保护区	凉山彝族火把节被列为国家级非遗整体性保护试点项目，保护区域包括四川、云南、贵州、广西的彝族社区，布拖县、普格县两地为核心保护区域，具体为包括布拖县特木里镇、拖觉镇和普格县耶底乡等三县市的10个片区，涉及近70万社区人口	对非遗实施整体性保护和转化具有重要意义
国家级旅游业改革创新先行区	凉山州入选第二批国际级旅游业改革创新先行区	对推进新时代凉山州全域旅游、生态旅游具有重要意义
国家级工业资源综合利用基地	凉山州入选国家工业资源综合利用基地（第二批）	以再生资源类工业固体废弃物为主，有利于促进产业集聚，提高资源综合利用水平，推动钒钛资源综合利用产业高质量发展

3. 重要品牌赋能

四川凉山州还获取了较多国家级品牌，包括全国民族团结进步示范州与全国民族团结进步示范区示范单位、7个国家级绿色矿山、23个国家级4A景区、60个优秀农产品和区域品牌等。

表10-3 四川凉山州重要品牌赋能

重要品牌	覆盖区域
民族团结进步示范	2017年年底，国家民委命名凉山彝族自治州为“全国民族团结进步创建示范州”。西昌市（第四批）、凉山州国家税务局（第五批）、冕宁县（第八批）、盐源县（第九批）入选全国民族团结进步示范区示范单位名单
国家级绿色矿山	凉山共有7个单位纳入全国绿色矿山名录，即会理县秀水河矿业有限公司秀水河铁矿、木里县容大矿业有限责任公司梭罗沟金矿、四川会东大梁矿业有限公司会东铅锌矿、四川江铜稀土有限责任公司冕宁县牦牛坪稀土矿、凉山矿业股份有限公司四川省拉拉铜矿、四川会理铅锌股份有限公司天宝山铅锌矿、重钢西昌矿业有限公司（太和铁矿）
国家级4A景区	23个：盐源县公母山景区邛海泸山景区、螺髻山景区、泸沽湖景区、灵山景区、会理古城景区、安哈彝寨仙人洞景区、越西文昌故里景区、宁南金钟山景区、宁南凯地里拉景区、冕宁县彝海旅游景区、会理县会理会议纪念地、盐源县公母山等
农业品牌	凉山拥有会理石榴、雷波脐橙、冕宁火腿等60个优秀农产品和区域品牌，2022年西昌入选国家级制种（玉米）大县，昭觉县虹谷拉达农业开发有限公司被认定为第七批农业产业化国家重点龙头企业
乡村品牌	盐源县下海乡入选2020年农业产业强镇建设，宁南县宁远镇梓油村、冕宁县复兴镇建设村入选2021年第二批全国乡村治理示范村镇，雷波县青杠村入选2021年全国乡村特色产业十亿元镇亿元村。昭觉县阿土列尔村（悬崖村）入选全国乡村旅游重点村名录

二 利用相关省级政策赋能“两山”转化

省委、省政府高度重视凉山发展，原省委书记先后在《求是》《学习时报》发表署名文章《凉山脱贫攻坚调查》与《凉山脱贫攻坚回访调查》。

（一）四川省重大战略对凉山的定位要求

凉山州在四川省重大战略中具有突出地位，在四川省“一干多支、五区协同”战略中，凉山是攀西经济区的重要组成部分，承担“建设国家战略资源创新开发试验区、现代农业示范基地和国际阳光康养旅游目的地”的重任。四川省“十四五”规划以及成渝地区双城经济圈建设进一步强调凉山的重要地位，明确其发展方向。

表 10－4　　四川省发展战略对凉山州的定位

四川省级战略	对凉山州的发展定位
四川省“一干多支、五区协同”战略对攀西经济区的定位	推动攀西经济区转型升级，加快安宁河谷综合开发，建设国家战略资源创新开发试验区、现代农业示范基地和国际阳光康养旅游目的地
四川省“十四五”规划纲要对凉山的定位	推进安宁河谷综合开发，加快建设清洁能源产业基地、现代农业示范基地，打造国家战略资源创新开发试验区和国际阳光康养旅游目的地，建设民族团结进步示范州
省委第十一届七次全会部署成渝地区双城经济圈建设对攀枝花和凉山定位	支持攀枝花、凉山推进安宁河谷综合开发，打造攀西国家战略资源创新开发试验区、成渝地区阳光康养度假旅游“后花园”，建设清洁能源基地的定位部署

（二）四川省层面支持凉山州的专项政策

1. 凉山州及大小凉山彝区的支持政策

2010 年，省委、省政府专为大小凉山彝区出台“一个意见、两个规划”，凉山的扶贫工作进入省级发展战略。之后，又在 2015 年、2018 年和 2021 年分别出台三个重量级针对凉山州的政策文件。2018—2020 年 3 年新增财政专项扶贫资金超过 200 亿元，选派 5700 多名人才进驻凉山开展综合帮扶，对凉山给予全方位的大力支持。2021 年布拖县驻村帮扶力量就有 373 人，覆盖 122 个村（社区）。

表 10－5　　省委省政府层面针对凉山出台的政策文件

时间	政策文件
2010 年	省委省政府出台《加快推进彝区跨越式发展的意见》《安宁河谷跨越式发展总体规划》《大小凉山综合扶贫开发规划的总体思路》
2015 年	四川省《关于支持大小凉山彝区深入推进扶贫攻坚　加快建设全面小康社会进程的意见》提出 7 个方面 17 条政策措施。
2018 年	《关于精准施策综合帮扶凉山州全面打赢脱贫攻坚战的意见》提出针对凉山州 12 个方面 34 条政策措施

续表

时间	政策文件
2021 年	省委办公厅、省政府办公厅印发了《关于支持凉山州做好巩固拓展脱贫攻坚成果同乡村振兴有效衔接的若干措施》，从巩固拓展脱贫攻坚成果、产业和就业扶持、“美丽四川·宜居凉山”建设、基础设施建设、教育医疗卫生事业发展、社会治理、财政金融政策、土地政策、综合帮扶 9 个方面 25 条政策措施全面支持凉山州巩固拓展脱贫攻坚成果同乡村振兴有效衔接

2. 攀西战略资源创新开发试验区政策

2013 年，四川省人民政府出台《关于支持攀西国家级战略资源创新开发试验区建设的政策意见》，明确 13 个方面的切实政策。省财政从 2014 年起设立攀西战略资源创新开发专项资金。并给予鼓励类产业企业所得税优惠，地方政府债券资金分配倾斜，土地规划和年度用地计划优先保障，天然林资源保护、退耕还林、水土保持、石漠化综合治理、环境保护等项目安排倾斜等。接着，《攀西战略资源创新开发试验区建设规划（2018—2022 年）》《关于进一步支持攀西战略资源创新开发试验区改革发展的政策措施建议》《攀西经济区“十四五”转型升级规划》相继出台，通过设立专项资金和产业投资基金、税收优惠、融资支持、用地保障、电价支持等全力支持凉山发展。

3. 甘阿凉三州及民族地区的支持政策

“十三五”期间，四川省“两项资金”① 为 22 亿元，下达凉山总计 61928 万元。在甘孜州、阿坝州、凉山州所辖 48 个县划定草原禁牧区，实施禁牧补助与草畜平衡奖励。四川省民族地区 15 年免费教育、彝区“9 +3”职业教育等民族政策，对提升凉山州“两山”转化能力具有重大支撑作用。另外，针对三州彝区藏区还有飞地合作园区政策，已在成都市落地。

① “两项资金”是指 1980 年中央财政设立的支援不发达地区发展资金（覆盖三州与秦巴山区、乌蒙山区的不发达地区）和 1985 年设立的四川省三州开发资金（2021 年更名为四川省民族地区开发资金）。

（三）省级试点示范及其特殊扶持政策

1. 水电消纳产业示范区

凉山州是四川省首批水电消纳产业示范区建设试点，全年综合交易电价按不高于每千瓦时0.22元的水平协商确定，签订长期战略合作协议和年度合同的输配电价按单一制每千瓦时0.105元执行。用电企业丰水期利用弃水电量单独执行弃水电量电价，按不高于富余电量政策最低限价协商确定或参与交易形成。

2. 直购电、留存电量等

四川省直购电、留存电量、丰水期富余电量、低谷弃水电量消纳等政策都惠及凉山州。根据《国家发展改革委关于四川省藏区留存电量和电价管理办法的批复》（发改价格〔2011〕2950号）以及《四川省三州留存电量分配原则（试行）》（川发改价格〔2014〕24号），凉山州享有留存电量优惠政策，并允许“飞地”园区使用留存电量，“十三五”期间额度约为25亿千瓦时/年，综合电价水平约为0.3535元/千瓦时（2021年凉山州留存电量总量为18亿千瓦时）。同时，凉山州还是四川省直购电试点区域。目前留存电量、富余电量、水电消纳示范区等政策仅在国网供区实行，应积极争取扩展到全域。

3. 河湖公园建设试点

2018年7月，作为长江黄河上游重点水源涵养区，四川在全国范围内率先启动河湖公园建设试点工作，安宁河流域河湖公园入围首批9个河湖公园试点，也是唯一流域性试点。安宁河流域将建设40个河湖公园节点（包括美丽乡村建设示范点），这对加强河流湿地生态保护具有重要意义。

4. 文化旅游建设示范

冕宁县彝海生态旅游区被纳入首批省级生态旅游示范区。西昌市被纳入首批省级全域旅游示范区。

三 利用生态文明相关政策密集呈现赋能“两山”转化

（一）生态文明制度改革加快推进带来的契机

党的十八大以来，生态文明写入党章、宪法，中共中央出台十余部推进生态文明建设的纲领性文件，制定、修订了近30部生态环境保护与资源保护相关的法律法规，系统完整的生态文明制度体系框架基本形成，生态文明体制改革成果层出迭现。诸如自然资源资产产权制度等制约“两山”转化的重大体制机制性障碍逐步破冰，环境权益交易、绿色投融资等市场机制加快推进。

一方面，四川凉山州要充分学习、认真研究国家生态文明体制改革的重大部署，完整、准确、全面贯彻落实，还需要持续开展生态文明大学习、大讨论活动；另一方面，结合凉山州特色，充分利用生态文明体制改革政策带来的行政赋能、资源赋能、工具赋能、对策赋能，找到突破口，加快推进凉山州“两山”转化。

（二）“双碳”相关政策密集出台带来的契机

我国自2020年9月提出“双碳目标”之后，相关政策密集出台。作为清洁能源的代表，水电、光伏、风力发电未来在电力结构中的占比将持续提升，凉山作为“水电第一州”、风电和光伏可再生能源基地、高品质氢能源来源地的绝对优势更加凸显。应充分利用“双碳”机遇，加快布局清洁能源产业，积极参与碳排放、节能量、绿电交易。

（三）各地“两山”转化制度经验丰厚的契机

截至2022年4月，国家已命名364个国家生态文明建设示范区、136个“绿水青山就是金山银山”实践创新基地。自然资源部印发3批生态产品价值实现典型案例，COP15发布首批18个“两山”典型案例，山东省分别发布22个生态产品价值实现典型案例，四川发布广元和大邑2个生态产品价值实现典型案例、25个“两山”典型案例，形成了丰富的生态文明体制改革成果及经验做法，包括林票制度、森林覆盖率指标交易制度、重点生态区位商品林赎买制度、碳普惠机制、生态资源权益抵押机制、飞地园区合作机制、绿色生态技术标准创新机制、GEP统计与应用机制等。

一方面，四川凉山州要学习借鉴这些成功经验，结合自身发展基础、资源禀赋优势与重点需求，有选择地集成、试验、转化这些制度；另一方面，也要学习借鉴这些成功经验的创新思维，破除落后地区的固化思维与守旧模式，因地制宜地探索有助于推进“两山”转化的制度创新、政策创新与能力创新。

四　需要向中央和四川省积极争取的政策支持

（一）在凉山州规划建设国家水电公园

凉山州水电资源丰富，已建成水电站装机 2608.3 万千瓦、在建水电站装机 2897.7 万千瓦，在建的白鹤滩、溪洛渡、乌东德三大世界级巨型水电站，装机总量超过三峡电站。利用“三江”水电梯级开发契机，以及世界级水电名片，规划建设国家水电公园，推进河岸生态修复治理，带动湖岸线第一、二、三产业融合发展，打造世界级巨型梯级水电站康养度假旅游目的地和特色科普旅游目的地。

（二）将凉山州纳入国家自然保护地体系

希望国家和四川省支持凉山整合美姑大风顶周边 6 个以大熊猫为主要保护对象的自然保护区，将大小凉山大熊猫小种群保护纳入国家公园建设；支持安宁河流域跨行政区、流域性河湖公园建设，并将其纳入国家自然保护地体系。

（三）支持凉山州建立生态保护新机制

支持凉山州开展金沙江干热河谷生态恢复与治理，加大退耕还林政策支持力度，设立退耕还林生态补偿资金，进一步增加新一轮退耕还林工程计划任务，推进大规模绿化行动，筑牢长江上游重要生态屏障。支持凉山州探索建立资源开发补偿机制，推进资源产品市场化改革，完善资源有偿使用制度，加大地方税收分成比例，确保资源价格能够涵盖开发成本、后续发展、生态修复和环境治理等成本，让资源地在资源开发中长期受益、持续发展。

第二节　文化协同赋能“两山”转化

文化服务类生态产品的创造性转化和创新性发展是“两山”转化的核心命题，既可以独立创造价值，也可以把文化、创意叠加到生态产品价值实现过程中，从而激发出新的动能，创造出新的价值，实现赋能其他产业的目的。

一　凉山州特色文化与生态资源协同转化

凉山州的自然生态环境与特色文化相互依存、相互影响，自然生态环境孕育着多样性的地域文化，独特性的地域文化又反哺着当地自然生态环境，为“两山”转化提供新的能力源泉和驱动因素。

（一）依托自然生态促特色文化价值创造性转化

1. 彝族民俗文化

以非物质文化遗产保护传承为引领，将彝历新年、火把节、祭龙节、彝族口头论辩“克智”、彝族传统婚俗、什拉罗习俗等民俗文化与产业发展相融合。建设昭觉旅游集散中心和布拖彝族阿都文化产业园，加快布拖彝族阿都文化、昭觉彝族服饰文化、喜德漆器文化、美姑毕摩文化等特色文化产业园建设，打造中国彝族风情与彝文化体验旅游目的地。

2. 彝医药文化

彝医药是中医药的源头之一，是优秀民族文化的重要组成部分，凉山州发掘的彝药“木谷补底”（新种凉山虫草）为我国珍贵药材虫草开辟了一条新药源。凉山州是彝医药的发源地和主要传承区之一，应从彝族药原料种植、相关产品研发与推广、教育传承、文化产业发展等方面持续发力。加大对彝医、彝药、彝养、彝膳的挖掘开发，传承精华，守正创新，做大做强中成药、中药饮片、中药保健品、中药配方药膳等中医药特色产品。

3. 古村落文化

凉山州目前共有15个村被纳入中国传统村落名录，盐源县是四川省第二批传统村落集中连片保护利用县。这些传统村落承载着独特的建筑文化、保存了丰富多样的（非）物质文化遗产，古道、古巷、古树、名木等人文生态景观高度融合。四季吉村位于美姑县北部依果觉乡境内，整个村落风光优美，背靠大风顶自然保护区，完整保留瓦板房、竹篱笆、水磨坊等传统民居和村落风貌，更保留着彝族传统游牧游耕生产生活方式，尤其是独特的义诺彝族传统服饰与彝族风俗犹在，被誉为“彝族原生态历史文化博物馆”。

表10－6　　凉山州中国传统村落名录

村落名称	批准时间
盐源县泸沽湖镇木垮村 美姑县依果觉乡古拖村 美姑县依果觉乡四季吉村	2013年8月6日，第二批中国传统村落名录

续表

村落名称	批准时间
木里藏族自治县俄亚纳西族乡大村 木里藏族自治县东朗乡亚英村 木里藏族自治县唐央乡里多村 木里藏族自治县瓦厂镇桃巴村 盐源县泸沽湖镇母支村	2016 年 12 月 9 日，第四批中国传统村落名录
木里藏族自治县宁朗乡甲店村 木里藏族自治县屋脚蒙古族乡屋脚村 木里藏族自治县克尔乡宣洼村 盐源县泸沽湖镇山南村 盐源县泸沽湖镇多舍村 会理县绿水镇松坪村 昭觉县龙沟乡龙沟村	2019 年 6 月 21 日，第五批中国传统村落名录

资料来源：根据相关文件整理。

4. 南丝路文化

会理松坪关在先秦时已是蜀滇要道，在汉代成为内地通往边疆地区的商旅要道，《史记》中也有关于司马相如开“西夷道”通“邛筰”（今西昌、汉源一带）的记载。凉山位于四川丝绸之路、茶马古道的最南端，也是沟通西南民族大走廊的重要节点。不但丝路原生态风光旖旎、民俗风情独特，而且保存了宝贵的历史文化遗迹。

5. 红色文化

1935 年中央红军长征过凉山，经会理、冕宁等十县（市），巧渡金沙江、召开会理会议、举行彝海结盟，历时 28 天，为凉山注入厚重的红色基因。金沙江皎平渡—冕宁彝海属于国家“重走长征路”红色旅游精品线路之团结之旅，是全国 30 条“红色旅游精品线路”之一，会理皎平渡遗址、会理会议遗址、冕宁长征纪念馆和彝海结盟遗址均为全国“红色旅游经典景区”。

6. 科技文化

航天科技与水电科技是凉山现代文明的重要体现，西昌卫星发射中心是国内对外开放的唯一商用发射场，金沙江溪洛渡巨型水利工程为中国第二、世界第三，其坝高为世界第一，白鹤滩电站和乌东德电站也是世界级巨型水电站。还建有中国首个、世界最深的“中国锦屏地下实验室”（暗物质研究）。

7. 农业文化

蚕桑文化。凉山作为南丝绸之路的重要组成部分，蚕桑文化历史悠久。通过文化赋能，带动蚕桑产业与农文旅产业融合发展。依托宁南县蚕桑文化馆和宁南县蚕桑现代农业园区，弘扬嫘祖文化，讲述中国蚕桑史，追忆丝绸之路文化，科普蚕从卵、虫、蛹到蛾的繁衍过程与养殖技巧，让更多的人能够体验手摇抽丝、制作蚕艺和品尝蚕桑特色饮食，并将蚕桑文化融入立德树人实践教育，融合休闲农业观光、茧丝工业旅游、农耕文化体验游。

苦荞文化。苦荞是凉山走向世界的文化符号之一，是彝族世代相传的生命记忆，不但产生了苦荞驯化种植的农业文化遗产，更衍生出系列苦荞美食（荞糊糊、荞凉粉、煮荞馍、烤荞馍、煨荞馍、苦荞茶等）。关于苦荞的传统知识更是不胜枚举，比如荞麦选种、轮作、栽培及农田管理知识，用苦荞面做爽身粉，苦荞粉消炎等药物知识。苦荞还可作为社会交流的馈赠礼品，或是作为农耕礼仪、时节性礼仪和生命仪式中的祭祀用品。

8. 美食文化

酒文化。酒在彝族日常生活、节庆待客中占据重要地位，转转酒、秆秆酒、坛坛酒是其酒文化的重要象征符号，泡水酒、咣当酒等则独具民族特色和文化内涵。

食文化。四川凉山州拥有得天独厚的天然食材，大凉山的乌洋芋上过中央电视台《舌尖上的中国Ⅱ——三餐》。凉山坨坨肉、全排牛宴、火盆烧烤、醉虾、冻肉、千层荞饼等特色饮食制作工艺讲究、风味独特。越西、会理特色美食“九大碗”的传承和制作技艺已经纳入凉山州非物质遗产项目，会理饵块手工制作技艺于 2008 年被四川省文化厅公布入选“四川省非物质文化遗产名录”。

9. 传统农牧文化

四川凉山州有着千年农牧业文明，在融会农、牧两种文化的同时又具有民族血缘、宗教信仰等独特因素，孕育出彝族十月太阳历、中国古夷文、火把节等灿烂文化，造就了彝族人民勤劳勇敢的民族精神，又由传统农牧民生产生活方式延伸出礼乐艺养、耕育康养、生命产业等，将在乡村振兴中焕发新的生机。

10. 多元文化融合

文化多元是四川凉山州文化旅游资源的主要特征和优势之一，有彝族文化、摩梭文化、藏族文化、傈僳族文化、回族文化等；又有原始宗教文化、佛教文化、藏传佛教文化、道教文化、伊斯兰教文化等，还有新石器时代文化、盐业文化、青铜器文化等。

（二）文化反哺赋能四川凉山州生态旅游产业发展

1. 文化产业 + 民俗旅游

加强非遗文化保护性开发，优化民族文化供给体系。深度开发民族主题的文旅集聚区，举办彝族火把节、邛海开海节、凉山彝族传统选美大赛、安哈民族文化节等特色民族节会，以及全国轮滑公开赛、全国公路自行车邀请赛、全国桨板锦标赛、川滇帆船对抗赛暨大众帆船体验、荧光夜跑等赛事活动，推出深度体验民族地区生活方式的旅游品牌，如“彝族老家”等。

2. 文化产业 + 红色旅游

传承红色基因，突出巧渡金沙江、会理会议、礼州会议、彝海结盟等红色资源优势，加强重大历史事件遗址等红色文化遗产保护，建设长征国家文化公园（凉山段）、长江国家文化公园（凉山段），提升红色景区和爱国主义教育基地知名度，开发具有影响力的系列红色文创产品，培育“长征丰碑·团结之旅”红色旅游品牌和全国知名红色文化旅游区，将凉山建成红色旅游与民族团结教育旅游目的地。

表 10－7　　凉山州红色旅游资源

所属行政区	红色旅游景点
西昌市	礼州会议旧址、黄水塘战斗遗址
冕宁县	冕宁红军长征纪念馆、冕宁县革命委员会旧址、泸沽分兵遗址、“彝海结盟”遗址
会理市	会理长征纪念馆、会理会议纪念地、皎平渡遗址
越西县	越西革命委员会旧址、越西红军长征纪念馆

续表

所属行政区	红色旅游景点
喜德县	小相岭九盘营遗址
甘洛县	海棠古镇、清溪道、大树堡
德昌县	甸沙关战斗遗址、半站营战斗遗址、红三军团游击队遇难地
普格县	扯扯街村红军树
会东县	树洁渡旧址
宁南县	红九军团堵追国民党湘军隔江之战遗址

资料来源：根据公开资料收集整理。

3. 文化产业＋科技旅游

依托西昌卫星发射基地，将“月亮城”传统传说故事与现代科技航天文化相结合，深入开发航天科普、观光体验旅游产品，打造世界知名的航天旅游体验目的地。依托溪洛渡、乌东德、白鹤滩电站等重大水电项目形成的高峡平湖奇观、金沙江大峡谷自然生态奇观、世界级巨型大坝奇观，深入开发科技体验、科考探险旅游产品，建设国家水电公园，打造金沙江梯级电站高峡平湖旅游走廊。

4. 文化产业＋康养旅游

推进森林康养、温泉康养等康养产业与地域文化、彝医药、养生文化的融合，丰富康养产品与服务业态，开发承载生态文化、康养文化、中医药文化的创意产品，如川兴温泉、螺髻九十九里温泉、螺髻山温泉山庄。承办体育赛事赛会、艺术展览、舞台表演等活动，在度假地布局驻场民族演艺、艺术培训、工艺体验、研学等业态。打造“川滇明珠·康养福地”“彩色宁南·温泉小镇”等康养旅游品牌和产业集群。

5. 文化产业＋乡村旅游

活化乡村地区文化遗产资源，强化乡村人文标识保护、修缮与利用，将乡土文艺表演、传统工艺体验、特色农事节会、特色土特产与地方美食、创意定制农业全面融入乡村旅游服务，支持农创客、乡创客等人才创新创业，推动乡村旅游向主题文化农庄、民俗风情村寨等升级，培育乡村旅游知名品牌。

表 10－8　2021—2023 年度凉山州“四川省民间文化艺术之乡”

县（市、区）/乡镇（街道）	特色民间艺术
盐源县	摩梭文化
西昌市	邛都洞经音乐
雷波县	彝族民歌
会理小黑箐镇	彝族民间歌舞
宁南西瑶镇	布依三月三民俗
越西普雄镇	彝绣
德昌乐跃镇	傈僳风情和红军长征红色文化
布拖县特木里镇	朵乐荷

资料来源：四川省文化和旅游厅《关于命名 2021—2023 年度“四川民间文化艺术之乡”的通知》（川文旅办发〔2021〕198 号），2021 年 8 月 10 日。

二　撬动凉山生态产品文化附加值杠杆

（一）特色文旅 IP 赋能

1. 打造大凉山彝族原生态文化体验区

协同以昭觉为中心的大凉山彝族原生态文化体验旅游区，融合彝族火把节、服饰文化节、阿都文化、毕摩文化及彝族银饰、漆器等文化形式，丰富大凉山民族文化创意产业园的内涵，构建大凉山彝族文化特色旅游产品、线路和旅游产业，逐步确立世界彝族文化中心地位。争取将彝族文化保护纳入国家级文化生态保护（实验）区。

2. 大香格里拉与藏羌彝走廊 IP 赋能

香格里拉自然风光在全球独树一帜，是一个世界知名品牌和世界级 IP 资源。古有“九百里香格里拉，八百里在凉山”“香格里拉源自洛克线”等说法。2004 年，四川、云南、西藏达成共识，认定大香格里拉涵盖 3 省（自治区）9 个市（州）82 个县（市、区），这一范围覆盖凉山州全域。应充分利用大香格里拉世界 IP 资源，将凉山打造成为世界级文化旅游目的地。

藏羌彝走廊覆盖横断山区川、黔、滇、藏、陕、甘、青七省区，囊括了最为丰富、精彩的景观多样性、气象多样性、生物多样性、民族多样性、文化多样性。凉山彝族自治州全域位于藏羌彝走廊核心区，要充分利用藏羌彝走廊 IP 资源，加强与藏羌彝走廊其他区域交流合作，组建藏羌彝走廊文化产业联盟，打好四川凉山州文化旅游特色牌。

3. 长征国家文化公园IP提升旅游品质

建设长征国家文化公园，是国家重大决策。充分利用长征国家文化公园IP资源，建设会理、冕宁、德昌、西昌、会东、宁南、普格、喜德、越西、甘洛8县2市红色旅游融合发展示范区。将红色文化、民族精神与生态资源相结合，将红色文化融入绿色旅游，推进红色资源景观化，打造“长征丰碑·团结之旅”红色旅游品牌。

4. 围绕乡村旅游IP打造多元文化场景

西昌借助著名画家马骀“邛都八景六名胜”图铅铲板画，创新性打造火把广场、月色小镇等“邛都新八景”，评选“乡村八景”，扩展“乡村旅游十八景”，丰富文化与旅游消费场景。

表10－9　古今西昌景色总结

名称	内容
清代杨学述“建南十景诗”	泸山苍翠、邛池映月、东岩瀑布、西沼莲香、渔村夕照、螺岭积雪、古寺闻钟、苍松挺秀、香泉烹茶、清池灵应
清代廖熙堂“咏西昌胜景”	磨旗峻岭、晴空飞瀑、马鞍行人、螺髻积雪、泸峡高山、观音响水、天王远拱、鹿角遥瞻、孙水春潮、邛池夜月十景
马骀“邛都八景”	泸峰春晓、碧浪朝阳、古寺晚钟、邛池夜月、东岩飞瀑、西沼采莲、卧云烟雨、螺岭积雪
马骀“邛都六名胜”	泸川漱石、飞阁临江、凤浴寒潭、龙行甘雨、鱼洞安禅、天王引胜
邛都新八景	火把广场、月色小镇、观海湾、青龙寺、月亮湾、小渔村等
西昌乡村八景（旧）	兴镇的花山桃红、西乡乡的凤凰紫晶、高枧乡的荷色生香、樟木乡的茅坡红樱、黄水乡的鹿鹤金叶、安哈镇的彝风安哈、月华乡的桃瑞月华、黄联关的榴开客家
西昌乡村旅游十八景（新）	桃源农庄、凤凰葡园、茅坡樱红、螺岭彝风、红莓人家、大箐彝韵、火舞彝寨、桃瑞月华、荷色生香、鹿鹤烟黄、榴开客家等
清代杨学述“建南十景诗”	泸山苍翠、邛池映月、东岩瀑布、西沼莲香、渔村夕照、螺岭积雪、古寺闻钟、苍松挺秀、香泉烹茶、清池灵应

资料来源：根据公开资料收集。

5. 围绕特色资源 IP 形成一批文创产品

围绕地标产品与凉山州特色资源打造文创产品。如宁南围绕“中国蚕桑之乡”IP 资源，形成桑葚酒、桑葚膏、桑叶茶、冬桑凉茶、蚕丝被、桑葚干、真丝丝巾、真丝睡衣、蜀绣工艺品、蜀绣披肩等知名文创产品。尤其是利用丝绸制作成具有宁南特色的伴手礼，如丝绸笔记本、丝绸鼠标垫、丝绸单肩包、丝绸眼罩、镇纸、丝绸收纳盒、茶席等，取得较好市场反响。

（二）提升文化附加值

1. 将生态产品打造成文旅产品

将凉山州优质生态产品打造成为旅游地商品，是提升生态产品附加值的重要途径。借助景区景点、民宿、车站、服务区，设置购物网点，加大生态产品作为旅游商品的营销力度。在农业综合体等生态产品生产区域开辟观光区、采摘区、体验区以及加工产品购物区，供游客参观、品尝、体验和购买相关产品。

表 10-10　　凉山州旅游购品类四、五级资源名录

序号	资源名称	所属行政区	等级
1	会理贡榴	凉山彝族自治州会理县古城街道	五级
2	彝族传统服饰	凉山彝族自治州昭觉县新城镇	五级
3	会东松露	凉山彝族自治州会东县野租乡老村村、鲹鱼河镇撒者邑村	五级
4	德昌桑葚	凉山彝族自治州德昌县德州街道	五级
5	盐源苹果	凉山彝族自治州盐源县	五级
6	冕宁火腿	凉山彝族自治州冕宁县境内	四级
7	喜德紫乌洋芋	凉山彝族自治州喜德县贺波洛乡瓦吉村马沟组	四级
8	会理黑山羊	凉山彝族自治州会理县古城街道	四级
9	会东松子	凉山彝族自治州会东县姜州镇营盘村	四级
10	登台 6 度山泉水	凉山彝族自治州喜德县冕山镇小山村 2 组	四级
11	12 海天然冰川饮用矿泉水	凉山彝族自治州喜德县冕山镇小山村 2 组	四级
12	会东黑山羊	凉山彝族自治州会东县堵格镇堵格社区	四级
13	相岭水晶	凉山彝族自治州喜德县冕山镇小山村 2 组	四级
14	美姑多胎山羊	凉山彝族自治州美姑县巴普镇巴普村	四级

续表

序号	资源名称	所属行政区	等级
15	美姑岩鹰鸡	凉山彝族自治州美姑县巴普镇巴普村	四级
16	美姑乌金猪	凉山彝族自治州美姑县巴普镇巴普村	四级
17	宁南蚕桑文创产品	凉山彝族自治州宁南县宁远镇南丝路集团	四级
18	南红玛瑙	凉山彝族自治州美姑县瓦西乡瓦西村	四级
19	金阳青花椒	凉山彝族自治州金阳县天地坝镇	四级
20	金阳白魔芋	凉山彝族自治州金阳县天地坝镇	四级
21	金阳丝毛鸡	凉山彝族自治州金阳县天地坝镇	四级
22	喜德阉鸡	凉山彝族自治州喜德县	四级
23	火把液酒	凉山彝族自治州喜德县	四级
24	建昌板鸭	凉山彝族自治州德昌县德州街道	四级
25	油坛肉	凉山彝族自治州德昌县德州街道	四级
26	安哈彝家烧烤	凉山彝族自治州西昌市安哈镇长板桥村长板桥组	四级
27	西昌钢鹅	凉山彝族自治州西昌市高草回族乡	四级
28	西昌火盆烧烤	凉山彝族自治州西昌市文汇路 318 号	四级
29	盐源玛瑙	凉山彝族自治州盐源县	四级
30	猪膘肉	凉山彝族自治州盐源县泸沽湖镇多舍村	四级

资料来源：凉山州文旅局《凉山州文旅普查州级报告》，2020 年 8 月。

2. 文创赋能生态产品价值增值

为生态产品增加文化创意是提升生态产品附加值的重要方式之一。通过文创赋能，可以增加生态产品的艺术价值和市场价值，不但可以实现“两山”转化，生态产品也可以成为传播生态价值观的重要载体，更有利于形成区域生态文化氛围。如很多地区将艺术创造与大地景观相结合，不仅好看，而且好玩，衍生出文化、体验、教育等多重功能和多元价值。文创赋能的关键在于人才，要加强与以生态文创产品生产或以自然教育为核心业务的社会企业或社会组织合作，成立专业合作社，实施农创客人才培养与生态文创产品挖掘计划。

3. 从文化层面占据产业制高点

对于凉山州特色生态产品，应加快注册地理标志证明商标，积极融合优秀历史和地域文化，以更加规范化、标准化的生产、营销，打造地理标志产品并提升地理标志产品附加值。

三 文化赋能“两山”转化形成新业态

（一）艺培研学

艺培研学是一种特殊的体验式教育，利用自然景观与文化景观影响青少年精神与艺术发育。四川凉山州具有优质资源条件，可依托非遗传承基地，发展民间手工艺培训与研学教育产业，开发集合文化体验、技艺传承、知识普及、精神传承、娱乐休闲、亲子互动等功能的新型艺培研学产品，设计包含自然、人文、民俗、地理、历史、艺术、科技、生产、生活等多元内容的研学培训课程。

（二）创意餐饮

集合火盆烧烤、西昌醉虾、坨坨肉、苦荞饼、酸菜汤、酥油茶、卷粉、连渣菜、彝家辣子鸡、建昌板鸭、炸洋芋等特色美食，培育阿斯牛牛等本土餐饮品牌，深度挖掘非遗食品、地理标志产品、名优特产等凉山州本土餐饮文化内涵，深度融合餐饮服务，大力培育美食 + 歌舞秀、美食 + 情景剧等新业态，开展以传统美食制作技艺为主题的体验式餐饮。如阿斯牛牛餐厅，一开始就是按照大凉山彝风商业综合体和民族文化综合体的标准来打造的。

（三）演艺娱乐

着力推进非遗、剧场、演艺、游戏等与旅游业融合发展。重点打造一批旅游演艺、实景演艺、主题公园演艺等新型演艺产品，探索全感知戏剧与文化旅游产业相结合的新模式，如实景剧本杀。以沉浸式、体验式演艺赋能传统演艺、文化地标、网红景区，使游客可以获得深度参与角色扮演、品尝文创食品、购买文创产品、现场制作特色手工艺品等丰富多样的文化旅游体验。大力开发《阿惹妞》《朵乐荷》等彝文化风情实景火秀剧以及《山岗上的歌与舞》《彝彩》《挽歌》等彝族风情歌舞，依托优秀剧目 IP，创新开发文创、文旅衍生品。打造中国西昌 · 大凉山国际戏剧节品牌。

（四）精品民宿

民宿产业已经成为“美好生活”在乡村的一种新型载体，承载着丰富的文化意义，同时具有显著的经济效益，是“两山”转化的重要形式。依托主题特色村寨与文旅小镇，组建乡村旅游合作社，规划布局特色民宿及其相关配套设施，打造主客共享的空间体系。赋予民宿以文化主题并促进其差异化错位发展，打造以非遗传承、艺术、阅读、音乐、戏剧、手工艺、农艺、茶文化等为主题的新型民宿。鼓励居民参与旅游服务，从事旅游餐饮和特色产品加工出售，开展民族演艺等。

（五）彝绣服饰

彝族服饰是我国民族工艺中的一颗亮丽明珠，其穿着习俗与制作习俗，丰富和发展了中华民族的服饰文化。研发和孵化彝族服饰创新产品，活化察尔瓦流苏、彝族银饰、毕摩绘画、彝族文字、图腾等彝族服饰图案元素和文化符号，融入现代时装设计，可赋予彝族传统服饰审美价值和推广应用价值。应积极提升彝族刺绣、彝族毛纺织（加什和瓦拉等）及擀制技艺、彝族奥索布迪服饰艺术（俗称高帽）、彝族泥染等传统技艺的当代审美价值和实用功能，促进传统工艺与文化产业融合发展。

（六）彝族漆器

彝族漆器髹饰技艺是一项古老的技艺，将其转化为文化产品是加强生产性保护的重要方式。2014 年 5 月，凉山州民政民族工艺厂就已经被授予非物质文化遗产生产性保护示范基地称号，依托现有传承人吉伍巫且和工艺美术大师等各类人才，将现代技术融入传统工艺，依托民间制作手工工艺户、规模化生产工艺厂，创新开发漆碗、漆盘、杯壶、茶具、茶几、餐桌、勺、凳、家具等日常生活用品，以及各种装饰饰品、旅游纪念品及房屋装饰装修等工艺品。

（七）短视频

2021 年中国短视频用户超过 8 亿人，抖音日均视频搜索量突破 4 亿。2021 年抖音上关于凉山的话题播放达到 16.6 亿次，“悬崖村”成为无数条短视频全方位拍摄的焦点，已经初步形成了流量基础。应积极引导短视频创作，更好地宣传凉山正面能量，推介生态产品与生态文化，并严厉打击造假、卖惨、污名化等乱象。

第三节　数字经济赋能“两山”转化

数字赋能是以数字化基础设施、数据化知识信息要素、数字技术、互联网平台以及数字化思维为赋能器，以四川凉山州生态产品价值发现、创造、增值、实现为应用场景，通过融合发展的方式，提升凉山州“两山”转化能力。数字经济具有强渗透性特征，不仅是新的经济增长点，也可以成为“两山”转化的重要引擎，催生绿色低碳发展新业态、新模式、新行业。发展数字经济可以克服经济机会在地理上分布不均的障碍，以更加包容的方式实现价值增值和产业结构优化。实施数字经济赋能升级工程，可以推进新一代信息技术与实体生态经济深度融合发展，促进数字经济新业态新模式向“两山”转化领域渗透。

一　调动资源缩小数字基础设施与能力差距

（一）缩小数字基础设施的差距

1. 提高互联网接入设施与能力标准。宽带互联网连接等软件和硬件数字基础设施是人们和企业顺利参与数字经济的基本要求。凉山州17个县（市）已经实现行政村光纤通达率100%，行政村4G网络覆盖率100%，县县通5G，会东县入选全省新型智慧城市示范城市，基本解决互联网接入问题，但需要进一步提高宽带接入能力标准。引导相关通信、互联网等企业，加快凉山州公共服务专网和产业专线建设，在保障整体网络资费降低、网速提升的同时，针对特定群体实施更具针对性的专项降费或定向资费减免办法。

2. 增强数字技术及其应用的可及性。充分利用国家支持数字技术“开源”发展的机遇，以及互联网的普惠性，建立面向大众的数字服务市场，广泛使用数字支付系统，创新数字金融，加强远程医疗、在线教育、数字政府、数字乡村等数字化手段应用场景建设。营造适应数字化创新的营商环境和监管制度。

（二）提高全民数字技能与素养

1. 不断提高居民数字参与程度。数字能力对于确保有效参与当前和未来世界以及获益于现有技术和新兴技术至关重要。① 着力解决使用技能缺乏、文化程度限制以及设备不足等突出问题。先期可以从简单的社交娱乐参与开始，逐步推进数字参与活动向工作学习及线上商业、公共服务获取等拓展，提高数字化与凉山州干部群众自身关联感知与认识，不断提高居民数字参与程度。

2. 推进凉山州干部群众数字技能普及。帮助他们熟悉电脑、手机、平板等数字设备，以及互联网浏览器、App、小程序等相关软件；掌握浏览互联网、发送带有附件的电子邮件、各种设备之间传输文件、电子文档表格演示操作、查找下载安装配置软件等基本技能。

3. 鼓励在凉山州工作的返乡农民工、大学生、军人等，掌握更高水平的数字技能，包括熟练使用编程语言、数据分析和处理，以及建模技能、电子商务技能等。

4. 将数字应用技能作为职业培训、劳动力终身技能更新及提升的重要内容。持续消除妨碍妇女和女童数字技能发展的现有偏见。加快推进可提升全社会参与度的数字化转型进程。积极吸纳社会和民间力量参与数字化转型战略。

表 10－11　　数字技能的类别和层次

类别	层次	技能
所有人都应具备的数字技能	采用	基础教育和基本数字素养 熟悉技术设备和服务
	基本或一般使用	对技术、软件和应用程序有基本了解 关于数字权利、隐私、安全和数据持久性的知识[a] 利用信息和数据的能力，包括数据存储、管理和组织，以及构建与计算和回答问题[a] 利用数字技术进行协作、沟通和创造的能力[a]

① 联合国经济与社会理事会：《建设数字能力以利用现有技术和新兴技术，特别关注性别平等和青年层面》（E/CN. 16/2018/3），2018 年 5 月 14—18 日。

续表

类别	层次	技能
信通技术专业人员的数字技能	创造性使用和改造	基本计算技能 熟悉基本演算法
	创造新技术	高级编程技能；复杂演算法知识

资料来源：Di Maggio 等人，2004 年。a 来自宽带促进可持续发展委员会，2017 年。出自联合国经济与社会理事会《建设数字能力以利用现有技术和新兴技术，特别关注性别平等和青年层面》（E/CN. 16/2018/3），2018 年 5 月 14—18 日。

二　加强数字技术在“两山”领域推广应用

（一）强化包容性数字技术供给

数字技术内涵丰富，数字包容主要体现在数字技术的获取、技能、使用和创新上。包容性数字技术扩展了凉山州经济参与可能性，打破了经济机会在地域上分布不均的障碍，使得凉山州自然生态、民族文化的价值显化，也使得小规模、自然生长的竞争劣势转变为原生态、绿色化的竞争力标签。

表 10－12　　　　数字技术及其应用示例

技术与应用	相关示例
技术示例	普遍性数字技术包括：物联网、大数据、人工智能、机器人技术、自动化、3D 打印、生物技术、纳米卫星和微卫星、神经技术、合成生物学、纳米材料、先进的储能技术和区块链
	包容性数字技术包括：包容性互联网互联互通；金融技术促进金融普惠；区块链技术促进包容性贸易；包容性电子商务
应用示例	利用传感设备提高农业生产力、通过移动设备向农民提供小额保险、通过绘图数据开展智能水管理系统等

（二）推进数字技术研究与应用

推动数字技术赋能“两山”转化。数字技术可以广泛应用于“两山”转化领域，为生态产品信息普查、监测、价值核算、溯源、交易等提供支撑。同时，利用数字技术手段打造全新的商业模式，以此进入新细分市场或进一步提升现有市场的渗透率。另外，促进数字技术与绿色技术相融合，发挥数字技术优势来创新绿色技术，普及推广具有良好前景的低碳、零碳和负碳技术。

推动数字技术在农业生产端的应用。依托西昌、越西、会东智慧农业试点，加速农业大数据采集，开展农业物联网示范应用，推进农业生产信息数据库和综合管理平台建设，加强农业装备等的数字化改造，加快数字化技术与工具在农业中的应用，以数字化推进标准化，在提高农业生产质量的同时使其更加适配于网络销售。

完善生态产品质量安全追溯体系。在现代农业园区加快应用二维码、无线射频识别、移动视频监控等技术，推进农产品从种源、种植、加工、流通、销售全产业链质量管控、检测与追溯的融合发展，整合安全预警、过程追溯与处置查询等功能。普格县五道箐乡在大棚蔬菜生产基地，采用中国电信的物联网技术在远端实现土壤条件、空气环境、病虫害监控及农产品二维码追溯等管理，并通过中国电信天虎云商电商平台进行网络预售，取得良好效益。

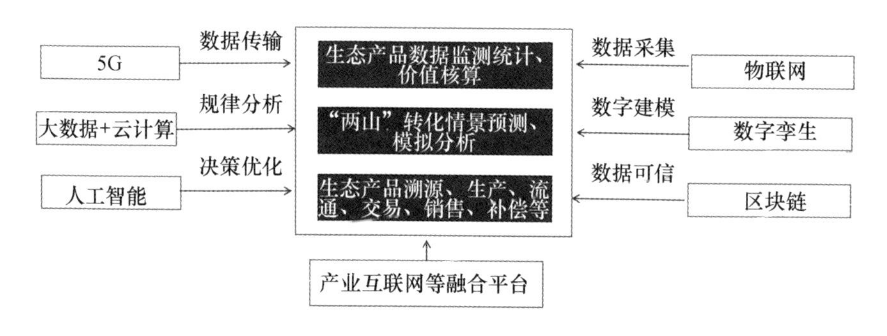

图10－1　数字技术赋能四川凉山州“两山”转化

三　促进数字经济向“两山”领域渗透融合

（一）逐步壮大四川凉山数字经济相关产业

第一，大数据储存。依托省级开发区建设与水电消纳产业发展，加快培育发展大数据产业；加快推进中国移动凉山大数据中心建设项目、中国联通攀西大数据中心项目、西昌市数字经济产业园等项目建设，构建应用需求导向的研发转换体系。第二，5G等信息技术产业。积极推进攀钢集团5G+智慧炼铁控制中心、攀钢集团5G+智慧管控中心、钢城集团瑞海公司自动化智能化升级改造等项目建设，畅通产业数字化转型升级的渠道。第三，卫星互联网产业。依托西昌卫星发射中心的优势，积极与电子科技大学、四川大学等高校合作，积极发展卫星互联网中游地面设备制造环节和卫星通信场景应用，争取通信网络航天卫星国际会议等落户凉山，扩大凉山在卫星互联网领域的影响力。

（二）探索数字经济与生态经济融合新模式

第一，电子商务赋能生态农业。依托商务部开展国家级电商进农村综合示范的有利契机，将电商服务体系建设作为农村产品上行的基础保障，构建农产品上行营销推广体系，全州乡镇快递服务覆盖率达100%。第二，探索短视频、直播、社交平台等新业态新模式与生态农业、文化旅游和休闲康养等产业融合发展。第三，适应技术驱动消费模式和内容转变，提升产业发展和消费需求对接能力。

（三）基于数字经济的“两山”转化新服务

促进数字普惠金融应用的深化，探索针对分散、小额资金需求的金融产品和服务模式。凉山群众通过互联网可以更便捷参与快递物流、外卖、网约车等工作，实现灵活就业，以新型务工及创新创业方式实现新的价值创造。

四　打造数字化应用场景赋能“两山”转化

（一）生态产品数字化场景

生态产品数字身份证。阿里的“蚂蚁链”、京东的“智臻链”、腾讯的“安心农品计划”等，利用区块链溯源技术，实现从生产到销售、从原料到成品都可实时追踪，以“数字身份证”产生溢价效应。从调研中我们得知，目前数字身份证的成本是可接受的。四川凉山州应借助这些平台的支持，建立规范产地编码与产品包装标识的区块链溯源信息管理平台。

生态资源普查管理。淳安县将“两山”银行接入城市大脑平台，形成全县生态资源普查“平台主导+全民参与”模式。通过“两山”银行数字驾驶舱数据归集能力，将其资源平台、招商平台与数据平台深度整合，实现生态资源实时汇集与动态归集。

（二）生态产业数字化场景

生态农业数字化场景。依托西昌、越西、会东智慧农业试点，加速农业大数据采集，推进农业生产信息数据库和综合管理平台建设，加强农业装备等的数字化改造，加快数据等新生产要素与工具在农业生产中的应用。推动当地农业与龙头企业、电商平台合作，引入精准施肥、滴灌等数字化技术和标准化种植手段，使其在提高质量的同时更加适配于网络销售。

生态工业数字化场景。湖州依托新能源云碳中和支撑平台推出“碳效码”，对所有规上企业碳耗进行量化评价，并根据评价结果给予差别化融资授信和利率优惠，以及“碳效技术改进”等套餐式碳效服务，精准推进工业全域治理。类似的还有杭州“环保码”、常州“碳耗码”等。

生态旅游数字化场景。将数字技术应用到生态旅游领域，形成大量数字化应用场景。如当前大部分景区均已在微信公众号、小程序等平台上线景区直播、在线购票、地图导览、语音解说、订餐住宿等功能，有些还嵌入了文创、体验、个性化定制、一键求助等服务。

（三）绿色金融数字化场景

将数字元素注入绿色金融服务全流程。如浙江丽水创新生态产业区块链信贷产品“茶商 E 贷”，运用区块链技术，将企业的支付交易数据作为授信核心指标，通过线上审批，实现贷款及时审批与及时拨付。

通过数字化让绿色金融更加普惠。将数字技术嵌入小微金融、农村金融、供应链金融、绿色金融。针对乡村建立多层次、广覆盖的绿色支付体系，推广电子商业汇票、移动支付等新型支付工具。碳普惠在各地已经形成数字化、绿色金融与生态产品价值实现相结合的广泛场景。如成都的“碳惠天府”、浙江安吉的“两山绿币”等。

（四）“双碳”数字化场景

自从我国提出“双碳”目标，实践中已经形成较多数字化应用场景。中电普华发布新能源云区块链碳存证场景，构建绿电从生产源端到终端消费全生命周期的碳资产数据链条，提供碳减排查验和可信溯源服务。数字技术赋能“源—网—荷—储”一体化智慧管理，可以大幅度降低用电成本，提升能源效率。同时，大量智慧交通、智慧建筑、智慧资源循环利用等，正在有效赋能碳达峰与碳中和。

（五）生态信用数字化场景

企业环境信用场景。生态环境部已经上线环境影响评价信用平台，针对环评信用管理对象的信用行为，进行计分并实时累计，以此为依据开展守信激励和失信惩戒，提升“互联网+”监管水平。

个人生态信用场景。如丽江“绿谷分”，信用良好的市民，可凭“绿谷分”在“信易购”“信易游”“信易行”等13个大类50余项激励应用场景中享受优惠。

（六）生态治理数字化场景

生态环境数字化治理运用最为广泛的就是“天—空—地—人”立体化环境监测网络、大数据智能化分析平台与智慧环保指挥中心。对于频发森林火灾的凉山州而言，建立智慧消防系统十分迫切，应依托现代通信手段与数字技术，构建集森林防火实时监测、智能预警、辅助决策、应急指挥等于一体的森林立体火灾预警防控系统，从而提供更为精准的技术解决方案与安全服务方案，实现从当前的“严防死守”到“预知预警”的转变。同时，加强生态数字政务建设，争取打造“生态云”平台，打通整合部门生态资源数据、业务、资源和服务，逐步实现汇总展示、监测分析、执法联动、考核评价等功能。

五 利用数字平台赋能“两山”转化

（一）打造数字经济平台

数字平台是推动数字经济价值创造的核心驱动因素，数字平台聚合、处理、传输、存储、分析数据的能力是价值创造的重要来源。目前凉山州上线的益农信息社包含4大板块，集农业资讯、农技培训、农产品销售、农资代销等信息化应用为一体，提供买、卖、推、缴、代、取服务。

（二）积极引入平台企业

引导信息通信企业、基础电信企业、互联网企业、软件企业参与四川凉山州数字乡村建设以及“两山”转化。鼓励借助阿里巴巴等电商平台，为凉山州“两山”转化探索提供支撑，尤其是赋能地标产品和非遗产业化、品牌化及数字化。如“凉山家”平台作为凉山州首个“互联网+产业扶贫”地标孵化电商平台，为凉山州全域国家地标产品进行互联网品牌孵化。

第四节 创新要素赋能“两山”转化

四川凉山州更要解放思想，聚焦农业创新、战略资源开发创新与商业模式创新，充分利用国家和省扶持政策以及中央部委和帮扶省市资源，努力集聚创新力量，以创新的思维探索创新驱动发展新路，为“两山”转化赋能。

一 全面理解创新并适配创新赋能策略

（一）拓展创新的内涵与类型

将创新引入经济问题分析源于熊彼特1912年发表的《经济发展理论》，他认为创新是生产要素的新组合，包括引入新产品生产或赋予产品新特性、发现和掌控新供应来源、开拓新市场、应用新生产方式和新组织方式等。之后，创新被广泛应用到各个领域，包括技术创新、理论创新、制度创新、产品创新、组织创新、管理创新等，泛指将各种要素转化为价值的活动。创新是微观产品、技术、模式创新，中观产业组织和业态创新，以及宏观体制机制与文化创新的有机结合。价值创造是创新的目的，而创新最根本的来源仍然是人的知识和能力。

对于四川凉山州而言，要拓展创新的内涵和类型。关注自主创新，更要关注技术借鉴和适应过程的创新；关注创新成果，更要关注创新思维和创新文化；关注科技创新，更要重视文化创意和商业模式创新；关注传统经济模式下资源开发—产品—行业应用—市场交易的正向创新，也要关注新经济模式下产品、场景、商用、市场等反向配置资源的逆向创新和垂直创新。

（二）提振创新的信心与决心

欠发达地区更需要创新。凉山，是地理概念、民族聚居区概念，不能成为封闭、落后的固化意识和地域限制，脱贫只是发展的特定阶段和底线应对，不能成为路径的依赖。要解放思想，突破意识局限，以高度的定力，坚定不移朝着创新驱动发展这一目标努力。

后发创新者有后发优势。历史原因造成了凉山州与外界技术的鸿沟但也意味着技术扩散普及空间非常之大。优选并优化组合与自身发展相容的技术，引进消化吸收，可以在更短时间内高效解决迫切需求问题。当前，具有普惠性、包容性的数字技术的发展与成熟使得凉山州正面临技术范式转变的重要机会窗口，凉山州应专注于更短技术周期、更平滑学习曲线以及更迫切更易链接相关知识技术的“两山”转化领域，高效地实现技术追赶。

创新是与生俱来的能力。创新是人脑的一种机能和属性，每一个智力正常的人都有与生俱来的创新意识和创新能力，但它需要培养和激活。一个区域的创新水平取决于有多少人在思考并实践创新，创新有利于汇聚资源，形成文化，带来新的创造。

四川凉山州的创新，如果用东方式思维、中国式故事进行理论指导、规律提炼和系统解释，在知识体系、方法工具上打好知识底座和方法底盘，有望创造比脱贫攻坚更生动的创新成就。当然，距离目标的实现还有一段长长的路程要走。

（三）适配创新及其赋能策略

前沿创新专注于战略资源开发和产业链价值链。战略资源开发是四川凉山州争取国家重大科技战略布局以及最有条件开展前沿创新和局部抢跑的重要领域，创新的重点在支撑产业链再造和价值链提升。需要打破资源诅咒与低端锁定，以高端链接带动高端扩散，在借势发展、开放创新中引入资本、技术并落地生根，在掌控资源中实现中高端附加值，将资源优势转化为投资优势、产业优势和创新优势。

规模创新聚焦于农业创新及生态产品价值实现。自然资源和农业资源是四川凉山州的突出优势，应该以生态产业技术创新能力提升为着力点，以民族地区绿色转型跨越为特色，提高“两山”转化的科技含量，走资源富集区可持续发展道路。

普惠创新着重于释放市场潜力与社会能力提升。凉山州大量的基础创新应该应用更多普惠性、包容性科技，实现以应用为主的实用性创新。根据产业发展方向和需求，调动、配置各方面的创新资源、产业资源、政策资源，为市场提供更多商品化的优质生态产品，在多样化生态产品开发与价值实现中实现民生改善、社会能力提升。

创新生态优化重在凝聚创新主体、人才与平台。创新可能是在不同链条、不同环节、不同节点的迸发式创新，基于不同创新平台，按照政产学研金介用协同创新模式，激活不同领域的创新单元体、服务综合体、协同联合体等创新主体，形成不同的创新组织形式和实现方式。

二 创设“两山”转化的基础技术条件

（一）强化绿色科技能力

培育绿色创新主体。支持州属“规上”100强企业、州级及以上农业产业化龙头企业、重点民营企业与高校院所合作，组建企业牵头、高校和科研院所为支撑、各创新主体相互协同的创新联盟、利益联结共同体，协同开展绿色技术创新和生态产业创新。培育一批专注于生态产品价值实现的高新技术企业和科技中小型企业。

培育绿色创新平台。打造钒钛稀土、航天科技、食品医药、生物育种、暗物质探测等前沿和关键共性技术创新平台。支持建设一批国家级和省级工程技术研究中心、企业技术中心、重点实验室。组建“凉山特色产业发展研究院”，围绕凉山特色种植养殖、中药材、全域旅游及康养、清洁能源、钒钛稀土等产业领域开展研究。

开展绿色创新合作。积极开展与天府新区、绵阳科技城、成都高新区、攀枝花等的创新合作，深度参与成渝地区双城经济圈协同创新。强化全方位多层次科技交流合作机制的建立，促进产学研深度对接，推动知名高校、研究院所等创新要素向凉山转移、集聚。鼓励和支持省内外知名大学、科研院所、技术创新团队与州内企事业单位开展产学研用合作，共建创新联盟、创新综合体、产业技术研究院、技术转移中心、孵化服务平台、新型研发机构等创新平台。

（二）科技赋能生态产业

1. 科技赋能生态农业

针对特色农产品（葡萄、石榴、冬春蔬菜、早春枇杷、核桃、青花椒等），研究形成标准化优质丰产种植技术，配套良种选育和高位换接技术，推广改良品种。

依托西昌钢鹅和建昌鸭等国家级畜禽品种资源优势，借助四川省水禽资源保护与开发利用工程技术研究中心平台，构建以产业为主导、企业为主体、基地为依托的现代水禽种业体系。

发挥好国家油橄榄种质资源基因库、中国—以色列油橄榄产业园区、四川省油橄榄工程技术中心、中泽油橄榄四川省国际科技合作基地等的作用，做大木本油料产业。

加大对川贝母、重楼、木香、大黄、附子、金银花、一枝黄花、雪上一枝蒿、川续断等凉山特色道地药材的种植技术研究，突出发展具有特色优势的中成药、中药饮片和配方颗粒，以科技创新助力企业、带动产业，壮大凉山州生物医药产业发展。

2. 科技赋能生态工业

加快水电、风电、光电等的协调、互补、转化，加大对弃电制氢、城市垃圾制氢等配套技术的研发和应用，开展储能电池和贮氢新材料以及贮氢技术研发，探索分布式屋顶光伏发电、光渔一体、光伏提水、光伏大棚等新应用模式，解决高新企业电费电价偏高的问题。

促进战略资源创新开发。加大钒钛、钢铁、有色新产品、新工艺、新技术的开发及应用，大力研发绿色冶炼、智能矿山和环境友好技术，推进战略资源绿色开发与产业链延伸。

3. 科技赋能生态旅游

依托凉山州旅游大数据中心，建立新媒体矩阵，提升凉山文化旅游对外传播力。通过五彩凉山智慧旅游官网、APP、微信公众号、旅游应急监管平台，向游客提供旅游资讯查询、实时视频观看、在线交易、地图导览、私人定制、360度/720度全景高清展示、位置查询等便民服务。基于旅游应急指挥可视化平台，实现景区监控、客流分析、预测预警、旅游投诉、旅游质量问题处理等涉旅数据的实时监测查看。

（三）科技支撑生态环保

加强湿地监测、保护和干热河谷地区绿化技术研究，为高原湿地保护恢复等重大生态工程提供技术支撑。加强水环境综合治理技术研究与水土流失自动监测预警体系建设，加大安宁河流域土壤重金属污染治理研究，研发凉山州干热河谷和二半山区绿化困难地区的绿化新技术。

充分运用5G通讯、物联网、大数据等现代高科技手段，建立重大安全风险和安全隐患信息化监测管理平台，研究应急救援数字化指挥作战系统建设，加强森林草原火灾智能监控和报警信息平台建设。

三　加强创新人才引育与人力资本积累

人才是创新的第一资源，是创新的根基，也是创新活动中最为活跃、最为积极的核心要素。提升凉山州“两山”转化能力，根本上是发挥人的创新能力。通过人才能力提升带动“两山”转化能力提升，实质是“两山”转化人才的引育、使用与增值。“两山”转化需要人才，同时也是吸引和留住人才的重要方式。

（一）集聚各类“两山”转化亟须人才

构筑“两山”人才集聚高地。鼓励企业采用股权激励、期权激励、技术入股等多种形式，吸引和用好高层次管理人才、专业技术人才。依托“两山”智库聚集高层次人才。吸引省内外生态产品价值实现领域的专家、学者、企业家。

完善“两山”人才聚集机制。人才的引进，不仅是要通过政策吸引人才，也要建立各类创新资源要素“跟着人走”的机制和制度安排。同时，加快技术转移转化，从创新源头、中介市场、产业应用等前、中、后端使科技成果能结果、能转化、好转移。持续推进“千名英才·智汇凉山”引才行动，加大“百人计划”“西部之光”“博士服务团”和“新世纪百千万人才工程”等人才引智项目向凉山倾斜力度。

创新“飞地”引才聚才模式。破解凉山州高端人才和团队引进难的问题，需要创新飞地聚才模式。在发达城市联合高校院所、人力资源服务产业园、各级商会等设立孵化基地、研发平台，打造“研发在区外，服务为区内”的联动模式。

（二）加强“两山”转化人才教育培养

加强“两山”人才特色教育。新建凉山职业技术学校，如昭觉县新建一所中等职业学校，根据凉山州特色与“两山”转化统筹整合专业设置。积极争取将凉山州纳入高中起点“1 + 2”模式高职教育招生计划。培养本土“两山”转化人才。

探索“两山”产教融合模式。面向“两山”转化优势产业企业，支持其申报国家支持的产教融合型企业。培育一批符合四川凉山州需求和长远发展的产教联盟或实训基地，推动市县政府、行业企业、学校机构通过购买服务、合作设立等方式，培育产教融合服务组织（企业）。

（三）提高全社会科学素养与创新意识

基本科学素养包括三个层面：了解科学知识、研究过程和方法，以及科学技术对社会和个人产生的影响。科学扫盲也主要是从这三个层面展开。提升公众科学素养是提高凉山州“两山”转化能力的有力工具，对公共政策制定和公民理念行为转变具有重要作用。充分认识“两山”转化对公众科学素养的新要求，推动绿色发展中公众的社会参与，开展有效的科学技术普及，找到最优的传播方式和手段，将科学素养培养与数字素养培养相结合，依托互联网平台开展科普宣传教育。

在提高全民科学素养的同时，注重培养全民创新意识。创新意识的培养，一方面是要营造鼓励创新、宽容失败的社会氛围；另一方面是要对全民进行创新教育，通过各个领域、各个层面、各个人群的创新案例传播、创新基地学习等，提升全民创新能力。

科学素养和创新意识的培养都是需要长期坚持的社会工程，是形成社会能力的重要基础，应将其作为凉山州重大的民生工程，由政府主导、全社会共同参与，积极推进。同时，更需要在实现路径上加大创新，找好切入点，如凉山州发起的“学前学普”就是切断贫困代际传递的一个很好的切入点。在科学素养和创新意识的培养上，我们认为从数字应用技能入手，实施“培训培训者”工程，在凉山州形成“有知识差异就可以传播”的良好学习氛围，是一个比较好的切入点。

第五节　生态品牌赋能“两山”转化

生态产品存在市场失灵的重要原因之一，是供需信息的不对称。虽然消费者有对生态产品的需求，但生态产品与非生态产品如果没有辨识度的话，就会出现“劣币驱逐良币”现象，导致“柠檬品市场”（信息不对称市场）。而生态标准、认证与品牌，因其具有增强辨识度、信用背书等功能，是解决这一问题的重要手段之一，同时，品牌还具有创造溢价的功能，也是实现生态产品溢价增值的重要方式之一。

一　积极创建生态品牌

（一）生态文化品牌

区域生态文化品牌具有公共属性和外部性，基本上由政府主导创建，是增强地域或城市生态营销效果的重要方式。创建区域生态文化品牌一般是通过各种与生态文明相关的创建活动进行的。国际生态文化品牌创建一般由权威国际机构受理审批或评定排名，如联合国人居环境奖、人类非物质文化遗产、全球绿色城市等。凉山火把节曾经申报过人类非物质文化遗产，遗憾落选。国内生态文化品牌创建分属不同部委机构受理审批，四川凉山州已经获得的生态文化品牌，未来还应在内容上不断拓展，在机制上不断创新。

1. 积极拓展生态文化品牌创建

支持西昌、冕宁、会理等安宁河谷地区县（市）积极创建国家生态文明建设示范区、“两山”实践创新基地等重要生态文化品牌，其中，冕宁县已经完成了两个示范创建的规划，对标创建指标，查漏补缺，奠定了良好基础。积极探索生态产品价值实现机制，一方面争取纳入新一轮全省生态产品价值实现机制试点（首批 14 个没有凉山），另一方面积极为全省“两山”转化提供改革创新案例，西昌市、会东县已经为全省“两山”实践贡献了邛海生态保护与补偿、特色林产品绿富双赢等案例经验。

在自然遗产方面，积极推进凉山山系大熊猫种群保护，积极打造大小凉山大熊猫栖息地。凉山州美姑大风顶自然保护区椅子垭口是凉山山系东西方大熊猫栖息地连接的关键走廊带区域，但凉山种群目前尚未被纳入国家公园保护范围。2021 年，中科院欧阳志云团队发表在 Nature 子刊《自然—生态学与进化》的文章指出，仍有 15 个大熊猫种群的灭绝风险高于 90%，尤以凉山山系、岷山山系北部和大小相岭山系的小种群受威胁较大，凉山、大小相岭的栖息地破碎化有可能加剧。①

在非物质文化遗产方面，积极升级非物质文化遗产项目，持续开展非物质文化遗产资源普查、发掘，形成具有区域特色的经验模式，以及区域品牌效应。在农业文化遗产方面，“四川美姑苦荞栽培系统”上榜第三批中国重要农业文化遗产，以产业化、品牌化思路推动美姑苦荞栽培系统等中国重要农业文化遗产传承保护，设立凉山苦荞博物馆，通过源种保护、生态产品培育、农业功能拓展、品牌建设推广、惠益共享等探索农业文化遗产生态价值转化，提升生态农产品的文化内涵和附加值，将农业文化遗

① L Kong, W Xu, Y Xiao, SL Pimm, Z Ouyang, et al.,“Spatial Models of Giant Pandas Under Current and Future Conditions Reveal Extinction Risks”, *Nature Ecology & Evolution*, 2021 (5): 1309 - 1316.

产打造成为四川凉山州乡村产业名片。在已有15项省级农村生产生活遗产项目的基础上，继续积极挖掘、申报、推介凉山特色农村生产生活遗产项目，充分发挥遗产价值，带动农民就业增收。

表10－13　　凉山州省级农村生产生活遗产名录

获批时间	县（市）	遗产名称
首批（2020年12月22日）	会理	会理绿陶 绿水镇松坪手工饵块 鹿厂铜火锅
	会东	羊毛擀毡及毛纺织技艺
	宁南	宁南晒醋酿造技艺
	昭觉	彝族传统服饰
	越西	彝族民间传统银饰工艺 彝族漆器传统技艺
第二批（2022年1月11日）	会理	黎溪州"踩缸菜"
	会东	蔡氏手工陶艺 红油腐乳 鸡枞油传统制作技艺
	宁南	钟式豆腐干制作技艺
	越西	瓦曲彝族传统服饰 彝绣传统技艺

资料来源：四川省农业农村厅《关于发布〈四川省农村生产生活遗产名录（第二批）〉的通知》（川农函〔2022〕17号），2022年1月11日；《四川省首批农村生产生活遗产名录发布》，2020年12月22日，http://nynct.sc.gov.cn//nynct/c100626/2020/12/22/2756eeab2b4a4236aabb3b4aef408cde.shtml。

2. 创新生态文化品牌创建机制

实施"一创带多创"的联创模式。文明城市创建是只有起点没有终点的常态化工作，西昌市再次上榜2021—2023年创建周期全国文明城市提名名单，会东、会理、盐源、宁南新上榜第五届四川省文明城市名单，德昌经复查确认保留四川省文明城市荣誉称号。以文明城市创建为龙头，统筹推进森林城市、园林城市、绿色城市、绿化模范城市、低碳城市等的创建。以文明单位、文明村镇等的创建，协同绿色园区、绿色矿山、绿色工厂、美丽乡村等的创建。联创背后是资源的优化整合与能力的协同提升。

建立部门统筹协调与联动机制。区域生态文化品牌的创建需要跨部门以及跨层级协调推进，如宣传部门、卫生部门、环境部门、治安部门、城乡建设部门等的协同推进，更需要州级、县级、乡镇级、村级以及相关单位、组织、机构的协同共建，也需要城乡共建、结对共建、致富连带等机制创新。

（二）区域公用品牌

区域公用品牌是产地、品类和文化的凝结，具有主体多重性、公共属性与区域自然资源、历史文化、社会资源等特色优势的不可转让性等特性。

1. 提升“大凉山”区域公用品牌

深度挖掘凉山气候气象、地质地貌、山水林田湖草湿峡谷等自然资源禀赋特色，赋予区域公用品牌个性内涵与内容能力，不断提升区域品牌形象。挖掘凉山多民族融合的历史文化、民族文化、地域文化、风土人情、宗教文化、人文景观等文化积淀，丰富区域公用品牌文化内涵，并增强其外显度与知名度。

2. 加快培育区域公共品牌的子品牌

继续发挥好“大凉山”区域公用品牌作用，重点打造以“地名＋特产”的全品类、全产业链的区域共用品牌，加强“大凉山金阳”、昭觉“阿妮莫”、西昌葡萄、水韵越西等“一县一品”公用品牌建设，培育“嘎吉吉品”等镇域公共品牌，支持“悬崖村”村级公共品牌建设，壮大区域公共品牌体系。2018、2019 年向社会公开推介的四川省优秀农产品区域公用品牌分别为“大凉山”和“会理石榴”。

表 10－14　2018—2019 年向社会公开推介四川优质品牌农产品

	县（市、区）	企业名称	品牌名称	产品
2018 年	雷波	雷波县青杠脐橙农民专业合作社	雷波脐橙	脐橙
	甘洛	甘洛县彝家山寨农牧科技有限公司	彝家山寨	苦荞食品
	布拖	布拖县吉优生态农业开发有限公司	优极域	乌洋芋
	金阳	金阳天地精华青花椒白魔芋农民专业合作社	椒魁	青花椒制品

续表

	县（市、区）	企业名称	品牌名称	产品
2019年	雷波	雷波县惠康综合农业开发有限责任公司	雷波脐橙	脐橙
	冕宁	冕宁县玖源火腿厂	天琪坊	火腿

资料来源：根据公开信息汇总。

（三）生态产业品牌

1. 打造“大凉山”系列生态产业品牌

依托国家地理标志产品，定位高端特色名牌农业。做好道地药材、地理标志产品和特优产品申报认定工作，打造中药材产业“大凉山”品牌。培育生态苦荞、生态花卉、生态水产业、森林康养、生态文化产业、精品民宿等系列产业“大凉山”品牌，将生态产业品牌与区域公共品牌很好地融合起来。

2. 打造“目的地”系列生态旅游品牌

打响全域旅游示范区、生态旅游示范区等区域品牌，打造“国际阳光康养休闲度假旅游目的地”“大凉山彝族风情旅游目的地”“大香格里拉生态旅游目的地”等生态旅游品牌。

3. 打造四个千亿级绿色产业集群品牌

绿色产业集群在凉山州“两山”转化中最有显示度和规模效应，包括以中国凉山·安宁河现代农业硅谷为引领的绿色农业产业集群、以钒钛等战略资源综合开发引领的绿色工业产业集群、“水风光氢储”一体化的绿色能源产业集群、“农文旅休康娱”相融合的文旅服务产业集群。形成国内具有知名度、竞争力和高附加值的特色产业集群品牌，以产业集群的整体品牌形象提升企业、产品竞争力与增值力。

4. 打造生态产业名园名镇名村地域品牌

打造中国凉山·安宁河现代农业硅谷，将循环经济园区等打造成为生态产业名园，将乡村旅游示范区、优秀旅游特色小镇、产业亿元村等打造成为生态产业名镇名村。

（四）生态企业品牌

1. 打造生态产业知名企业

聚焦生态产业品牌，着力支持昭觉县虹谷拉达农业开发有限公司、凉山德彝生态农业有限公司、凉山州凉牧源生态农业科技有限公司等生态农业企业，攀钢西昌钢钒有限公司等绿色制造、智能制造企业，西昌市彝族漆器工艺品加工厂等民族手工艺企业，凉山阿斯牛牛春天旅游集团有限公司等生态旅游企业，雷波亿谷电子商务有限公司等电商企业，提升企业品牌知名度与美誉度。

2. 重点培育生态领军企业

积极培育新兴生态产业领域“独角兽”“瞪羚”“哪吒”“小巨人”等企业名牌，形成一批单项冠军、隐形冠军企业。

（五）生态产品品牌

1. 打造农产品系列品牌

凉山国家地理标志数量之多，居民族自治州之首。但国家地理标志只是一种公共资源，并不是农业品牌，如五常大米是地理标志，但被消费者认可从而产生较大溢价的还是柴火大院、北大荒等品牌。这也是盐源苹果缺乏品牌效应，难以走向高端化的重要原因。立足国家地理标志，进一步通过组织化、标准化的种植、养殖，打造国家地标产品系列品牌，如以环太、惠乔、三匠、彝家山寨等为重点的苦荞加工品牌系列。

2. 打造特色饮食品牌

加强“西昌凉虾”“建昌板鸭”等特色餐饮传统工艺标准的研究提炼，支持建设规范化的特色餐饮加工工厂和生产车间，通过村播等直播带货模式宣传推广特色小吃、民族美食。加强传统技艺传承创新，提升“凉山味道”品牌影响力。培育一批凉山餐饮特色村，培训一批特色餐饮师傅，开设一批品牌旗舰店和大凉山特色美食名店，建设特色餐饮小吃街、美食街等特色风情街区。

3. 振兴民族文化品牌

深入挖掘民族文化、农耕文化、非遗手工艺等凉山州文化根脉，打好工艺牌、文化牌，打造乡土文化品牌，培育一批大凉山精品手工作坊。打造“彝族年”“火把节”“凉山州民族文化艺术节”“大凉山国际戏曲节”等节庆品牌，“国际马拉松”“国际帆船赛”“环泸沽湖自行车赛”等精品赛事品牌，以及“金沙江文化旅游节”（会东）、“文昌文化节”（越西）、“索玛花节”（金阳）等乡村文化旅游节庆品牌。

二　健全标准认证体系

（一）强化绿色发展标准化的认识

标准既是技术规则，也具有制度性作用，是参与创新和竞争的重要手段。在“两山”转化领域，标准需要先行一步在生态产品价值实现中发挥基础性作用。同时，一旦进入国家标准体系，也就等于进入了国家和行业重点推广和扶持领域，基于广泛的市场认可可以获得高端定位与高溢价收入，同时体现企业的社会和行业责任，树立良好的企业品牌。要积极释放市场主体标准化活力，满足生态产品价值实现标准化数量、质量不断提升的需求。

（二）绿色产品标准、认证与标识

1. 积极开展对标创标

全面推广绿色产品标识、标准和认证，常态化围绕国家目录开展对标创标工作。在钒钛、稀土、清洁能源等方面，积极参与国家绿色产品标准体系框架和标准明细表的编制。推进国家生态原产地保护产品评定、国家地理标志保护产品评定、国家级生态原产地产品保护示范区相关认证评定工作。

2. 积极开展生态认证

健全产品质量安全检测与生态环境监测，引导和鼓励农业生产经营主体开展良好农业规范（GAP）、“三品一标”产品质量认证和环境认证管理体系（ISO14000）、食品安全管理体系（ISO22000）、食品安全体系规范（HACCP）等标准认证。鼓励引导企业积极开展有机、绿色基地认证。

（三）构建具有凉山特色的生态产品标准体系

加快制定“大凉山”公共品牌标准、行业标准、企业标准和产品标准，推进形成大凉山·苦荞等系列团体标准，推动凉山苦荞相关标准体系进入国家标准。将标准化与生态产品价值实现深度融合，不断完善生态产品目录体系、生产标准化体系、品牌认证体系。

三　加大生态产品推广

（一）大力强化产品溯源

依托攀西农特产品智慧运营中心建设大凉山农特产品品牌溯源中心，

按照全链溯源的思路，从源头上把控质量，实现农产品从生产到消费全过程记录的可追溯。完善生态产品信息登记体系，不断完善生态产品信息库，有效对接政府质量监管平台。鼓励和支持企业使用二维码标识等实现生态产品质量可追溯，保障生态产品质量。

（二）大力推广生态品牌

1. 借助“四川扶贫”强化推广

“四川扶贫”是四川首创的集体公益品牌，具有官方抖音、消费网，设有四川消费扶贫中心以及成都、上海、深圳等地专馆或展区，进驻电商馆，并由专项经费、活动和平台进行宣传推广。截至2020年年底，加入四川扶贫公益品牌的凉山企业有227家，用标产品数507个。尤其是“大凉山青花椒”经央视播出后，新增销售额达5.36亿元，占到2019年销售总额的20%。

2. 依托电商平台加大推广力度

以盐源苹果为例，受益于拼多多“三区三州”农产品上行，以及“电商扶贫苹果专场直播”，电商化之后市场迅速打开，线上销售比例也达到50%，加速其品牌化进程。还应与抖音、快手等平台加强合作，建立“直播带货+厂家货源”的生态产品直播电商基地。

3. 创新直播带货与新媒体推广

创新州长、县长、第一书记直播宣传带货模式，实施生态产品新媒体推广一把手工程。通过微信公众号、互联网等渠道，加大凉山州生态产品宣传推介力度。

4. 加强展销活动推广与云交易

充分利用譬如东西部协作、万企兴万村、农业农村部品牌公益帮扶等国家政策，如雷波县与象山县在宁波市共办“‘脐’下江南‘橙’满宁波”推介会，达成意向采购金额3000余万元。组织开展生态产品推介博览会、生态产品文化节，举行新媒体网络直播推销会，开展生态产品云交易等活动。还可以借助生态产品异地推介会、国际研讨会，提高凉山生态产品品牌市场知名度。

（三）推进品牌场景消费

1. 地标等研学科普场景

依托生态地标品牌，开展青少年儿童耕读教育、耕食教育、耕育田园活动。通过传承和传播耕读文化，践行中华耕食教育文化，弘扬生态志愿者生态发展理念，使生态地标产品和产业成为青少年儿童德智美体劳综合教育的抓手。以西昌卫星发射中心、风光水电基地等为依托，发展中小学生研学旅游场景，植入科普教学、文化衍生、休闲餐饮等业态。

2. “文化＋体验”场景

以打造世界彝文化中心为契机，以品牌理念对火把节、彝历年等传统节日进行整体性开发，对彝绣彝漆等传统技艺进行生产性开发，对民俗、文学、歌舞等进行创造性开发，发展情景体验、传说演绎、文博展示、旅游观光、美食休闲等业态，打造文化观光体验消费目的地。

3. “大健康”康养场景

依托大凉山“国际康养胜地”品牌，以安宁河谷为依托，加快发展医疗康养、阳光康养、森林康养、温泉康养、田园康养等康养业态，开发高端养生护理、美容保健、禅修康养等康养产品，大力发展智慧康养产业。

第六节　开放合作赋能“两山”转化

无论是生态价值的区域转移，还是发展权的区域协调，或是生态产业链的跨区域组织，抑或是生态产品制度的跨区域整合，四川凉山州“两山”转化都是一个开放的循环系统，需要更多依靠开放合作，增强协同共享能力。

一　依托高水平全面开放赋能“两山”转化

（一）树立开放意识积极扩大生态产品市场

开放可以扩大生态产品市场。生态产品市场通常并不在生产地，消费群体也不局限于当地人，更多是跨区消费。因此，“两山”转化需要开拓新市场、培育新的消费群体，并在拓展产品品类、丰富产品形态等方面下功夫。开放合作有利于扩大生态产品市场，吸引更多域外消费群体，也可以给予消费者更多的选择，给予生态产品生产经营者更大的经营舞台。

（二）依托互联互通基础设施优化资源配置

开放可以优化多种资源配置。正如前文所述，生态产品生产是自然生态系统循环参与人类社会经济系统循环的过程，需要包括资金、技术、人才、信息等一系列资源的整合，更需要产业链、价值链、服务链等资源的优化配置，以及政、产、学、研、金、介、用等创新主体之间的高效对接。这就需要在开放条件下参与更大市场循环，打破资金瓶颈，缓解资源压力，促进技术进步，提升人力资本，提高市场竞争力。如近些年凉山州通过对外开放解决了大量劳动力就业和引进资金技术的问题。

（三）融入新发展格局参与生态产品双循环

四川凉山州参与生态产品“双循环”，有利于将外界对凉山州的单向帮扶关系转变为双方平等互利的市场合作关系。在缺乏生态产品价值实现机制的条件下，上级政府对凉山州的转移支付、外界对凉山州的支援帮扶，都被赋予了一种扶贫和帮扶的含义。而在生态产品价值实现机制逐步趋于完善的条件下，凉山州作为生态产品的主要提供者，无论是生态产品市场化的开发经营，还是基于市场化的生态补偿与生态产品交易，抑或是政府购买，都是一种主体对等的市场交易关系。这有助于提升凉山州群众的自信心、主动性和积极性，助推凉山州更好发展。

二　依托新一轮对口支援赋能“两山”转化

（一）借力东西协作

自 2021 年 4 月起，宁波接棒广东佛山对口协作四川凉山州，10 个区县（市）对口协作凉山 11 个县，主要是彝族聚居区。借力东西协作，积极开拓“珠三角”“长三角”市场，推动对口帮扶向对口合作转变。

产业合作。“宁波总部 + 凉山基地”是生态产业合作的有效模式。如浙江稻季食公司在越西投资浙江稻季食（越西）贸易及农产品深加工项目，采用 FD 宇航冻干技术，建设产销一体化产业链，并进行产品标准化和品牌提升，销往宁波及全国市场。

技术合作。鄞州区与盐源县合作开展果园养鹅，促进苹果生态种植与浙东白鹅养殖一体化，并提供苹果酿酒以及废弃种植残渣转化为生物饲料的技术支持，使苹果产业效益最大化。象山县利用红美人、象山青等名优品种柑橘嫁接雷波脐橙，并提供技术与管护指导，帮助雷波脐橙产业提质增效。

消费协作。充分发挥东部支援地市场、平台优势，通过组织商贸企业到凉山开展市场调研、建设对口地区农特产品集中展销中心、组织企事业单位消费协作[①]等措施，开展产品展销、直播带货、商务洽谈等，拓展凉山农特产品销售渠道，推动凉山州实现共同富裕。

人才合作。在劳务协作上开展两地劳动力输送、接收和稳岗工作，开展就业技能培训，促进就业。开展智力支援，进一步加大双方互派党政干部、教师、医生等人才交流力度，组织凉山州部分乡镇党委书记、村（社区）支书、优秀年轻干部以及专业技术人才通过考察交流和学习培训、挂职锻炼等方式，将帮扶项目的建设运营与人才培养结合起来，建立特殊岗位远程协助机制。

（二）深化定点帮扶

充分利用中央和国家机关定点帮扶和省直部门（单位）定点帮扶机遇。8个中央、国家机关和有关单位定点帮扶凉山11县，四川省共有72个省直部门（单位）定点帮扶凉山7县[②]，另外还有州级部门（单位）定点帮扶。乡村振兴阶段驻村帮扶力量轮换现已全部完成。凉山州10个县纳入国家乡村振兴重点帮扶县，木里县纳入四川省乡村振兴重点帮扶县。本轮省内对口帮扶选派专业人才约占70%，重点选派规划、文旅、环保、生态建设等领域急需人才。

（三）基础能力援助

凉山在“两山”转化中面临较多基础能力制约瓶颈，尤其以妇幼健康为突出难点。2018—2020年，湖南、广东、广西、重庆4省（自治区）对口支援凉山州妇幼健康服务能力，取得显著成效。[③] 目前，第二周期（2021—2025年）已启动，由湖南、北京、上海、浙江、广东5省，援助越西、美姑、普格、布拖、昭觉、金阳6县。援助省市采取选派驻点工作队驻点技术支援与组织凉山州专业人员反向进修培训，通过对接远程医疗

---

① 宁波在过渡期内按每位职工每年新增500元工会经费标准，专项采购凉山州消费帮扶产品，仅此一项5年可带动消费10亿元以上。

② 如定点帮扶甘洛县的省级部门有：省地矿局、省监狱管理局、成都航空公司、四川邮电职业技术学院、四川大学、四川外国语大学成都学院、德阳第二人民医院、中铁二十三局、四川产业发展振兴基金公司、省冶金地勘局。

③ 2020年凉山州孕产妇死亡率、婴儿死亡率和艾滋病母婴传播率分别下降至13.85/10万、6.05‰和3.40%。

服务系统现场培训和远程技术支持等方式，开展对口支援。

三 依托全方位区域合作赋能“两山”转化

（一）融入成渝地区双城经济圈建设

1. 促进生态文旅资源联合开发。联合开发跨区域文化旅游产品，打造精品旅游线路，建成成渝地区阳光康养旅游度假“后花园”。

2. 推进人力资源协同发展。依托西昌人力资源产业园，建设州级人力资源市场，推动各县（市）人力资源服务业协同发展。

3. 积极参与成渝地区产业链分工。依托钒钛钢铁与清洁能源战略资源优势，打造成渝地区汽车、智能制造等产业配套服务基地。

4. 探索科技创新资源分享机制。积极探索凉山州利用成渝地区科技创新资源的分享机制，使“成渝研发 + 凉山转化”以及“成渝设计 + 凉山制造”成为新一轮工业发展的重要驱动力。

（二）加大与省际毗邻地区合作力度

1. 依托“川滇黔十二市州合作与发展峰会”等区域合作平台，建立周边区域稀土、钒钛、水电综合利用机制。

2. 联合建设云、贵、川彝族原生文化多维融合旅游路线，打造世界级彝族原生文化旅游目的地。融入大香格里拉旅游文化生态旅游路线，提升大香格里拉旅游区核心吸引力。

3. 共建品牌化旅游廊道。联合云南楚雄，四川攀枝花、凉山、雅安、乐山，打造国家旅游风景道，共同打造文旅项目，形成品牌化旅游廊道。

（三）推进成凉、攀凉、雅凉等合作

1. 成凉合作。一是以“飞地园区”为载体提升凉山州农产品竞争力。按照“成都精加工 + 凉山初加工”模式，形成“园区 + 基地”的产业格局。借力成都科创研发、文化展示与贸易物流等优势，开展涉农产业引资、引智、引企与产业孵化，助推凉山州农产品价值提升。二是共建四川区域协同发展总部基地。位于天府总部商务区，为凉山州推进“两山”转化提供企业孵化平台、产业协作平台。

2. 攀凉合作。一是合作推进战略资源创新开发。用好用活试验区先行先试政策，着眼钒钛、稀土等产业创新发展，加强核心关键技术联合攻关和成果转化运用。二是共同打造阳光康养旅游目的地。优化整合区域旅游资源，重点打造攀西阳光生态旅游品牌。将发展阳光康养与发展户外运动、休闲度假产业结合起来，共同打造国际康养旅游目的地。三是做强攀西特色农产品优势。依托攀西农特产品智慧运营中心，深化两市（州）在特色水果、特色花卉、精品养殖、优质干果、农产品精深加工等领域的合作。

3. 雅凉合作。一是合作推进战略资源创新开发。建立钒钛、稀土、碲铋等资源开发协调机制，促进资源就地转化、精深加工、产业链延伸。二是共同打造雅西旅游经济走廊。三是联合举办生态产品推介品鉴会，共同促进两地生态产业融合发展。

四　强化生态合作共建长江上游生态屏障

（一）共筑区域生态安全底线

推进长江上游国家重点生态功能区联盟建设，重点开展生物多样性保护、恢复工作，提升生物多样性保护能力和管理水平。深入开展矿产资源开发区，以及水电资源开发企业切实履行生态保护与恢复、河道生态基流保障主体责任。积极融入大熊猫国家公园等国家自然保护地体系建设。

（二）联动防范治理环境污染

加强与西昌、米易、宁蒗等县市建立合作机制，开展专项水污染环境治理行动。完善空气质量网格化微站建设，实现大气污染区域化、成片化防治，精准监测、靶向治污，构建数据共享平台。共同推进环境监测预警、分类管控、污染治理与修复工程。实现环境质量监测网络联通与数据信息共享。

（三）实现生态环境协同治理

贯彻落实《川滇泸沽湖保护管理公约》，深化盐源、宁蒗两县及两地景区管理局合作治理，健全联席会议、联合执法、信息沟通等合作机制。率先在西德冕喜同城化区域建立统一环境准入条件，对重点区域、重点流域、重点行业、产业布局严格执行规划环评要求，新建项目应当满足“三线一单”管控要求。健全完善生态补偿机制，引导生态受益地区与保护地区之间、流域上下游之间，通过资金补助、产业转移、人才培训、共建园区等方式实施补偿。

第十一章

提升四川凉山州“两山”转化能力的认识与建议

本书的研究与撰写历经两年有余，本着阐明“两山”转化能力学理，着力解决四川凉山州“两山”转化能力的现实问题，并注重前瞻性、战略性与可操作性的原则，我们依据在研究中的调研、学习和思考，提出九条基本认识、三十二条对策建议。

第一节 基本认识

一 对四川凉山州的基本认识

1. 四川凉山州具有多重区域属性，在自然属性方面包含了高寒山区、干热河谷、重要生态功能区与生态脆弱敏感区等；在经济属性方面包含农牧林区、资源开发区、能源生产基地、防止规模性返贫高风险区等；在社会属性方面包含民族地区、革命老区、边缘封闭区、特色文化区等。并在不同属性维度叠加各类区域发展问题，如产业基础薄弱、设施支撑不足、资金人才科技缺乏、市场体系建设滞后、自身发展能力偏低等，是具有人地关系典型特征的关键区域，也是人地关系总体紧张的问题区域。

2. 四川凉山州长期担当维护国家西部生态安全、建设长江上游生态屏障的重任，但保护任务重与发展基础弱的矛盾长期难以调和，生态资源富集与价值转化能力不足的困境长期难以解决，发展现状与生态贡献不匹配，产业基础与世界级资源不匹配，是“两山”转化必然关注的重点区域、矛盾集中的焦点区域、能力建设的难点区域。

二　对四川凉山州"两山"转化的基本认识

1. 四川凉山州在发展上的落后，包括大量输血式资源植入收效有限，一个重要原因在于大量以绿水青山为代表的生态环境、人文与非遗资源在传统发展理念、工业化模式以及单一农业中没有优势，也缺乏相应的机制和模式进行价值转换，内生动力和自主发展能力尚未得到激活。在当下绿色发展全球趋势下，四川凉山州将迎来价值地位转换以及发展模式转变的契机。凉山州将有可能成为承载大量新兴现代经济活动的价值转化空间和绿色财富空间，有可能通过"绿水青山转化为金山银山"，以蛙跳式发展创造现代化奇迹，从"脱贫攻坚的控制性因素"转变为"共同富裕的贡献性因素"。

2. 当前四川凉山州以生态补偿型转化为主，自我增值发展机制尚未形成；资源环境消耗拐点未到，陷入低水平生存型均衡循环。"两山"转化本身复杂，凉山州积贫积弱面临更艰难困境，如目标要兼顾生态优先、内生增长与社会包容，实施中面临市场机制不完善、缺资金缺人才缺技术等多重制约，生计能力脆弱性与"志不足智不强治不深"等。

3. 四川凉山州"两山"转化要在三个赛道上持续发力。一是以清洁能源与钒钛稀土新材料为代表的优势赛道，已经具备规模化生产、产业化、市场化条件，但要赋能创新链和产业链，提升转化的水平、质量和效益。二是以优质生态农业全产业链以及生态旅游融合发展新业态为支撑的基础赛道，具备良好的资源条件和发展潜力，但要补齐精深加工与品牌短板，打造精品旅游内容产品。三是未来赛道。面向"双碳"目标，超前谋划清洁能源及其支撑、应用与服务产业，增强固碳增汇能力，数字赋能"两山"转化新场景。

4. 四川凉山州"两山"转化的前提是保护，转化的目的是更好地保护，对生态资源如此，对人文资源亦是如此。如凉山州丰富的手工非遗，与自然融为一体，可能还没有经历手工业到工业化的转化，又在现代工业文明冲击下面临消失的风险，要让更多的人了解其独特的价值和前景，激发更多的人去保护和传承传统手工艺及彝族传统文化。

三　对四川凉山“两山”转化能力的基本认识

1. 四川凉山州“两山”转化能力不足呈现多维结构性特征。相对于能力的应然基础，凉山州能力不足表现在基础薄弱、结构失配、惯性锁定与机制乏力，需要基础能力、推进能力、实施能力和驱动能力协同推进；深层困境在影响因素层面，包括制度环境、激励体系、资源保障和知识技能等，需要在能力单元建设上协同发力；生态环境突出问题、行为不当问题、制度缺失问题的根源在价值观层面，需要在内生性和根植性上寻求能力解决方案；能力匮乏还在于人力资本投资迟滞和知识传播渠道不畅，需要个体人力资本、组织结构资本与社会资本协同并进。

2. 针对基础能力提出“生态强本底—环境提质量—双碳见成效”三管齐下的实现路径。针对主体能力提出“政府—市场—农牧民—公众”四类主体协同共建的实现路径。针对实施能力提出“保护—生产—交易—服务—补偿”五型转化活动协同推进的实现路径。针对驱动能力提出“赋能—连接—增能”的实现路径。四条路径相互协同、相互促进，共同推进凉山州“两山”转化能力的提升。

3. 从理论逻辑出发，能力建设具有普遍性的应然基础和构成要素。但到具体区域和群体，着眼于不同发展阶段，能力的基础、起点和赋能资源差异很大，决定了因地制宜的能力建设路径和更具区域特色的积累机制。本书提出安宁河谷地区，应突出优势领跑、绿色创新融合与开放合作。而乡村振兴重点帮扶区域，应点上突破（特色化乡村）、面上开花（多功能多业态多渠道）和久久为功（基础能力建设与社会能力发育）。

第二节　对策建议

一　将提升“两山”转化能力作为巩固拓展脱贫攻坚成果同乡村振兴有效衔接着力点

1. 将提升“两山”转化能力作为防止规模性返贫的重要举措。立足凉山州资源优势与脱贫奠定的基础，畅通转化渠道，丰富转化的渠道、方式、载体与场景，培育凉山州优势产业，提升群众就业能力，提高脱贫地区多元化发展的韧性，增加应对风险和脆弱性的回旋空间。

2. 将提升“两山”转化能力作为凉山州自我发展能力的突破口。挖掘、提升凉山州根植性生态资源价值，在平等市场交易中捕获其增值收益，促进脱贫地区治理从嵌入式迈向互嵌式，从而激发脱贫地区经济活力和发展后劲。

3. 将提升“两山”转化能力作为凉山州迈向共同富裕的新路径。第一，凉山州通过在保护中获益的方式，缩小与发达地区的经济差距，促进全国共同富裕；第二，凉山州生态产品供给能力的提升，也为全国实现生态共富做出贡献；第三，能力建设本身就是人民精神生活富裕的重要组成部分，既要富裕“钱袋子”，也要富裕“脑瓜子”。

二　支持凉山州争创全国或全省碳中和先行区、“两山”基地与生态文明建设示范区

1. 抓住碳中和重塑区域经济格局的重要机遇，加快制定凉山州碳中和战略，以可再生能源开发利用为重点，在因地制宜承接“产业”西进中推进产业链价值链升级，将凉山州打造成为我国碳中和战略重点实施地区。

2. 争创碳中和产业发展先行区。依托凉山州清洁能源优势，将现有循环经济园区、新型工业化示范基地打造成为零碳产业示范园、绿电新型工业园区。支持西昌创建省级高新技术产业开发区。

3. 争创“两山”创新实践基地和生态文明建设示范区。支持安宁河谷区域县市对标“两山”指数、国家生态文明建设示范区建设指标，注重对典型案例、模式的总结提炼，将创建活动作为推进“两山”转化的抓手和载体。

三　清洁能源、钒钛稀土新材料与生态农旅等优质产业匹配四川凉山世界级优质资源

1. 大力发展清洁能源构筑低碳产业体系。围绕水、光、风、氢等清洁能源开发，领先全国建设以清洁能源为主体的综合能源系统。围绕清洁能源产业链，聚力发展清洁能源产业及其装备制造等支撑产业和动力电池等应用产业，配套发展农（林、牧、渔等）光互补及旅游开发，实现凉山州经济全省排名进位。

2. 推动钒钛稀土新材料产业高端化发展。以提高资源利用率为核心，打通钒钛、稀土产业链条并向高端制造、绿色制造、智能制造延伸，补齐高端制造、先进材料装备短板，努力实现资源型产业转型升级发展。

3. 推进生态农业与生态旅游。以地标产品为引领，加强农产品提质增效，打造“大凉山”品牌体系，补齐深加工短板，增加农业观赏价值。发展航空育种等新业态。借助长征国家文化公园、长江国家文化公园，以阳光康养、民族风情、高山旅游为特色，推进文旅融合、红绿融合、数旅融合以及产业互联，做强文旅“首位产业”。

四 将绿色生态内化为凉山州农牧民发展需求并与防艾禁毒、控辍保学、移风易俗相结合

1. 在禁毒防艾法治化、制度化推进基础上，倡导绿色生态的人生理念以及积极向上的价值追求，广泛开展健康教育，增强防病意识和自我保护能力，引导脱毒人群绿色就业，在“两山”转化中找到自我价值。

2. 在强化控辍保学目标责任、协调联动机制基础上，正视“劝得返留住难”以及厌学情绪、不良习惯等内生因素，增强家庭教育、生命教育、绿色教育与人生观教育，引导学生们拥有绿色生命、绿色生活与绿色职业追求。

3. 在综合整治婚丧嫁娶铺张浪费以及高价彩礼问题基础上，以勤俭节约的绿色理念以及简单生活新时尚，浸润人心，融入生活。在推进移风易俗的同时也要大力宣传和弘扬优秀彝族文化传统，如互助合作、尊老爱幼、敬畏自然、勇敢勤劳等思想精神。将文明新风内容融入彝族歌舞创作中，做到以文化人，以文育人。

4. 充分发挥妇女、儿童的积极作用。引导更多彝族妇女参与家庭文明习惯培育与文明家风建设，增强其在养护和可持续利用生物多样性方面的权能。发挥学龄儿童及青少年的积极作用，通过教育好一个孩子，来带动一个家庭，影响整个社会。

5. 重视中老年彝族群众的独特价值。他们是行走的民族文化，引导他们积极融入乡村文化活动和传统技艺传承中，不要因为语言障碍而将其边缘化，也不应该单纯将其归为社会托底救助的对象而忽略赋权赋能。

五　面向全社会开放“两山”转化场景集聚全社会力量

1. 继续发挥国家部委对凉山州政策支持、技术指导与资源调配的有效机制，将国家各部委关于“两山”转化的实践成果与政策经验在四川凉山州进行推广试验，如生态环境部门提出的“两山”实践创新模式、林业部门提出的林草碳汇项目、自然资源部门提出的生态产品价值实现办法、财政部门提出的生态补偿办法等。并在凉山州进行经验整合，形成多部门会同作战、优势互补、联合攻关、协同推进的工作格局。

2. 充分利用脱贫攻坚的有效机制、制度基础和国内外联系，从“两山”转化出发赋予新的开放与合作内容。完善凉山州与生态文明领域专家学者及机构的合作机制，将适合凉山州的研究成果运用到“两山”转化实践中，吸引相关企业、机构、组织、个人参与凉山州生态文明建设和“两山”转化，开展项目合作，探索政府、企业、农牧民与公众在“两山”转化上深度合作的新模式。

3. 积极探索“两山”转化集成创新发展道路。用“两山”理念指导经济结构转型升级，优化产业结构、技术结构和空间结构，集成适合凉山州经济社会发展的生态技术、环保技术、绿色低碳技术等，充分利用成都、绵阳等的科技资源优势，并吸引国内外技术创新团队开展先进绿色技术试验，搭建联合攻关平台。

六　将培养凉山科学素养和创新意识作为重大民生工程

1. 推广“新风超市”，培育群众环境素养。推广“新风超市”（里鲁博超市）模式，根据文明新风与环境卫生评定结果发放激励券换购超市物品，形成积分兑换制度，引导村民形成良好的卫生习惯与文明行为。引导下一代建立爱护环境卫生的意识和习惯，逐步培养环境素养。

2. 培训数字应用技能，提升全民数字素养。着力解决使用技能缺乏、文化程度限制以及设备不足等突出问题，提高数字化与凉山州干部群众自身关联感知与认识，推进凉山州干部群众数字技能普及，将数字应用技能作为职业培训和劳动力终身技能更新及提升的重要内容，提高全民数字参与程度与安全意识。

3. 创新知识传播渠道，培养全民创新意识。创新体制机制，通过实施“培训培训者”工程，加快凉山州“两山”转化相关知识传播，使更多人了解、掌握“两山”转化知识、技能与方法。以典型创新案例解构创新方法，培养创新思维，增强创新意识，推进更多普惠性、包容性的实用性创新。

4. 增进伙伴关系以利于学习与提升。伙伴关系为支持四川凉山州“两山”转化能力提供了有效的机制，通过“一对一”帮扶培训、对口支教、顶岗实习、“万企兴万村”行动、社会工作专业人才服务“三区”计划、社会工作服务机构“牵手计划”，动员更多行业协会组织和社会力量参与“两山”转化，构筑多元主体共同赋能的开放网络。

七 加强四川凉山生物多样性保护以及保护性开发利用

1. 加强生物多样性保护宣传，将生物多样性保护纳入凉山州各类规划，推进生态系统保护和修复工程，打通生态廊道，连接生态网络，保证野生动植物种群及其栖息地的安全。

2. 开展生物物种普查建档，对古树名木、重要植物群落、珍稀濒危物种栖息地实行挂牌保护。保护地方性畜禽、作物、水产、食用菌、中药材等种质资源，挖掘特优（抗病抗逆）、特异（性状、基因）、高值（营养或药用价值）的种质资源，推进创新性开发利用。

3. 梳理彝族传统文化、信仰中关于生物多样性保护的内容，挖掘彝族生物多样性相关传统知识与生态智慧，赋予这些区域居民权利并确保他们从生物多样性保护和经济发展中受益。

4. 将大凉山小种群大熊猫及其栖息地保护问题提上日程。

八 推进“两山”转化能力发展相关的关键内容制度化

1. 推进“两山”理念主流化。将“两山”理念纳入政府和相关部门的法律法规、工作职责、政策、战略、规划，融入科技创新、产业发展、文化开发、环境保护、机构建设等，并推动“两山”转化深入企业的规划、建设与生产过程以及社区的建设与公众的日常生活等。

2. 将“两山”转化能力相关内容制度化。建立健全生态产品价值实现机制是“两山”转化能力发展制度化的重要体现，包括调查监测、价值评价、经营开发、保护补偿以及相应的保障与推进机制，也包括自然资源资产产权制度、国土空间规划管理制度、资源有偿使用制度、市场主体激励制度、生态产业扶持制度、市场交易制度、生态补偿制度等基础性与主体性制度，以及法律法规、执法监督、追责赔偿等保障性制度与生态信用、消费引导、示范引导、教育引导等引导性制度。

3. 将提升“两山”转化能力好的经验规范化制度化。四川凉山州已经探索形成若干好的做法和经验，如土地综合整治模式，林业碳汇、社区和生物多样性协同模式，多样化“飞地”模式，美丽河湖建设模式，以及“学前学普”“新风超市”“土地增减挂钩指标跨区交易”等，值得总结提升，并进一步规范化、制度化，形成具有凉山特色的制度成果。

九　制定支持四川凉山“两山”转化的能力发展战略

1. 制定长期能力发展战略。通过采取系统、长期和制度化的方法，弥补当前相关能力发展上存在有限、分散和各行其是的缺陷，形成强有力的能力发展制度环境，以促进相关措施达到预期的变革性和可持续性变化。确保提升“两山”转化能力的新举措建立在现有流程、内生能力和先前的举措之上并充分加以利用。

2. 为能力发展筹集更多资源。有必要从国家层面调动更多财政资源以提高凉山州“两山”转化相关能力，同时撬动社会资本，加大对“两山”转化的投资。必须使四川凉山州当地社区、农牧民以及其他地方行为体获得资源，从而使他们有机会和能力参与“两山”转化。

十　充分发挥先行区示范带动作用与人才“领头效应”

1. 注重先行示范。利用凉山承担国家试点示范任务的契机，引导新生产要素汇集于新型基础设施建设，增强高质量发展动能。主动承担国家生态产品价值实现与“两山”转化改革创新任务，使凉山州“两山”转化有更广阔的探索空间、更高的探索层次。及时总结“两山”转化典型案例，提炼特点和规律，将具有普遍推广意义的创新性举措转化为常态化制度。

2. 重视人才引领。具体对乡村而言，一是充分发挥党建引领，创新党组织＋企业＋合作社＋农牧民模式；二是培训经营头雁，推动农技专家结对帮扶乡村企业家、青年农场主等新型农业经营主体带头人；三是扶持创新创业先锋，通过奖补信贷、技术服务、孵化实训等支持手段，为农业创客、电商、新农人社群等各类涉农创业者提供优质创新创业环境，孕育共享农庄、互联网农业、社会化服务等新业态新模式；四是培育新型职业农牧民，实施高素质新型职业农牧民培育计划。

第十二章

甘洛县斯觉镇格布村“两山”转化能力研究报告

我们依托四川大学对甘洛县斯觉镇格布村的定点帮扶，以及驻村工作人员对该村“两山”转化能力的蹲点调查，形成了基于能力建设的“两山”转化调研分析报告。

第一节 基本区情与“两山”转化基础

一 格布村的基本区情

（一）区位状况

格布村隶属凉山彝族自治州甘洛县斯觉镇，位于甘洛县东南部山区，是一个典型的彝族聚居村庄，是国家和四川省乡村振兴重点帮扶村。距离成昆铁路最近的普昌镇站点 23 千米，距离高速公路最近的天马镇出入口 40 千米，村内有 15 千米硬化公路，交通条件已逐步改善。

（二）自然状况

格布村位于四川盆地西缘向青藏高原地势过渡的高山峡谷地带，具有典型的高山峡谷地貌特征，沟壑纵横。属于亚热带高原季风气候，年平均气温 15.2℃，年平均日照 1611 小时，年平均降水量 900 毫米，全年无霜期 296 天。河流属于大渡河水系，斯觉河流经村庄，位于凉山—相岭生物多样性保护与土壤保持红线区，有洪涝与旱灾、地灾以及森林火灾风险。

（三）资源状况

自然资源丰富。有耕地 3300 亩，林地 7800 亩，草地 2500 亩。耕地、林地、草地垂直交差分布，自然景观与农田种植景观相得益彰，具备发展生态观光农业和乡村旅游的先天优势条件。动植物物种丰富，适合多类农作物的生产，也有发展生态养殖的得天独厚的优势。

文旅资源。附近有甘洛清溪峡古道（茶马古道）、吉日坡圣山与德布洛莫鬼山等旅游景点。以火把节、彝族年等为代表的彝风彝俗，风情浓郁。特色美食有坨坨肉、盖盖酒、山野菜刺龙苞、彝家芝衣等。

（四）经济社会状况

格布村有 283 户 1362 人，常住人口 1130，辖 4 个村民小组。脱贫前有建档立卡户 150 户 719 人，贫困发生率超过 50%，是深度贫困的典型。2018 年整村脱贫且没有返贫，2020 年村民人均收入提高到 8000 元，集体经济收入突破 100 万元。

二 "两山"转化基础

（一）生态环境建设

在生态建设上，格布村响应国家、省、州号召实施天然林禁伐、草原禁牧政策，并享受国家退耕还林、天然林保护等森林效益补偿，以及重点生态功能区转移支付、草畜平衡奖补。还依托生态工程发展核桃、花椒等经济林及特色产业。

在环境建设上，格布村为乡（镇）集中式饮用水水源地之一，建有饮用水源地保护设施，供水量 150 吨/天，服务人口为 2000 人。围绕突出环境问题，人居环境得到了较大改善，为村主干道和村民聚居区安装路灯，房前屋后打造"微田园"，为村民修建洗漱台、添置实木家具、墙绘装饰，提升宜居环境。筹建新风超市，以户为单位半月一查、一月一评，根据评定星级结果发放激励券以换购超市物品，形成积分兑换制度，引导村民形成良好的卫生习惯。开展主题环保活动，动员学生携带垃圾袋在上学回家路上捡垃圾，并对表现优异的小朋友给予学习文具奖励，引导下一代建立维护环境卫生的意识和习惯。

（二）生态经济发展

生态农业取得较大发展。由四川大学、甘洛县本地企业联合成立甘洛森谷食品加工有限公司，建设规模化乌金猪繁育基地，年出栏量可达 4000 头，该公司还在成都开设两家甘洛农特产品直营店。四川大学出资引进四川珍惜农业科技有限公司的专家智能操作系统，建立8亩智能气雾培蔬菜大棚，用于蔬菜种植和育苗，培育出来的泉水黄瓜可以卖到将近6元/斤。引入甘洛县智海农业科技有限责任公司，实行长裙竹荪、大球盖菇和水稻轮作种植。引进成都四季花语农业开发有限公司，种植万寿菊、金丝黄菊1300余亩。引进四川珍稀农业科技有限公司为香椿种植提供技术指导、种苗并给予保底收购。

乡村旅游、商贸和生态工业等方面实现零的突破。格布村以前没有工业和第三产业。目前，村集体合作社收购甘洛县农产品，并统一加工、包装，打造“格布村”品牌，借助“甘洛格布”销售平台，为四川大学等高校后勤食堂、校园超市提供农产品。依托“国家电子商务进农村综合示范县”项目，通过“E帮扶”电商平台，实现了商贸电商物流的发展。乡村旅游业初具规模，带动了绿色食品加工、民族工艺品加工产业的发展。

（三）生态制度文化

在村“两委”管理中，生态环境保护观念进一步强化，生态环境保护被纳入目标责任管理。格布村已经建有河湖长制度、护林员管护制度、卫生环境巡查制度等生态环境保护规范制度，并在村务公开中建立了环境公开专栏。

表12－1　　流经格布村河段乡（镇）、村级河湖段长联络员

河流名称	所在乡镇	乡级河长姓名	乡级职务	村级河长姓名	村级职务	负责所在河流村段河长	所在村
斯觉河	斯觉镇	李豪	镇长	吉则连卡	斯觉镇格布村支部书记	斯觉河甘洛段斯觉镇格布村段村级河长	格布村
斯觉堰	斯觉镇	足洛布合	书记	阿力果胡	格布村支部书记	斯觉镇格布村	格布村

格布村传统文化中有着丰富的生态文化思想，与现代生态文明思想有很好的融合，并体现在新的村规民约和乡村自治中，以此有力推动了移风易俗与文明新风尚建设。尤其是文明积分兑换制度的设立以及新风超市的运行，取得了积极作用。

创建取得显著进展。2020年格布村入选“四川省2020年文化扶贫示范村”和“凉山州集体经济发展示范村”。

4. 生态惠民益贫

2018—2019年格布村对自愿搬迁的建卡贫困户实施移民搬迁，建有三个集中安置点，集中安置73户，分散安置15户，惠及377个贫困人口，彻底改变了他们过去恶劣的生存环境。同时，迁出区的生态环境也得到有效保护。

生态扶贫形成惠民产业，促进了村民增收和乡村发展。通过设置公益性岗位，村民得到稳定的工资性收入。

表12-2　　格布村易地扶贫搬迁情况

搬迁户数	搬迁人数	集中点	集中安置户	集中安置人数	分散安置户数	分散安置人数
44	192	格布村阿呷2组集中安置点	29	117	15	75
15	72	格布村格布1组集中安置点	15	72	0	0
10	40	格布村格布2组集中安置点	10	40	0	0
19	73	格布村新民组集中安置点	19	73	0	0

第二节 “两山”转化能力现状与不足

一 自然生产力及提供惠益能力

（一）生态系统正向产出能力尚未得到有效释放

格布村具有良好的生态本底，自然生态系统能够提供充足的物质产品、文化旅游产品和调节类服务，这也是格布先民在这片土地繁衍生息的原因。从“两山”转化视角看，目前格布村对自然生态系统提供的物质产品和文化产品，还处于低端开发、粗放利用阶段，对自然生态系统能够提供的产品还缺乏足够认识。优质资源尚未形成优质产业，还需要在保护的基础上加大转化力度。

生态多样性尚未得到足够重视，对生态资源和生态产品缺乏系统梳理，生态产品价值，尤其是调节服务类产品的经济价值不可见，因为保护而承担的损失与得到的生态补偿不匹配，农牧民保护生态的积极性还未得到充分激发。

“两山”转化受制于资源环境承载力，由于特殊的地形地貌以及气候条件，导致土地分散且面积狭小，雨水充足但蒸发量大，地质灾害以及森林防火、草原病虫害等时有发生，需要进一步筑牢生态安全屏障。

（二）环境系统减污提质能力面临突出矛盾挑战

目前尚无农村生活污水处理设施，农户生活污水未有效收集处理，资源化利用率不高。街道两侧修建有排水沟，但缺乏完整的管网收集系统，雨水与生活污水合流，就近排放至河沟水体或附近农田，对水环境造成一定污染。

除了基础设施建设滞后，人居环境的改善还受制于畜禽分散养殖、不良垃圾处理习惯及卫生习惯。农业废弃物的资源化利用还没有得到重视，也尚未提上日程。

二　与推进主体相关的能力

（一）政府

村“两委”已经具备较好的生态意识，也能认识到保护生态环境是使命，也是责任，更关系民生，认识到“绿水青山就是金山银山”，但对“两山”如何转化尚存在较多困惑，找不到突破口和切入点。从脱贫攻坚到乡村振兴，尤其是生态产品价值实现，尚缺乏创新意识、服务意识，开放性视野不足。

（二）市场

目前已经引入了部分市场主体参与格布村的发展，但大部分是定点帮扶单位，社会资本的加入更多是扶贫性质，根植性有待加强。新型生产经营主体尚未得到充分发育，社会化服务还存在短板。从产业扶贫到生态产品开发经营，市场主体采取怎样的技术和商业模式介入何种产品，如何与农户建立利益共享机制，都还是全新课题。

（三）农牧民

村民文化程度不高，人口识字率不足 40%，普通话表达能力缺乏，而中老年人是劳动力主体，文化程度较低，生产技术缺乏，要求农民依靠科技进行合理的生产经营和掌握一定程度的科学文化知识难度较大。年轻劳动力 80% 选择外出务工，导致劳动力资源严重不足。义务教育结束后接受高中教育或职业技术教育的比重约为 40%，就业能力受限，人才匮乏。

在脱贫攻坚阶段，格布村发生了天翻地覆的变化，但这种基础设施和经济发展的飞跃并没有与农牧民能力提升相适应，在很大程度上是“嵌入式”发展，村民被动融入并享受到脱贫红利。主体意识、就业能力、绿色生活能力尚未建立，而传统的铺张浪费、好逸恶劳等不良现象并没有得到彻底遏制，还需要经历一个较长时期的培育过程。

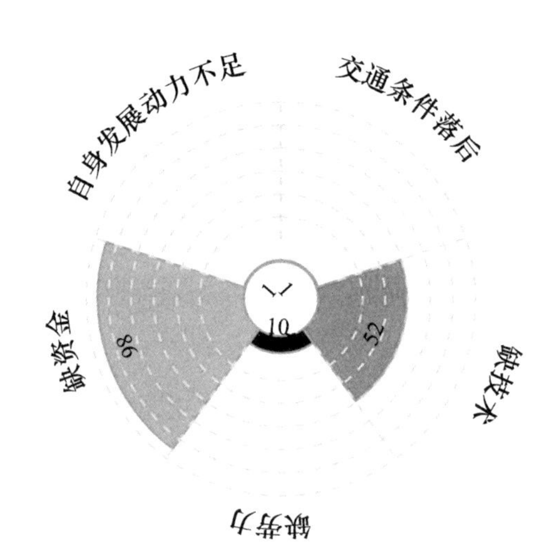

图 12－1 格布村能力缺乏的成因

（四）其他主体

社会对格布村“两山”转化还局限在消费扶贫、以购代捐层面，持续性的问题尚未得到重视。对格布村介入较深的社会主体主要是对口支援单位、定点扶贫单位等，但将其作为“两山”转化社会实践场景来系统和深度介入的还比较少。全社会尚未形成对格布村生态环境溢价的认可和消费基础。在“两山”转化层面，格布村在创新意识、开放意识、学习意识上，都还存在较大差距，在与社会力量对接上还比较吃力。

三　与转化活动相关的能力

（一）补偿型转化是主体，但仍难以匹配

补偿型转化主要得益于国家生态补偿政策以及生态扶贫政策，但无论是在标准上，还是在覆盖面上，都不足以弥补发展权，难以匹配发展需求，而且受制于财力影响，增长的空间有限。单靠生态补偿，生态产品价值难以得到充分实现。

（二）生产型转化有基础，尚需持续发力

依托生态产业发展的生产型转化，格布村在脱贫攻坚加持下，已经奠定了一定基础，取得了显著效益。但目前的产业还不稳定，组织化、规模化、品牌化等都尚有差距，市场竞争力还有待提高。

（三）其他类转型待探索，机遇挑战并存

交易型和服务型等多种类型的“两山”转化，对格布村来说，尚未展开。如在“双碳”背景下，格布村觉得自身有优势，但如何参与碳汇交易，如何克服参与成本，还不得其法。

四　与驱动因素相关的能力

（一）根植性要素尚未成为驱动力

生态资源和文化资源是格布村最具有根植性的资源，二者的开发尚不充分，更缺乏协同开发。一方面，生态产品价值实现中的文化附加值没有体现；另一方面，文化资源开发缺乏内容产品，尚不能有效转化为生态旅游产品。

（二）新动能要素尚不具备驱动力

数字、科技、人才等新生产要素集聚不足。如尚存在双重数字鸿沟，一是网络覆盖率较低，信息渠道不发达，严重影响与外界信息交流；二是在民众数字应用技能上，受制于较低的文化水平和识字率，对手机网络的应用局限在娱乐功能上，生产性利用较少，影响数字技能对生态产品开发经营的赋能连接。

（三）根本在于开放和合作不充分

格布村地处山区，虽已通路，但距离城区仍然较远，公共交通极不便

利；坡陡、弯大、路窄，有些时候是晴通雨阻，运输能力低，影响与外界的交流合作。最为重要的是，观念闭塞，开放意识不足，导致视野不够开阔，在“两山”转化上有畏难情绪和保守心态。

第三节 提升“两山”转化能力的对策

一 加强生态环境保护，全面提升生态系统服务能力

（一）维护良好生态系统

深入推进天然林保护等山水林湖草生态保护重大工程，保护村域珍稀动植物和古树名木。落实“河长制”，加强对斯觉河山涧水流的日常巡护。加强灾害易发点生态系统修复与疏导工程，在草原退化区域积极保护和改良草场，提高草原承载能力。保护乡村水系水体、林草植被。

（二）打造优质人居环境

通过落实“三清洁”（家园、水源与田园），减少木材、煤炭燃料，减少大气污染。实施减农药减化学肥料方案，推广生物农药、绿色防控，减少对土壤的污染。加强废水集中处理，减少水污染。促进畜禽养殖废弃物循环利用，鼓励垃圾回收与集中处理。实施厕所革命，提高改厕主动性，培养文明如厕习惯。

实施村庄绿化、庭院美化工程，开展家庭环创与评比活动，在公共空间开辟小型绿化公园、公共绿地，在房前屋后开辟“微田园”，促进街道见绿，让乡村干净整洁、生态有情趣。

二 做大绿色生态经济，加快推进生态产品价值实现

（一）生态农业

做强特色种植业。以药用菊花、泉水黄瓜、稻菇轮作、香椿、苦荞、大白芸豆为重要产品，通过技术提升品质，适度规模化、集聚化发展，培育各类生产经营主体，加强组织化程度。

做强生态养殖业。扩大乌金猪养殖繁育规模，发展土鸡养殖。规模化养殖与生态散养、野生放养相结合。

积极发展林业经济。积极培育林下养殖、林下药材、森林蔬菜等林业新业态。

引进适合本地的优良品种，改良本地作物品种品质，提高农业产值与农民收入。

（二）生态旅游

依托农业景观发展乡村旅游。整合全村农业景观资源、发展田园观光、采摘体验、亲子农耕、宠物喂养、摄影农业等业态，配套生态餐厅、特产展销等消费场景。

创新乡村旅游业态。丰富乡村旅游业态，依托彝族风情文化发展民俗旅游，依托脱贫示范发展红色教育，依托特色美食发展彝家乐和特色民宿，依托非遗项目开展体验活动等。丰富彝族节庆活动，开展农创、乡创、文创等活动，打造多元消费场景。

拓展旅游主题线路。融入周边旅游线路，与周边村落联合打造精品旅游线路，依托林间环山道发展山道经济，开辟生物多样性寻源、观星体验、生境探秘、休闲露营、星光晚宴等旅游内容。策划“脱贫攻坚—乡村振兴—共同富裕”主题线路，以及携手共建主题线路等。

（三）生态工业

发展绿色食品加工，发展生态火腿、腊肉、坨坨肉等初加工与精深加工。

发展民族手工艺品加工，依托非遗资源，发展彝绣工坊等非遗体验工坊，帮助妇女就业。

（四）其他产业

以电商为主体，拓展流通服务。以电商带动集贸，形成对周边生态农产品的辐射带动。探索电商+直播，拓展生态产品销售与文旅宣传推广。

三　探索转化多元路径，扎实推进转化与能力协同互促

（一）在保护中转化

引导村民意识到“保护绿水青山就是保护金山银山”，生态环境建设好了，产品、餐饮、民宿都可以溢价增值，也可以通过政府生态购买、碳汇交易等获得经济收入。村庄和自己居住环境的改善，也会吸引更多的人来旅游和消费。从而增强村民保护的积极性，探索可持续性转化的方式。

（二）在发展中转化

第一、二、三产业融合发展，如拓展万寿菊产业链，打造以育种、种

植、观赏、初始加工、精深加工（食用药用）、休闲观光旅游为主的万寿菊全产业链。

（三）在交易中转化

加强物质类生态产品流通交易。建立辐射附近乡镇的生态产品商贸基地。采用“飞地模式”，在四川大学等高校建立生态产品营销点。完善物流站点，发挥电商平台的渠道优势，推进更多优质生态产品的畅通交易。

积极参与资源与环境权益交易。在村级自然资源与空间确权登记基础上，编制生态产品目录，以集体经济的名义开展产权收储、资源打包、价值评估、项目增信等工作，对接社会资本。在适当条件下，积极参与碳汇资源开发。

（四）在补偿中转化

稳定并增加生态公益性岗位，争取主要面向生态产品提供区居民的生态补偿。提高补偿标准，使生态补偿与生态产品贡献度相符合，增强村民生态保护的积极性。探索科技人员在先进地区，基地在格布村的发展模式。

四 联结生态多元主体，走向生态协同共治与效能提升

（一）村委

树立“绿水青山就是金山银山”的理念，强化格布村生态战略定位，建设美丽宜居的现代化新格布。健全环境卫生整治村规民约，向村民做好生态文明政策入户宣传，使“两山”理念和生态文明意识深入人心。探索建设党支部引领、村社合一、村企合一的集体经济组织，推动格布村集体经济再上新台阶。

（二）市场

增强商品意识、市场意识与竞争意识，认识到好的生态资源只有变成生态产品，再转变成有销路的生态商品和有竞争力的生态产业，才能获得持续的效益。依托扶贫产业，增强产业根植性，培育本地的新型生产和经营主体、家庭农场、种植和养殖大户。增强风险意识，避免产业同质化发展，不盲目选择产业，不跟风社会资本。

加强对市场需求的认识和理解，认识到优美生态环境、安全的食品是美好生活的组成部分，民族风情以及乡土生活方式也是格布村发展的新优势。面向市场需求开展生态产品生产、文旅项目开发，不好高骛远，也不

守旧固封。强化创新，推广“客户认养制 + 旅游伴手礼”等新销售模式，积极加入电商直播等新业态。

（三）农牧民

针对年轻人和青壮年，要大力推广普通话，提高其识字率，增强其与外界交往能力。对于具有一定文化程度的年轻人，要加大培训教育力度，尤其是对农业生产新技术、数字应用技能等的培训，开拓其视野与创新意识。通过典型引导，增强其对自身职业的荣誉感。

针对特殊群体的帮扶。对于缺乏普通话表达能力的中老年人，不应该将其边缘化，应该发挥其对民族文化的承载与传承作用，鼓励并扶持其积极参与社会生产与生活，让他们以崭新的面貌投入新生活。

加大对学生群体的教育投入。大力持续推广“学前学普”，这是目前在短期内就能取得明显成效的能力提升举措。动员更多的家庭支持“学前学普”。发挥一个孩子带动一个家庭的积极作用，通过小手拉大手，加强学生群体对父母家庭的语言反哺，从孩子环境意识和卫生习惯的养成带动家庭环境的优化。

（四）社会公众参与

以开放心态欢迎各类新村民。无论是来旅居消费的市民，还是创新人群，或是社会实践的学者学生，抑或是扶贫支教的志愿者和社会组织，都要敞开怀抱欢迎。他们会为格布村带来新的观念、知识、技术等，也会给村民们带来面向未来的希望和信心。

依托村多功能一体化活动中心开展各类生态文明活动。充分利用党群活动中心、阅览室、农民夜校培训室、幼教点、卫生室、村史长廊等载体，宣传生态文明，鼓励村民参与建设。打造感恩文化长廊，将看书读报、强身健体、感恩教育、生态文明宣传教育等融为一体，在潜移默化中推动村民形成生态文明意识。

五　聚焦赋能关键要素，统筹协调外部赋能与内部增能

（一）抓住政策机遇，用好用足用活相关政策

认真梳理格布村可以利用的政策资源，尤其是巩固脱贫攻坚成果和衔接乡村振兴的重要政策资源，加强与四川大学的紧密合作，充分利用第一书记、驻村帮扶队、援彝干部等人才资源、技术资源以及资金资源等，进

一步改善教育卫生条件以及交通、旅游与环境基础设施，将格布村从脱贫攻坚典型打造成为乡村振兴典范。

（二）协同文化资源，提升生态产品附加价值

积极挖掘格布村优秀传统文化及民俗，整理格布村村史、民间传说、传统技艺、节庆习俗、特色表演等，做好历史文化资源的保护和开发，打造彝族风情文化旅游村。突出婚庆、祭祀、达体舞等特色活动，发展彝绣、银饰、竹编等传统技艺，推出坨坨肉、野生刺龙苞、泉水黄瓜等特色饮食，提升乡村文化旅游品质。并将文化元素与生态产品包装、推广相结合，提升特色农产品、手工艺品的文化附加值。格布村优美的风光和彝族风情，可以为文学艺术创作提供丰富的灵感和土壤。

（三）缩小数字鸿沟，促进数字赋能转化活动

推进农业数字化发展。依托川大及其校友企业，争取加大对数字农业的支持力度。在智能气雾培大棚、数字化养殖的基础上，继续推进农业生产的数字化，争取引进水肥一体、农产品全程溯源等技术。

提升村民数字应用技能。加强基本数字技能应用培训，将村民从手机的娱乐、社交功能，逐步引向消费和生产功能。如电子购物、电子支付、直播带货、数字农业 APP 利用、贷款及补助申请等。

（四）加强创新驱动，科技和人才是转化引擎

对创新意识的培育是第一位的。通过加强对同类型村庄经验案例的交流学习，克服创新的意识障碍。通过对创新方法的分解和培训，克服创新的方法瓶颈。

重视科技与人才的作用。通过对口支援、定点扶贫、援彝干部等方式柔性引进专业技术人员。为村里的劳动力提供免费技能培训和技术指导，对中学毕业生提供劳动预备制培训，确保家庭劳动力普遍掌握致富技能。鼓励人才回流开展创新创业，为创业人员争取县和镇上的资金扶持与奖励。

（五）增强品牌赋能，实现生态产品溢价增值

打造“格布村”品牌，整合周边村寨特色产品，推出“格布村”凉山黑苦荞、凉山桑蚕茧、凉山彝家芝衣、凉山香椿、则拉森林高原土蜂蜜、海棠大白芸豆、“阿尔镶”竹荪等特色农产品与乡土品牌。

（六）加强开放合作，促进生态产品共建共享

脱贫攻坚这些年，格布村因为开放而受益，未来也必将因开放而发展。坚定不移地实施大开发与大协作，以地方协作机制、区域联防联治与旅游协作为突破口，加强与援建区、支援方的协作，加强斯觉河跨界河流的联防联控，协同推进森林草原防火以及水土流失治理。联合周边乡镇发展生态农产品物流贸易以及品牌打造，协同开发茶马古道、神山吉日坡、鬼山得布洛莫间等旅游线路。

参考文献

1. MA, *Ecosystems and Human Well-being*: *Synthesis*, Island Press, Washington DC, 2005.

2. TEEB, *The Economics of Ecosystems and Biodiversity Ecological and Economic Foundations*, Edited by Pushpam Kumar. Earthscan: London and Washington, 2010.

3. TEEB, *The Economics of Ecosystems and Biodiversity in National and International Policy Making*, Edited by Patrick ten Brink, Earthscan: London and Washington, 2011.

4. UNU-IHDP and UNEP, *Inclusive Wealth Report 2014. Measuring progress toward sustainability. Summary for Decision-Makers.* Delhi: UNU-IHDP, 2014.

5. UNDP, *Human Development Report 2019*, http://hdr.undp.org/en/content/human-development-report-2019, 2019.

6. CBD, *Draft Long-term Strategic Framework for Capacity Development to Support Implementation of the Post-2020 Global Biodiversity Framework*, CBD/SBI/3/7/Add. 1, 2020.

7. OECD, *The Definition and Selection of Key-Competences.* http://www.oecd.org/dataoecd/47/61/35070367.pdf, 2005.

8. Cohen-Shacham, E., Walters, G., Janzen, C., & Maginnis, S. (Eds.), *Nature-based Solutions to Address Global Societal Challenges*, Gland, Switzerland: IUCN, 2016.

9. UN. *Harmony with Nature Report of the Secretary-General (2010 - 2020)*, UN General Assembly DocumentA/65/314、A/66/302、A/67/317、A/

68/325、A/68/325/Corr. 1、A/69/322、A/70/268、A/72/175、A/73/221、A/74/236、A/75/266、A/77/240，http：//www. harmonywithnatureun. org/unDocs/，2010－2022.
10. 联合国环境规划署：《与自然和平相处：应对气候变化、生物多样性丧失和污染危机的科学蓝图》，https：//www. unep. org/resources/making-peace-nature，2021 年。
11. 马丁·R. 斯塔奇、珀－安德斯·恩夫特维斯特、克劳斯·朱姆沃克尔：《重新定义增长：重塑世界经济的新发展模式》，符李桃译，中信出版社 2019 年版。
12. 魏伯乐、安德斯·维杰克曼：《翻转极限：生态文明的觉醒之路》，程一恒译，同济大学出版社 2018 年版。
13. 习近平：《高举中国特色社会主义伟大旗帜 为全面建设社会主义现代化国家而团结奋斗——在中国共产党第二十次全国代表大会上的报告》，人民出版社 2022 年版。
14. 习近平：《论坚持人与自然和谐共生》，中央文献出版社 2022 年版。
15. 黄承梁、杨开忠、高世楫：《党的百年生态文明建设基本历程及其人民观》，《管理世界》2022 年第 5 期。
16. 虞慧怡、张林波、李岱青、杨春艳、高艳妮、宋婷、吴丰昌：《生态产品价值实现的国内外实践经验与启示》，《环境科学研究》2020 年第 3 期。
17. 董战峰、张哲予、杜艳春等：《“绿水青山就是金山银山”理念实践模式与路径探析》，《中国环境管理》2020 年第 5 期。
18. 王金南、王志凯、刘桂环等：《生态产品第四产业理论与发展框架研究》，《中国环境管理》2021 年第 4 期。
19. 王金南、马国霞、王志凯等：《生态产品第四产业发展评价指标体系的设计及应用》，《中国人口·资源与环境》2021 年第 10 期。
20. 王金南、王夏晖：《推动生态产品价值实现是践行“两山”理念的时代任务与优先行动》，《环境保护》2020 年第 14 期。
21. 俞敏、李维明、高世楫等：《生态产品及其价值实现的理论探析》，《发展研究》2020 年第 2 期。

22. 欧阳志云、林亦晴、宋昌素：《生态系统生产总值（GEP）核算研究——以浙江省丽水市为例》，《环境与可持续发展》2020 年第 6 期。
23. 廖茂林、潘家华、孙博文：《生态产品的内涵辨析及价值实现路径》，《经济体制改革》2021 年第 1 期。
24. 谷树忠：《产业生态化和生态产业化的理论思考》，《中国农业资源与区划》2020 年第 10 期。
25. 胡咏君、吴剑、胡瑞山：《生态文明建设“两山”理论的内在逻辑与发展路径》，《中国工程科学》2019 年第 5 期。
26. 高吉喜、范小杉、李慧敏等：《生态资产资本化：要素构成 · 运营模式 · 政策需求》，《环境科学研究》2016 年第 3 期。
27. 崔莉、厉新建、程哲：《自然资源资本化实现机制研究》，《管理世界》2019 年第 9 期。
28. 赵奥：《实现“两山”跨域式发展的必要性与能力架构研究——辽宁民族地区为例》，《边疆经济与文化》2021 年第 10 期。
29. 蒋海航、苏杨：《绿水青山转化为金山银山的技术路线研究》，《中国经济时报》2017 年 7 月 31 日。
30. 李学敏、王永昌：《“绿水青山”转化为“金山银山”内在逻辑的国内研究进展与展望》，《观察与思考》2021 年第 10 期。
31. 邓玲等：《我国生态文明发展战略及其区域实现研究》，人民出版社 2015 年版。
32. 王倩：《基于主体功能区的区域协调发展研究》，光明日报出版社 2009 年版。
33. 李裴、邓玲、李作勋、王倩：《贵阳国土空间开发格局优化》，贵州人民出版社 2013 年版。
34. 中国环境与发展国际合作委员会：《绿色转型的国家治理能力》，中国环境出版社 2016 年版。
35. 林耀华：《凉山夷家》，云南人民出版社 2018 年版。
36. 曾昭抡：《大凉山夷区考察记》，中国青年出版社 2012 年版。
37. 马长寿：《凉山罗彝考察报告》，巴蜀书社 2006 年版。
38. 熊金银、邱亚利：《大小凉山彝区旅游扶贫探索与实践》，科学出版社

2021 年版。
39. 李后强：《中国特色贫困治理理论的凉山实践》，四川人民出版社 2021 年版。
40. 彭清华：《凉山彝区脱贫攻坚调查》，《求是》2019 年第 16 期。

后　记

2016年在参加生态文明贵阳论坛期间，一场“绿色发展、知行合一”的思想盛宴给我最大的思想冲击就是，“绿水青山就是金山银山”深刻揭示了生态与民生、保护与发展共生互促的辩证统一关系，但大多数区域依然困于“绿水青山还不是金山银山或顾此失彼”，一个关于“绿水青山如何转化为金山银山”的问题开始在笔者的脑海里反复盘旋。同年，联合国环境规划署发布《绿水青山就是金山银山：中国生态文明战略与行动》报告，高度认可并大力推广我国“两山”理念，这一理念从中国走向世界。能否从国际视野寻求破解我国“绿水青山”转化为“金山银山”的密码，用国际视角讲好中国故事，这一大胆设想引发笔者对国际相关理论与实践的持续关注。

直到2020年年初在申报国家社科基金年度项目之时，这一想法在笔者脑海里才渐渐清晰。最终，笔者选择从国际可持续发展研究较为关注的能力视角，借助较为前沿的变革理论及其杠杆和杠杆点思想，立足中国国情来研究“两山”转化，聚焦于能力发展，并选择以四川凉山州这一“两山”转化必然关注的重点区域、矛盾集中的焦点区域、能力建设的难点区域为典型样本，以《四川彝区“绿水青山”转化为“金山银山”的能力研究》为题，成功立项当年的年度项目，并于2022年以“良好”等级结项。我们并没有止步，而是再接再厉，结合多年我们对生态价值转化理论研究与实践探索，继续深化研究，将对具体区域的研究上升到整体层面，凝练一般规律与普遍方法，从而形成本书。

一本著作，从思想的孕育到研究的逐步深化，再到编撰出版，是无数个夜以继日地奋笔疾书、无数次风餐露宿的调研走访以及团队无数场面红耳赤的争论与推倒重来，更离不开太多人的关心、支持和帮助。衷心感谢全国哲学社会科学规划办公室以及评审专家对我们申报项目的认可和支持，这给了我们莫大的信心和鼓励。四川省社科规划办以及四川省社科院科研处邓秋苹和何祖伟老师给予了我们悉心的全过程指导。衷心感谢中国社会科学出版社宋燕鹏编审、石志杭编辑的细致指导与无私辛劳，才能使本书能够顺利出版。衷心感谢我的导师邓玲教授，直接参与到课题组中，不仅对课题每个阶段给予了高屋建瓴的指导和事无巨细的关注，还亲自带领团队参与到她主导的“公民义务授课与知识更新”制度试点、“培训培训者工程”实施等创新性的能力建设实验项目中，教导我们把论文写在祖国大地上。没有跟老师朝夕相处的学术交流和实践探索，就没有我们的进步与成长。衷心感谢四川省社科院廖祖君所长，是您带领我们直接参与到四川凉山州国土空间规划专题研究、凉山州产业发展重大战略研究等项目中去，使我们能更深入地了解研究对象并获取大量一手资料。衷心感谢何建兴研究员、李晓燕研究员、柴剑峰研究员、尹宏研究员、赵兵教授和边燕燕博士，是你们多年陪伴式的指导和帮助给予了我们前进的不竭动力，并给我们树立了卓越的学术榜样。衷心感谢长江上游生态文明建设川大学派、绿色创新发展四川软科学研究基地、四川省社科院绿色发展创新团队给予我源源不断的学术滋养，很荣幸本书成为其成果之一。衷心感谢课题组张霞副研究员和曾武佳副教授，张霞在凉山州驻村帮扶一年，曾武佳负责了凉山州甘洛县“十四五”规划编制，为课题研究提供了坚实支撑。特别感谢自始至终参与课题与本书调研、讨论、写作、修改、完善的团队成员刘安凤、周璇、王莉，我的四位弟子李朝洋、冯豫东、陈诗薇与娄伦维，以及王芳、李晶、吴振明、郭丽娟等同事、同门与亲密战友，是你们对学术研究的坚持、热忱、努力，以及亲密陪伴与并肩作战，支撑了本书的完成与出版。

王　倩

2022 年 10 月 20 日